A DIVER'S GUIDE TO
REEF LIFE

潜水鱼书

（第3版）

［意］安德烈亚·费拉里　［意］安东内拉·费拉里◎著
温伟乐◎审定　柳正奎◎译

北京科学技术出版社

著作权合同登记号 图字：01-2014-7426

图书在版编目（CIP）数据

潜水鱼书 : 第 3 版 / (意) 安德烈亚 · 费拉里，(意) 安东内拉 · 费拉里著；柳正奎译 . —3 版 . — 北京 : 北京科学技术出版社，2021.8
书名原文 : A diver's guide to reef life
ISBN 978-7-5304-9893-4

Ⅰ. ①潜… Ⅱ. ①安… ②安… ③柳… Ⅲ. ①海产鱼类 – 摄影集 Ⅳ. ① Q959.4-64

中国版本图书馆 CIP 数据核字（2019）第 005524 号

策划编辑：樊文静
责任编辑：樊文静
封面设计：刘利权
审　　定：温伟乐
责任印制：李　茗
出 版 人：曾庆宇
出版发行：北京科学技术出版社
社　　址：北京西直门南大街16号
邮政编码：100035
ISBN 978-7-5304-9893-4

电　　话：0086-10-66135495（总编室）
　　　　　0086-10-66113227（发行部）
网　　址：www.bkydw.cn
印　　刷：北京雅昌艺术印刷有限公司
开　　本：710mm × 1000mm　1/16
字　　数：511千字
印　　张：20.75
版　　次：2021年8月第3版
印　　次：2021年8月第1次印刷

定　　价：168.00元

序　言

海洋占据了地球 70% 的表面积，是一个与陆地截然不同的神秘世界。它孕育着无时无刻都生机勃勃的珊瑚礁，珊瑚礁中生活着各种令人眼花缭乱的鱼类，让无数潜水员赞叹大自然的美妙。

本图册收集了约 1200 种分布在世界各地的生物的图片，其中包括珊瑚和鱼类，还有海洋贝类、海胆、海星、海蛞蝓等；详细介绍了各种珊瑚礁鱼类的分布、大小、栖息地、生活习性以及辨识方法，并附有贴心的水下摄影提示，是潜水爱好者和潜水员必不可少的一本潜水指南。

国内现有的介绍鱼类的书非常少，潜水爱好者和潜水员只能借助外文书查阅潜水时看到的鱼的英文通用名，而本图册不仅列出了每种鱼的英文通用名，还列出了拉丁文学名和中文名，能够帮助潜水爱好者和潜水员更好地认识珊瑚礁鱼类。

环保，是一种生活态度。作为潜水员，我们十分关注海洋健康，潜水时不会触碰海底的任何海洋生物，拒绝食用鱼翅，尽量使用物理方法进行防晒而不使用防晒霜，少制造生活垃圾，随手捡起海滩上或海底的垃圾。这些看起来都是小事，但是如果人人都能做到，整个海洋的生态环境将会发生很大的变化。保护海洋，同时也是守护我们的未来，您愿意和我们一起努力吗？

对我们来说，海洋这么近，却又那么远。我们始终对大自然怀有敬畏之心，坚持我们的环保理念，致力于守护深蓝，立志成为真正的护蓝者。

温伟乐（Anthony Wan）

“搜护深蓝”（Deep Blue Guardian）组织发起人

温伟乐，资深潜水教练。有十多年的潜水及教学经验，非常注重教学安全，喜欢分享知识。曾多次举办“潜水员海洋清洁日”活动，提倡“每日都是清洁日，每潜都是安全潜”，并组织创办“搜护深蓝”海洋环保潜水员志愿团体。

“搜护深蓝”是在中国香港注册的非政府、非盈利的国际性海洋环保潜水员志愿团体。

目　录

Table of Contents

珊瑚礁

——海洋中的热带雨林

无国界的生态系统

这些数字真是令人震惊。地球表面积的70%以上被海洋覆盖，地球上90%以上的生物生活在海洋中。4000多种鱼类——约占鱼类物种总量的1/4——生活在热带珊瑚礁中，珊瑚礁是世界上独一无二的生态系统。地球上最大的有机体是澳大利亚的大堡礁，它长2000公里，是能从月球上看到的地球上的唯一生命体！90%以上的海洋生物直接或间接地依赖于这种超乎寻常的生态环境。我们认为，没有一种自然环境——包括最茂密的热带雨林——能像原始、自然的珊瑚礁那样给人留下富饶美丽、生机勃勃的强烈印象。热带水域清澈耀眼，很深的地方仍然很明亮，不计其数的形状和颜色各异的生物不知疲倦地忙碌着，即使是阅历最广的潜水员，也不会对珊瑚群那令人惊叹的精致结构感到平淡无奇或者兴致索然。

迷宫一样的珊瑚群

在珊瑚礁潜水的人面对的是大自然最复杂的环境之一，珊瑚礁的特点是具有致密的铰接物理结构。数不清的微环境构成了珊瑚礁，住在里面的每一个海洋物种都通过自己独特的进化过程适应了这个环境。大自然中的每一种形状和颜色，包括最古怪的和最醒目的，归根结底是由环境决定的，纷繁复杂的珊瑚礁是每个潜水员都非常熟悉的、令人叹为观止的调色板。蝴蝶鱼几乎只吃珊瑚虫，因此嘴向外突出，进食时像用镊子夹东西一样；宽厚侧扁的身体使它们能敏捷地在珊瑚的枝杈间穿行。和它们的近亲刺盖鱼一样，许多蝴蝶鱼的领地意识非常强，因此它们大多体色极为艳丽，很容易被竞争对手发现。海鳝身体细长，能钻到珊瑚的缝隙里寻找猎物。鹦嘴鱼为了躲避嗅觉极为灵敏的海鳝的捕食，会在晚上钻到珊瑚丛中，用一种特别的方法把自己藏起来：分泌出一种透明的黏液，把自己完全包裹起来以掩盖自己的气味。狮子鱼的鱼鳍像旗帜一样飘扬，上面的条纹图案乍看起来无比华丽，好像没什么用，但是在海底光

影斑驳的珊瑚丛中，这种图案能使它几乎完全隐形；其巨大的胸鳍能够挡住小鱼的逃跑路线，这些小鱼正是它们的猎物。每个微环境中都住着相应的物种，这些物种都完全适应了这种微环境。一些很小的鱼和甲壳动物一生的活动范围仅有几平方厘米，它们隐藏在纵横交错的珊瑚枝杈间，受珊瑚群庇护。另一些物种在惊恐中度过它们漂泊的一生，它们住在珊瑚礁顶部，把自己暴露给不期而至的捕食者，不断地变换栖息地。还有一些物种，如魟鱼或者鳞鲀鱼，喜欢栖息于平坦的沙坪微环境中。沙坪零散地分布于珊瑚礁上，这些鱼类更多地暴露在四处游动的捕食者面前，但同时也降低了中埋伏、被偷袭的风险，而且觅食更容易。主要以无脊椎动物为食的大多数鱼类（尖鼻鲀和箱鲀也属于此类）进化出了强有力的牙齿。这些仅仅是无数个关于“生态适应”的例子中的几个。认真观察每个物种的行为的话，我们还可以得出其他结论，因为我们还远远没有搞清楚珊瑚礁中的“居民”和它们所处环境之间的复杂关系和支配体系。

早期致力于珊瑚礁鱼类研究和分类的研究者有：法国学者贝尔纳·热尔曼·拉塞佩德，著有《鱼类自然史》

（1798~1803）；乔治·居维叶和阿希尔·瓦朗西安纳（1828~1849，22 卷）；荷兰学者彼得·布勒克尔，著有《荷属东印度群岛鱼类图谱》（1862~1877）；德国学者爱德华·鲁佩尔（1797~1884）；丹麦学者彼得鲁斯·福斯凯尔（1775）。那么，在一个特定面积的珊瑚礁水域通常生活着多少种鱼呢？一个以色列科考队在一片 150 米长、3 米深、离海岸 22 米远的珊瑚礁水域捕捞到了 2200 个鱼类样本，它们属于 128 个物种，总重量超过 136 千克。在其他情况下，方圆 3 米的珊瑚礁水域中也能捕捞到七八十种鱼。

珊瑚礁的历史和生态需求

如今由于人类活动的影响，全世界的珊瑚礁都处于濒危状态，但是它们的历史比我们人类长得多。事实上，珊瑚礁出现的最早时间可以追溯到 5 亿多年以前。我们通过化石资料可以知道，在漫长的历史中，珊瑚礁的分布一直都在随时间变化，这种变化与不同地质年代发生的气候变化导致的大规模地理扩张和收缩相对应。

目前，珊瑚礁仅分布于热带海域，总面积达 60 万平

方公里。

珊瑚主要生长在从海面到 30 米深的水域，而且只有冬季平均水温在 20℃以上的水域才适合珊瑚生长。影响珊瑚生长的因素还包括海水盐度和光照，盐度恒定、光照充足的水域有利于珊瑚生长。想一想珊瑚礁的环境，我们马上就会意识到，构成这个生态系统的基本要素是珊瑚，更准确地说，是珊瑚群。所以，水温、盐度和光照这三个因素对珊瑚礁的形成至关重要。珊瑚群具有非常复杂的结构，它们自由随意地生长，极度脆弱。

珊瑚的生活

我们可以将珊瑚这种有机体（图 1）简单地描述为由数不清的小珊瑚虫（有凝胶状“液囊”，顶端有一个口，口周围是触手）组成的坚硬而脆弱的石灰质结构，正是这些外形奇异而实用的结构组成了珊瑚礁。简单来说就是新生的珊瑚虫建造新的外骨骼，使珊瑚群逐渐扩大。从广义上说，珊瑚虫可分为造礁珊瑚虫和非造礁珊瑚虫。造礁珊瑚虫能在珊瑚群的扩展和繁殖过程中缓慢地建造珊瑚礁；非造礁

珊瑚虫由于角质和有弹性的躯体的缘故不能建造复杂的珊瑚礁复合结构。虫黄藻一般只和造礁珊瑚虫有关，它们是生长在珊瑚虫细胞里的单细胞共生海藻，每立方厘米珊瑚中平均有上百万个虫黄藻。虫黄藻通过光合作用为珊瑚虫提供糖和氨基酸等能够产生热量的物质（这也说明了环境光的重要性）。同时，它们还能清除二氧化碳等潜在的有害化合物：二氧化碳遇水生成碳酸，碳酸能够溶解珊瑚的石灰质骨骼。人类的工业生产活动导致地球大气层中的二氧化碳逐年增多（即所谓的“温室效应”），严重破坏了已经生存了数百万年的珊瑚礁，有些地方的珊瑚礁实际上已经被彻底毁灭。珊瑚虫并不局限于从虫黄藻中摄取营养，事实上，珊瑚虫有非常有用的武器，能够使漂浮在洋流中的悬浮微生物（浮游生物）瘫痪，进而捕捉到它们，尤其是在夜间。

致命的毒刺和奇怪的外形

珊瑚虫的触手与水母和海葵的触手非常相像，上面布满了球根状刺丝细胞，刺丝细胞中有一根中空、尖利的细丝，能像弹簧一样盘卷起来（刺丝囊）。刺丝囊一接触猎物就释放刺丝，以闪电般的速度刺入猎物体内并注入毒液。然后，珊瑚虫用触手把死了或者瘫痪了的猎物卷到口中吃掉。在夜间，人们可以近距离观察散布在珊瑚丛中的数以千万计的微小、膨胀的珊瑚虫（图 2），它们把触手伸到洋流中，等待猎物。珊瑚礁的形状千姿百态（图 3），这些形状取决于形成珊瑚虫的种类。在典型的浅水珊瑚礁中，比较常见的有薄壳状珊瑚（鹿角珊瑚属的片状珊瑚）、手指状珊瑚（短粗枝杈状，如蔷薇珊瑚属）、枝杈状珊瑚（鹿角珊瑚属）、巨状珊瑚（微孔珊瑚属、角菊珊瑚属和蜂巢珊瑚属）、脑状珊瑚（即迷宫状珊瑚，有石珊瑚属、扁脑珊瑚属、陀螺珊瑚属）以及没有固定形状的珊瑚（附着在海底，如蕈珊瑚属的扁圆形蘑菇珊瑚）。然而，珊瑚的每一种结构都由具体的环境条件所致，它们往往成为各种鱼类、软体动物和甲壳动物实用的庇护所。

珊瑚礁结构

并非所有的珊瑚礁都以同一种方式形成。它们的大小和形状变化受制于海浪运动和洋流的冲击，还在不同程度上受制于它们与海底岩石的关系。珊瑚礁的基本类型是所谓的“岸礁”，岸礁的生长方向基本与海岸平行。在这种情况下，珊瑚礁形成了有着碎石海底和沙质海底的潟湖，它由一条珊瑚带与远洋分开；珊瑚头靠近海面，朝向大海的外围岩壁（有时是一个被沙质阶地截断的软质斜坡或断层）里面聚居着大量物种。最典型的“岸礁”可以在红海水域看到。另一种基本类型是所谓的“堡礁”，它是潟湖结构的进化形式，这里的大陆架远离海岸，但是继续为珊瑚群的发育提供保障。这类珊瑚礁看起来像长方形平台，由平行结构构成，在澳大利亚的大堡礁、印度尼西亚西巴布亚省、巴布亚新几内亚和加勒比海的许多水域都能看到。环礁（图4）是珊瑚礁的第三种类型。火山岛逐渐消失，但是很久以前在火山岛周围形成的岸礁未受影响，于是形成了一个内部潟湖，潟湖周围是不规则的珊瑚带。这种类型的珊瑚礁通常能在远洋见到，马尔代夫群岛和波利尼西亚的环礁尤其有名。

向海的珊瑚礁生态系统

不管是在沙滩、碎石坡、偶尔被沙质阶地隔断的岩壁，还是在陡峭垂直的断层，只要是珊瑚礁朝向大海的部分或外围部分，对许多大型海洋捕食者来说就是极有诱惑力的灯塔。一些捕食者划出自己的领地，然后在珊瑚礁周边度过一生。一些捕食者主要在远洋度过一生，只是偶尔在珊瑚礁的外围活动。

还有一些捕食者成为珊瑚礁生态系统中不可或缺的一部分，并且从未离开过这个系统。这些动物包括：真正的远洋动物（包括海洋哺乳动物），如鲸鱼和海豚；爬行动物，如海龟和海蛇；大型滤食性动物，如蝠鲼和鲸鲨；其他软骨鱼类，如斑点鹰魟和几种鲨鱼。它们来到珊瑚礁外围都有特定的原因，比如它们的猎物经常大量聚集在这里，或者到这里繁殖交配。有几种硬骨捕食性鱼类（尤其是鲟鱼、鲹鱼和海鲢）和一些鲨鱼（如灰礁鲨、白边真鲨、乌翅真鲨）都有强烈的领地意识，而另外一些捕食者喜欢待在海底（如远洋白鳍鲨、护士鲨和豹纹鲨）。远洋鱼类的共同特征是肌肉强健（肌肉的高效率在几种金枪鱼和鲨鱼身上得到了突出体现），其高度发达的流线型体形与珊瑚礁鱼类大不相同，简直就是尖端的推进装置。最后，远洋鱼类通常比珊瑚礁鱼类大得多。

平衡的世界

海水水温的迅速变化、透明度（取决于入海口附近的沉积物）的变化以及盐度的变化（入海口注入了大量淡水或者暴雨之后）都会限制甚至阻断珊瑚礁的生长发育。这些都是一直在发生的自然现象，使具有巨大生态意义的混合栖息地（比如红树林和微咸环境）得以形成。然而，如今人类活动对这些异常脆弱的生态系统造成了不可修复的破坏，如过度捕捞（濒危物种包括食品市场和药材市场所需的鲨鱼、珊瑚礁鱼类、海马和海参，旅游业需要的龙虾以及出口需要的虾类），过度清除珊瑚（用于工业和建筑），重度污染物造成的破坏（在近海和沿海采矿、运输有毒物质、为进行水产贸易而用氰化物捕鱼、人口稠密的沿海城镇排放污水），用有毒物质和炸药捕鱼（在东南亚大部分地区仍不同程度地存在这种现象，并不受限制），等等。每年海洋中的塑料垃圾杀死了上百万只海鸟、十万只以上的海洋哺乳动物和数不清的鱼类。每年由于工厂排污、油轮的非法倾倒和一般的工业污染，最终有相当于 2100 多万桶的原油流入了大海。间接致死的鱼类和海洋哺乳动物由于失去商业价值而被扔掉，每年这些抛弃物的重量达 2000 多万吨。近年来，全世界气候恶化和向大气层不断排放的二氧化碳对珊瑚礁造成的危害日益严重。在“珊瑚白化”现象的过程中，虫黄藻逐渐死亡，珊瑚群改变了颜色并死亡，有些区域达到了令人震惊的程度，世界各地的潜水员对此都很清楚。1998 年，世界上有 75% 以上的珊瑚礁受到影响，大约有 60% 的珊瑚已经剥落。近几年也有几个颇具影响力的发现和对珊瑚礁进行的科学研究——用锥形海贝的毒液生产的止痛药的药效比吗啡强 1000 倍，深水海绵在治疗人类肿瘤方面有着广阔前景。不过掠夺仍在继续，大多数珊瑚礁可能躲不过人类的蠢行。

画廊*——珊瑚的形状和结构

钙质珊瑚群的形状变化多端，其多样性令人震惊，让人难以用语言准确无误地描述其形状。珊瑚群的结构不仅与其所属物种有关，还受到海浪运动和洋流强度的影响。枝杈精美的珊瑚群和树叶状珊瑚群喜欢长在深水区隐蔽的潟湖中，这里的洋流最小。大型球状珊瑚群喜欢长在波浪作用比较强烈的地方；当中心的珊瑚体消亡，珊瑚群向边缘扩展时，有时会形成直径几米的微型环礁。有着短而强壮的枝杈的珊瑚群通过减慢水流来帮助珊瑚虫摄食，这类珊瑚虫在波涛汹涌的浅水区域更常见，而脆弱的珊瑚群很难在这里生活。脑状珊瑚的迷宫式结构是大自然的杰作，这种结构便于引导水流、减慢水流速度，将水中的食物引向珊瑚虫张开的口中。

黑管星珊瑚（*Tubastrea micrantha*）的枝杈状珊瑚群特写，许多珊瑚虫正在张口进食

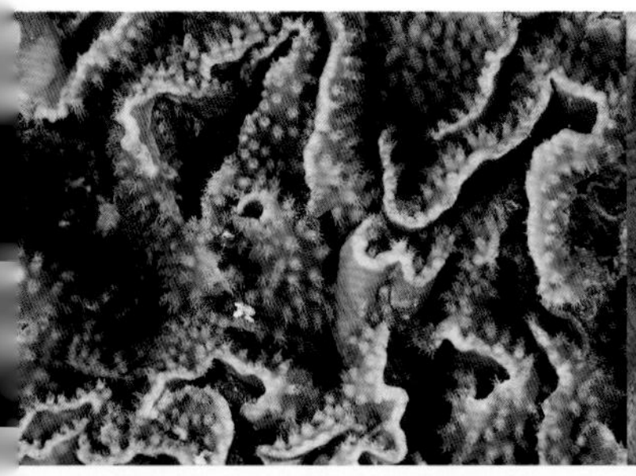

盘绕卷曲的太平洋棘孔珊瑚（*Echinopora pacificus*）群特写，珊瑚虫呈扩张状

秘密角蜂巢珊瑚（*Favites abdita*）的圆形珊瑚群特写，珊瑚虫的口处于关闭状态

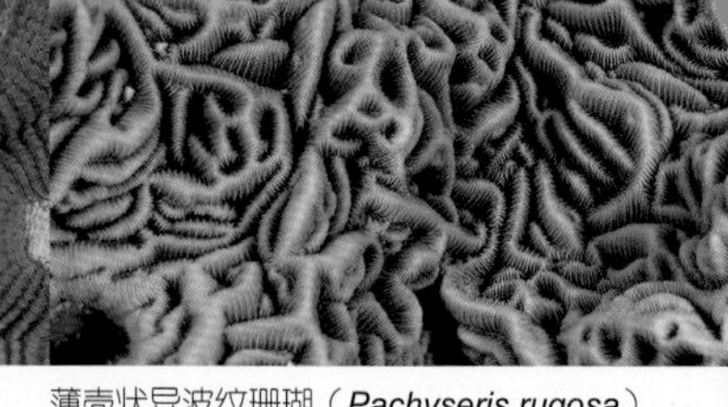

薄壳状异波纹珊瑚（*Pachyseris rugosa*）群的褶皱形表面

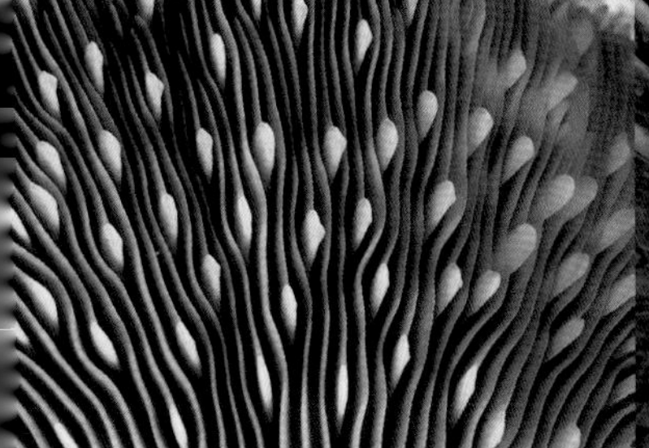

活体蘑菇珊瑚（*Fungia* sp.）群特写，珊瑚虫的口处于关闭状态，沟槽结构非常明显

活体蘑菇珊瑚（*Fungia* sp.）群特写，触手在洋流中呈扩张状态

美丽的柱星属花边珊瑚（*Stylaster* sp.）群，这种脆弱的物种只能生长在洞穴中

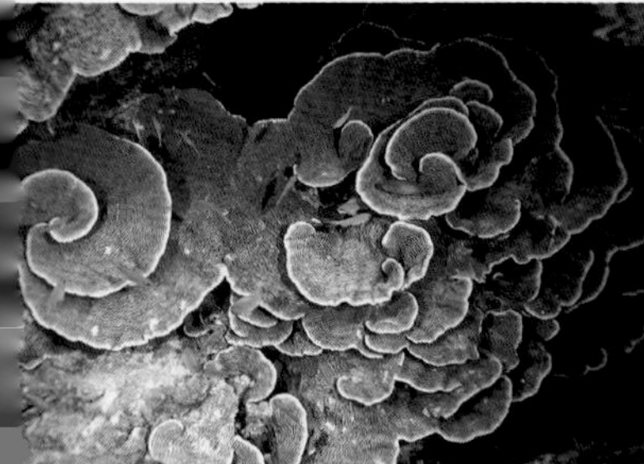

壮观的宽叶状肾形盘珊瑚（*Turbinaria reniformis*）

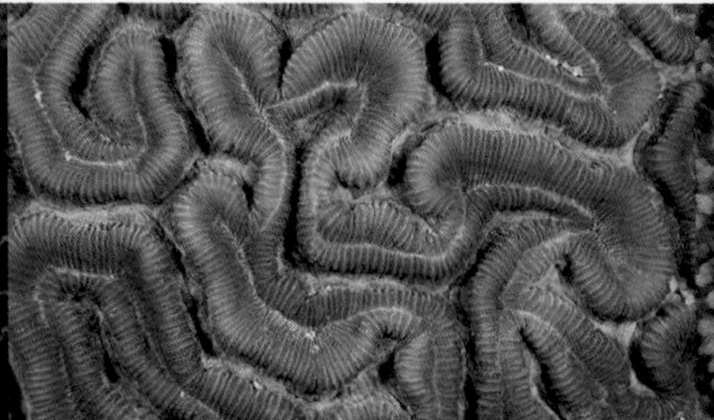

圆形的脑状珊瑚——赫氏叶状珊瑚（*Lobophyllia hemprichii*）的回旋状表面

角菊珊瑚属珊瑚（*Favites* sp.）群特写，珊瑚虫在洋流中张口摄食

*本书在画廊部分给物种添加了相应的英文名或拉丁学名。

画廊——珊瑚虫

珊瑚虫展现了石质珊瑚群的生命力。胀大的珊瑚虫从横截面看像个胶囊，顶部是口，周围是冠状触手。触手上有一种细胞，叫作刺细胞，能伸出对人类来说毒性也很强的毒刺，接触到毒刺的猎物会瘫痪，然后被珊瑚虫卷到口中。夜间，这种摄食活动能被清楚地观察到，特别是在有洋流时。珊瑚虫底部的骨骼部分——刺丝囊白天缩回骨骼中——叫作萼。萼的生长基本上决定了珊瑚群的生长速度。枝杈状珊瑚每年能长 30 厘米，而圆顶状珊瑚群每年只能长几毫米。有些长在不被打扰的偏远珊瑚礁上的大型珊瑚群能长几千年！夜间近距离观察珊瑚虫的话，我们不仅能看到它们美丽的外形，还能看到分辨珊瑚所属物种需要的细节特征。

薄壳状丛生盔形珊瑚（*Galaxea fascicularis*）群中伸展的珊瑚虫

色彩鲜艳的膨胀的珊瑚虫，属于圆顶状滨珊瑚属珊瑚（*Porites* sp.）群

星形棘杯珊瑚（*Galaxea astreata*）群胀大的珊瑚虫，具有一种抽象美

千手软珊瑚（*Xenia actuosa*）群的“口”，它很容易辨认，每天都很活跃，永远在搏动

圆顶状团块滨珊瑚（*Porites lobata*）群特写，珊瑚虫呈半张开状

盔形珊瑚（*Galaxea* sp.）群的珊瑚虫，颜色极其多变，珊瑚虫的口即将张开

这些顶端为白色的珊瑚虫可能是一种未知的盔形珊瑚（*Galaxea* sp.）

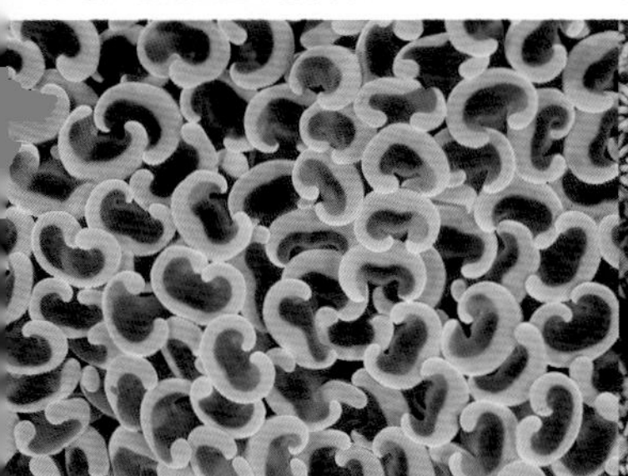

潜水时很容易辨认出肾形珊瑚或锚状针叶珊瑚（*Euphyllia ancora*）的珊瑚虫

属于多种角孔珊瑚（*Goniopora* spp.）的多色珊瑚虫，明显有花一样的外形

橙色杯子珊瑚（*Tubastrea faulkneri*）群，有容易辨认的鲜艳的橙色珊瑚虫和深粉色的萼

画廊——柳珊瑚

柳珊瑚俗称“海扇”，其特征是有角质的、柔韧的、特别强壮的骨骼。与石质硬珊瑚相比，它通常长在更深的水域，远离波浪作用，相对更多地暴露在强烈的深层洋流中。柳珊瑚通常呈艳红色、紫色或黄色，属非造礁珊瑚，即珊瑚群是单株生长的，它们并不是造礁生物。柳珊瑚是滤食性动物，所以它们的珊瑚群总是与洋流方向垂直，以充分利用其像扇子一样的网眼状表面，有些健康的未被破坏的柳珊瑚直径超过 3 米。事实上，朝向海底生长甚至水平生长的柳珊瑚很常见，因为是洋流决定了它的生长方向，而不是光线。茎珊瑚属中细长、柔韧的深海海鞭也属于柳珊瑚类。软珊瑚和柳珊瑚都属于八放珊瑚亚纲，珊瑚虫都有八条羽状触手。

一个巨大的柳珊瑚（Sea Fan），可能属于软柳珊瑚属，印度尼西亚，苏拉威西海

软柳珊瑚属的巨大柳珊瑚（Gorgonian），印度尼西亚，中苏拉威西省，托米尼湾

枝杈状柳珊瑚（Gorgonian）和灌木状黑角珊瑚（Antipatharian）为大量幼鱼提供庇护场所

夜间，柳珊瑚（Gorgonian）群膨胀的八爪珊瑚虫完全暴露出来，能被清楚地看到

一个巨大的红扇珊瑚（*Melithaea* sp.）群，印度尼西亚，西巴布亚省，拉贾安帕群岛

一个巨大的未定种的柳珊瑚（Unidentified Gorgonian）群

管柳珊瑚属珊瑚（*Siphonogorgia* sp.）群特写，收缩的珊瑚虫是杯形的

网扇软柳珊瑚（*Subergorgia mollis*）群，马来西亚，中国南海

巨大的鞭珊瑚（*Ellisella* sp.），印度尼西亚，中苏拉威西省，托米尼湾

海底柏珊瑚（*Melithaea ochracea*）群

巨大的网扇软柳珊瑚（*Subergorgia mollis*）群，马来西亚，中国南海

易于辨认的竖琴状栉柳珊瑚（*Ctenocella pectinata*）

珊瑚虫呈膨胀状态的鞭珊瑚（*Ellisella* sp.）群

珊瑚虫呈收缩状态的鞭珊瑚（*Ellisella* sp.）群

海扇珊瑚（*Gorgonia ventalina*）群，古巴，女王花园群岛

红扇珊瑚属珊瑚（*Melithaea* sp.）群

海扇珊瑚（*Gorgonia ventalina*）群特写，古巴，女王花园群岛

画廊——软珊瑚

软珊瑚和柳珊瑚一样，都属于八放珊瑚亚纲。它们都不是造礁珊瑚，都单株生长，常常靠得很近，形成一个壮观的“生物花园”，常见于有洋流经过的岩壁和礁坪。珊瑚虫——通常异常多彩、艳丽炫目，尤其是在强大的洋流中膨胀起来的时候——的身体柔软多肉，它们的身体组织

典型的硬棘软珊瑚（*Scleronephthya* sp.）群，印度尼西亚，西巴布亚省，拉贾安帕群岛

紫色的棘穗软珊瑚（*Dendronephthya* sp.）群，苏丹，红海南部

粉色和橘红色的棘穗软珊瑚（*Dendronephthya* spp.）群，马尔代夫，印度洋

粉色的棘穗软珊瑚（*Dendronephthya* sp.）群

粉色的硬棘软珊瑚（*Scleronephthya* sp.）群，马来西亚，沙巴州，苏禄海

棘穗软珊瑚（*Dendronephthya* sp.）群，埃及，红海北部

粉色的棘穗软珊瑚（*Dendronephthya* sp.）群，马来西亚，中国南

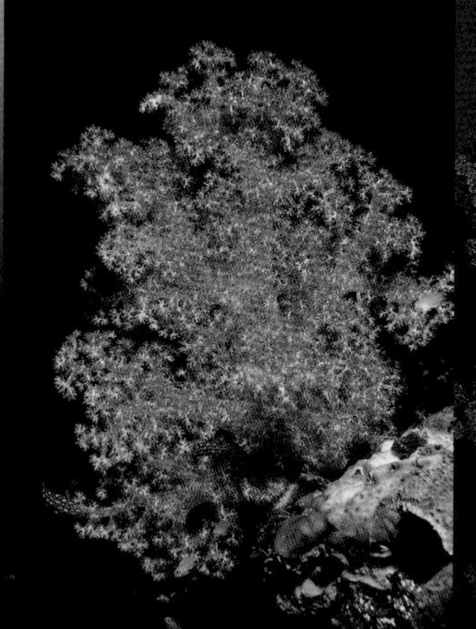

硬棘软珊瑚（*Scleronephthya* sp.），埃及，红海北部

未知物种（Unidentified species），马来西亚，诗巴丹岛

粉色的硬棘软珊瑚（*Scleronephthya* sp.）群，马尔代夫，印度洋

膨胀的棘穗软珊瑚（*Dendronephthya* sp.）群，苏丹，红海南部

大多数时候是坚韧的（如肉芝软珊瑚属和指软珊瑚属），其他时候是松软和半透明的。在后一种情况下，当洋流很强、食物丰富时，它们的身体经常任意“膨胀”（棘穗软珊瑚属最常被潜水员和摄影师观察到）。在这种情况下，珊瑚虫柔软的身体会被嵌入组织中的钙质骨刺（叫作骨片）加固，人们用肉眼就能很清楚地看到。软珊瑚能分泌有毒物质，而且上面寄生着许多共生有机体，以防被捕食者侵害。

膨胀的棘穗软珊瑚（*Dendronephthya* sp.）群，苏丹，红海南部

膨胀的硬棘软珊瑚（*Scleronephthya* sp.）群，马尔代夫，印度洋

嵌入软珊瑚组织内的清晰可见的钙质骨刺（Sclerite）

棘穗软珊瑚群的骨片（Sclerite）特写，埃及，红海北部

枝杈状棘穗软珊瑚（*Dendronephthya* sp.）群，马来西亚，诗巴丹岛

棘穗软珊瑚（*Dendronephthya* sp.）群，马来西亚，加里曼丹岛，苏拉威西海，诗巴丹岛

画廊——海绵

海绵是最重要的无脊椎动物之一，有 10000 多种，几乎都为海生。它们在珊瑚礁阳光明亮的地方与珊瑚竞争生存空间，在更深的水域有属于自己的独特生境。它们是滤食性动物，通过身体上无数的小孔（入水孔，人类肉眼无法看见）把水吸入体内，再通过数量少一些的更大的孔（出水孔，肉眼可以看清楚）把水排出体外。珊瑚礁海绵的大小和形状千差万别，看起来很僵硬，摸起来像玻璃纤维，因为它们的体内充满了由二氧化硅构成的针形骨刺。海绵虽然是一种非常简单的生物——从 4 亿 5000 万年前的泥盆纪就未发生过变化——但是效率很高的摄食动物：一个中等大小的海绵每天能过滤几千升水。许多海绵身体上寄生着共生藻类，共生藻类可以给海绵提供额外的营养物质。海绵变化无常，如果不用显微镜检查，则很难辨别它们。

未知物种（Unidentified species）

未知物种（Unidentified species）　似雪海绵属海绵（*Niphates digitalis*）　秽色海绵属海绵（*Aplysina archeri*）

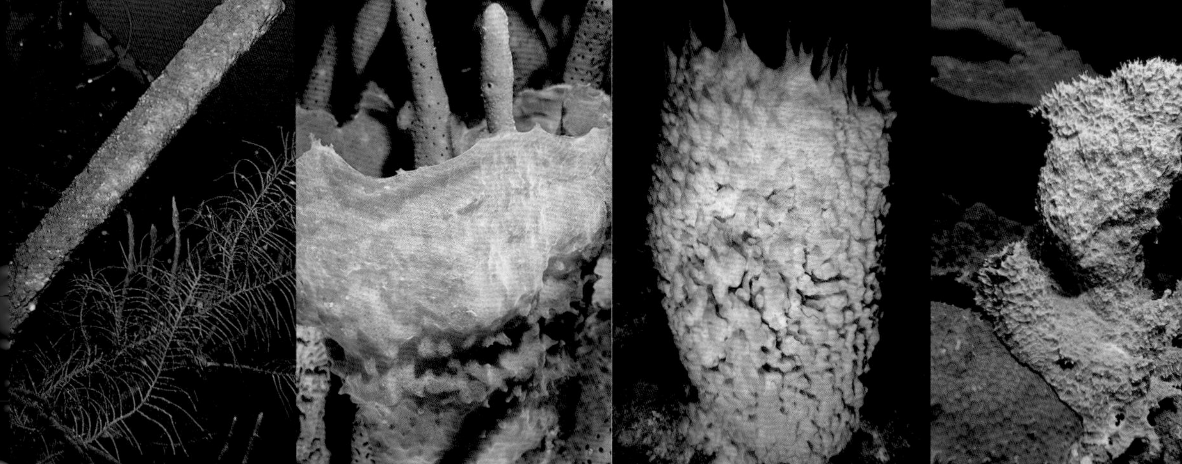

秽色海绵属海绵（*Aplysina fistularis*）　似雪海绵属海绵（*Niphates digitalis*）　锉海绵属海绵（*Xestospongia* sp.）　美丽海绵属海绵（*Callyspongia* sp.）

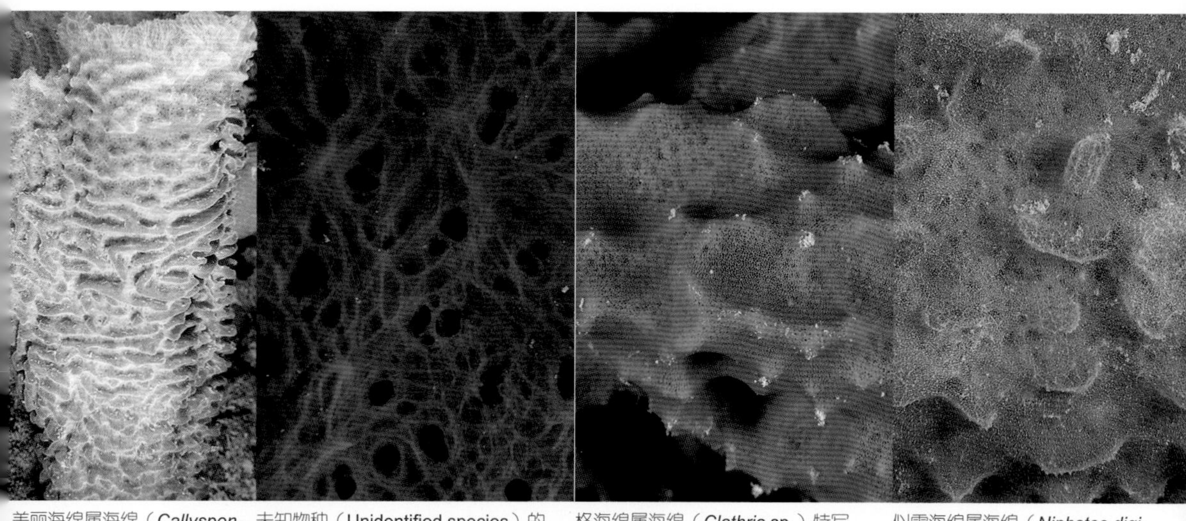

美丽海绵属海绵（*Callyspongia plicifera*）

未知物种（Unidentified species）的特写

格海绵属海绵（*Clathria* sp.）特写

似雪海绵属海绵（*Niphates digitalis*）特写

䓍壳海绵属海绵（*Theonella cylindrica*）

未知物种（Unidentified species）

锉海绵属海绵（*Xestospongia testudinaria*）

锉海绵属海绵（*Xestospongia testudinaria*）

未知物种（Unidentified species）

蜂海绵属海绵（*Haliclona* sp.）

锉海绵属海绵（*Xestospongia testudinaria*）

画廊——海鞘

这些不起眼的、经常被忽视的——但是极为重要的——生物通常以群落和个体的形式出现在珊瑚礁上。它们几乎都牢固地附着在海底，摸起来是胶质的，其中有几个物种十分坚硬，甚至很有韧性。海鞘一般都很小，有各种各样的形状。最基本的形状是顶部有开口的桶状，有较大的、色彩鲜艳的薄壳状群落，很容易被当成海绵或者其他固着生物。它们和海绵、双壳类动物一样，是滤食性动物，用身体较高处的入水孔吸水，通过一个简单的咽过滤，最后把水从较低处的出水孔排出。水在海鞘体内的流动是由海鞘体内无数的微小毛发（“纤毛”）的搏动引起的。这听起来有点儿奇怪。虽然海鞘很原始，但它们可能是脊椎动物的直系祖先，因为它们的幼虫尾部被杆状细胞支撑着，像脊椎动物胚胎中有脊椎一样。

壶海鞘（*Didemnum molle*）

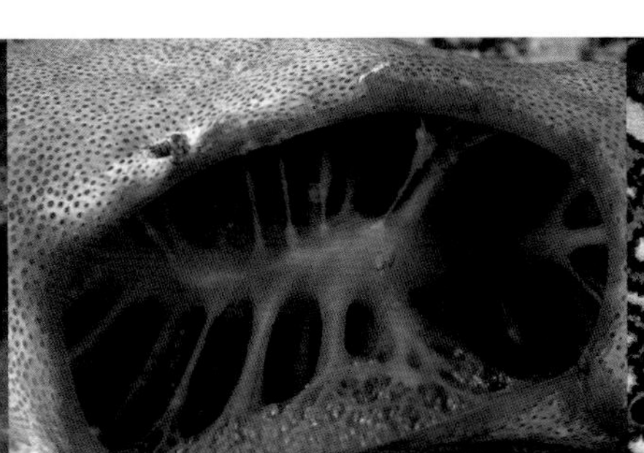
壶海鞘（*Didemnum molle*）的泄殖孔

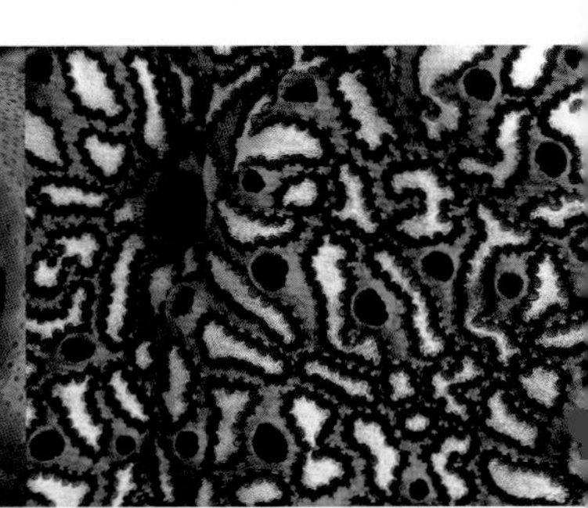
拟菊海鞘属海鞘（*Botrylloides* sp.）群

一条虾虎鱼（Goby）趴在海鞘（*Rhopalaea* sp.）上，马来西亚，加里曼丹岛，苏禄海，兰卡央岛

濒危的生态系统

目前全世界至少 109 个国家的沿海有珊瑚礁生态系统，然而，至少有 93 个国家的珊瑚礁生态系统遭到了严重破坏，甚至被彻底毁灭，其中 60% 位于印度洋和红海，25% 位于太平洋，15% 位于加勒比海。远洋和沿海的海洋生物被过度捕捞，而且捕捞数量以惊人的速度增长。以下数字令人惊愕：每年全世界的鱼类捕捞量为 9400 万吨，仅中国就有 1700 万吨（1950 年全世界捕捞量只有 1900 万吨）；有 52% 的经济型海洋生物被过度捕捞，几乎到了无法恢复的程度；其中有 25% 的种类已经超过了临界点，到了无法恢复的程度；全世界 16 个大型渔场中有 12 个在捕捞季节处于低产状态，自 1990 年以来净损失达到 20%。金枪鱼、鳕鱼、马林鱼、远洋白鳍鲨和旗鱼的数量在过去的 60 年里减少了 90%。珊瑚礁——和它们的生存环境红树林——是海洋生物的支柱，直接受到了这种严峻局面的影响。

仅红树林就能为热带地区 85% 以上的经济型鱼类的幼鱼提供抚育场所，然而全世界的海洋环境现在受法律保护的面积还不到 0.5%。如果这些环境被破坏到无法恢复的程度，无数物种会消失，这最终也会导致人类消失。讽刺的是，人类正是导致海洋环境不断恶化的元凶。联合国环境计划署 2006 年的报告显示，保护 1 平方公里的珊瑚礁每年大约需要 775 美元，能为当地经济带来 10 万~60 万美元的净收益（视地区差异而异），能创造数百万个就业机会。事实上，全世界的海洋保护区和珊瑚礁地区的潜水业每年能直接或间接地创造 300 亿美元的利润，这个巨大的数字值得政治家们和政府思考。

下面是给游客和潜水员的几个建议，旨在保护珊瑚礁栖息地，把对复杂又脆弱的生态环境造成的损害降到最低。记住，潜水员能做许多事情保护自己最喜爱的海洋生物——我们一定能做到，一定能改变现状！

怎样保护珊瑚礁？

不要在世界上的任何地方购买海龟壳产品。同样，也不要购买用鲨鱼颌、贝壳（尤其是梭尾螺）和珊瑚制作的纪念品。

不要吃海龟的肉、蛋和脂肪，包括臭名昭著的海龟汤。在印度尼西亚和巴厘岛旅游的游客尤其要注意，那里的海龟肉生意非常火爆，处于半合法状态，目标消费群体主要是游客。

不要吃鲨鱼肉，不要喝臭名昭著的鱼翅汤。由于向世界各地餐馆供应原料的渔民的捕捞，热带和亚热带水域的鲨鱼的所有物种都处于濒危状态。为了向餐馆提供鲨鱼鳍，每年有1亿条鲨鱼被杀死。

不要过量食用龙虾，即使你在热带区域。西方游客的食欲和陋习使全世界几乎所有热带地区甲壳动物的数量以惊人的速度减少。

不要购买或使用与鲨鱼有关的产品，如增强免疫系统的药物。这类药物的药用价值很可疑，它们主要来自中美洲捕捞的鲨鱼。

不要在珊瑚礁上行走，即使你穿着橡胶底鞋也不行。你踩下去的每一脚都会毁掉数百万生物几百年的成果。把浪漫的月光下散步限制在海滩上，海滩更惬意、更舒服——尤其是你还能坐下来。

不要在潜水时触摸珊瑚和珊瑚礁生物。除了受伤和过敏，你还可能在几秒内毁掉钙质珊瑚群几百年的劳动成果。同样，游动时要非常小心地摆动脚蹼。练好你的浮潜技能！

不要带走暗礁或沙滩上活的或死的生物体。那些东西在原处看起来很美，被你拿回家后，它们很快就会变臭、被遗忘、落满灰尘。珊瑚、贝壳和海星只有待在原来的地方，尤其是活着待在那儿才美丽。

不要打扰或者危害海洋生物，不要为了拍照而去摆弄它们。不要触摸睡着的鱼类和其他海洋生物。你只是这里的访客，这里的任何一样东西都不属于你——只拿走照片，只留下气泡。

软骨鱼纲

CHONDRICHTHYES

Cartilaginous Fishes

鲨鱼和鳐鱼都属于软骨鱼纲，它们共同组成了板鳃亚纲。软骨鱼与硬骨鱼有许多不同，我们可以通过观察鱼的结构来辨别：软骨鱼每侧有 5~7 条裂缝状鳃孔，硬骨鱼的鳃上覆盖着骨头；软骨鱼的鱼鳍是硬的，呈薄片状，内部没有鱼骨；软骨鱼有一层皮，皮上覆有长得像牙齿的盾状鳞；软骨鱼的骨骼由强壮的软骨组成，而不是硬骨。鲨鱼和鳐鱼都没有鱼鳔，在水中通过高度进化的身体和巨大的肝脏维持平衡，肝脏内有丰富的脂肪。

水下摄影提示：该纲大多数物种都很难接近或者不太常见，体形很大。考虑到它们的平均大小，建议使用 20~50 毫米的镜头，因为大多数体形大的物种都在开阔的海域活动。体形较小的物种通常在多彩的珊瑚间活动，有时候你需要偷拍并利用好背景光。

鲸鲨

WHALE SHARK
Rhincodon typus

分布：热带和亚热带海域。

大小：最长达 14 米，但是平均体长短得多，为 6~10 米。体重最大达 15 吨。

栖息地：远洋，通常靠近海面，但是也能深潜；随季节变化，经常成群进入沿海水域和特定水域。

生活习性：以浮游生物和沙丁鱼为食，也捕食金枪鱼之类的大型鱼类。滤食性动物，对人类毫无危害，是严重濒危物种。是世界上最大和最重的鱼类。

叶须鲨

TASSELLED WOBBEGONG
Eucrossorhinus dasypogon

分布：从印度尼西亚的西巴布亚省到澳大利亚的印度洋-太平洋中海区热带海域。

大小：最长达 3 米，但是平均体长要短一些。

栖息地：沙质海底、珊瑚碎石海底的沿海礁石，外围礁石，栖息深度为 1~15 米。

生活习性：体形较宽，有宽阔的胸鳍，头大而扁，眼睛小，嘴大而突出，嘴边有须状物。体表呈深浅不同的褐色，有很宽的带状图案和玫瑰花结图案，因此俗称“地毯鲨”。属海底伏击型捕食者，常纹丝不动地俯卧在海底。

斑纹须鲨

SPOTTED WOBBEGONG
Orectolobus maculatus

分布：从日本南部到澳大利亚的印度洋-太平洋中海区热带海域。

大小：最长达 3.2 米。

栖息地：沙质海底、碎石海底的沿海礁石和外围礁石，栖息深度为 1~100 米，偶尔出现在比较浅的潮池。

生活习性：典型的须鲨，亦称“地毯鲨”，可从吻上丛生无分叉的卷须与叶须鲨区别开来。属海底伏击型捕食者，具有凶猛的撕咬能力。尽管它们看起来很懒惰，但是千万不要打扰它们。

妆饰须鲨

ORNATE WOBBEGONG
Orectolobus ornatus

分布：从日本南部到澳大利亚的太平洋西部热带海域。

大小：最长达 3 米。

栖息地：多石的、被海藻覆盖的海底，偶尔出现在潮池和潮间带。

生活习性：可从吻上的瓣状卷须辨认出它们。体形宽阔扁平，眼睛小，有隐蔽色。白天栖息在海底，伺机捕食路过的猎物；夜间比较活跃。与其他须鲨一样，会攻击闯入者。

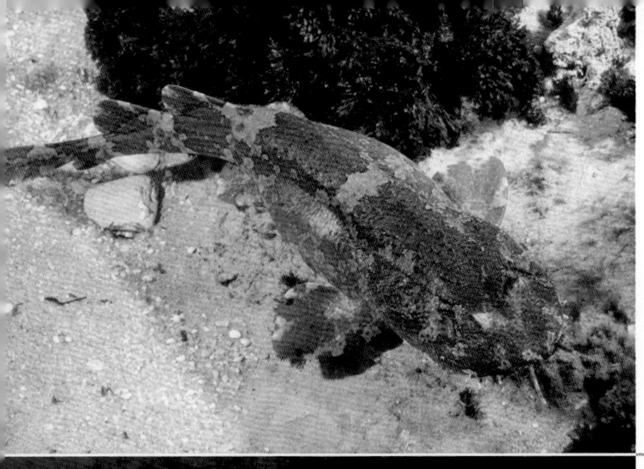

疣背须鲨

COBBLER WOBBEGONGK *Sutorectus tentaculatus*

分布：太平洋西部热带海域，主要分布于澳大利亚海域。

大小：最长达 1 米。

栖息地：1~50 米深的岩礁，经常出现在潮池。

生活习性：比其他须鲨小一些，头和身体没有那么扁；吻较尖，上面有很长的卷须，全身为浅褐色，有深色鞍状斑，头部长有肉赘状凸起。属海底伏击型捕食者。与其他须鲨一样，它们的捕猎时间很长。前排牙齿很尖，能以突袭的方式抓住猎物。

点纹斑竹鲨

BROWNBANDED BAMBOO SHARK *Chiloscyllium punctatum*

分布：从日本到澳大利亚，从印度到印度尼西亚的印度洋－太平洋热带海域。

大小：最长达 1 米多。

栖息地：浅水区的珊瑚礁和潮间带。

生活习性：白天常见于珊瑚丛中，夜间更活跃。以小鱼和甲壳动物为食。非常羞怯，但是受到惊吓时会撕咬入侵者。幼鱼体表独特，闪闪发光，有黑白相间的条纹。

印尼长尾须鲨

INDONESIAN SPECKLED CARPETSHARK *Hemiscyllium freycineti*

分布：主要分布在印度尼西亚西巴布亚省拉贾安帕群岛海域。

大小：最长达 70 厘米。

栖息地：隐蔽的沙质海底、碎石海底的珊瑚礁，栖息深度为 1~5 米。

生活习性：美丽、优雅、无害，夜间常在印度尼西亚沿海的珊瑚礁中出没。身体细长，有桨状胸鳍、带状尾巴，浅色的身体上有许多褐色斑点。常在海底缓慢游动，以甲壳动物和软体动物为食。

斑点长尾须鲨

EPAULETTE SHARK *Hemiscyllium ocellatum*

分布：从巴布亚新几内亚到澳大利亚北部的太平洋西部局部海域。

大小：最长达 1.07 米。

栖息地：沿海礁石的沙质底部，常在珊瑚丛中活动，栖息深度为 1~10 米。

生活习性：活动范围较小，白天在珊瑚丛中休息，夜间寻找猎物时在海底“行走”。与其他几种须鲨的活动区域相同，但这种小型须鲨胸鳍上的圆形斑点更大，颜色更深。

LEOPARD SHARK *Stegostoma fasciatum*

豹纹鲨（又名：长尾虎鲨）

分布：红海，印度洋，太平洋中部和西部。

大小：最长达 3.5 米，尾巴占身体的一半。一般长约 2.5 米。

栖息地：常见于珊瑚礁底部的沙质、碎石海底和平台，栖息深度最深达 70 米。

生活习性：白天行动迟缓，夜间活跃，以正在睡觉的鱼、头足类动物和甲壳动物为食。在不被侵扰的情况下无害。幼鱼有褐色条纹，所以又叫“斑马鲨”。

TAWNY NURSE SHARK *Nebrius ferrugineus*

褐色护士鲨（又名：大尾光鳞鲨）

分布：红海，印度洋，太平洋西部到法属波利尼西亚。

大小：最长达 3.5 米，一般长 2.5 米。

栖息地：沙质、碎石海底，通常栖息于洞穴中或悬垂物下，活动于浅水区至水深 70 米处。

生活习性：白天行动迟缓，夜间活跃。胆小羞怯，在不被侵扰的情况下无害，但是具有致命的撕咬能力。以鱼类、头足类动物和甲壳动物为食。在大西洋，与它们十分相似的铰口鲨取代了它们的位置。

PELAGIC THRESHER SHARK *Alopias pelagicus*

浅海长尾鲨

分布：印度洋－太平洋热带海域。

大小：最长达 3.5 米，尾部长度为体长的一半。

栖息地：浅海，有时候在远洋的环礁附近活动，活动于海面至水深 150 米处。

生活习性：至少还有两个与之相似的物种；它们都有大而圆的黑眼睛和短吻，胸鳍很小，尾巴很长，用尾巴驱赶鱼群和头足类动物。没有攻击性，处于濒危状态，潜水员很少见到它们。

MAKO SHARK *Isurus oxyrinchus*

尖吻鲭鲨

分布：热带、亚热带和温带海域。

大小：最长达 4 米，最重达 570 千克。

栖息地：远洋，偶见于珊瑚环礁或者外围礁石，活动于海面至水深 150 米处。

生活习性：身体僵直，体形呈鱼雷状，体表为钢蓝色，有半月形的尾巴、尖锐的吻、黑色的大眼睛，弧形的牙齿常常从张大的口中突出来。捕食速度非常快，可达 40 千米 / 小时。沿海水域曾经发生过几起尖吻鲭鲨袭击人类的事件。

白斑斑鲨

CORAL CATSHARK *Atelomycterus marmoratus*

分布：从阿拉伯海到巴布亚新几内亚，从菲律宾到中国台湾的印度洋-太平洋中海区。

大小：最长达 70 厘米。

栖息地：浅水区珊瑚密集的珊瑚礁和孤立的斑礁。

生活习性：只在夜间活动，白天在珊瑚礁缝隙中或悬垂物下休息，人们几乎看不到它们。是活跃的捕食者，以小鱼和甲壳动物为食。完全没有危害。有几个与之类似的物种，属于不同的科，但是生活习性和栖息环境相同。

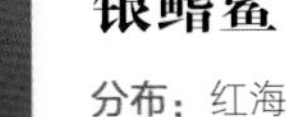

银鳍鲨（又名：白边真鲨）

SILVERTIP SHARK *Carcharhinus albimarginatus*

分布：红海，印度洋，太平洋中部和西部。

大小：最长达 3 米。

栖息地：偏远的海岸、珊瑚礁和深水区中的浅滩，栖息深度为 30~800 米，很少靠近沿海地区。

生活习性：粗短健壮的大型深水礁鲨，皮肤呈蓝灰色，身体边缘和所有的鳍尖为银白色。好奇心强，具有潜在的危险性，大型雌性银鳍鲨喜欢在领地群居。处于严重濒危状态。

黑鳍鲨（又名：乌翅真鲨）

BLACKTIP REEF SHARK *Carcharhinus melanopterus*

分布：从地中海东部，经苏伊士运河、红海、印度洋、印度洋-太平洋中海区到夏威夷的海域。

大小：最长达 2 米，一般长 1.6 米。

栖息地：幼鱼栖息于浅水区和潮间带；成鱼进入离岸更远的水域，通常栖息于珊瑚丛中。

生活习性：很常见，但是成鱼生性害羞，在水下不常见。黎明和傍晚在潟湖和海岸线附近经常能见到幼鱼在浅水中巡游。受到侵扰时可能会撕咬入侵者，背鳍尖端呈黑色。

远洋白鳍鲨（又名：长鳍真鲨）

OCEANIC WHITETIP SHARK *Carcharhinus longimanus*

分布：热带和亚热带海域。

大小：最长达 4 米。

栖息地：远洋，活动于海面至 150 米深处。偶见于远洋孤立的礁石或者沿海水域。

生活习性：大型海洋捕食者，可以从巨大的圆形鱼鳍的亮白色尖端辨认出它们。单独活动，极具危险性，曾经多次袭击沉船的水手和坠海的二战飞行员。曾经是地球上最常见的大型捕食者，如今因过度捕捞而处于濒危状态。

灰礁鲨（又名：黑尾真鲨）

GREY REEF SHARK *Carcharhinus amblyrhynchos*

分布：红海，印度洋，太平洋中部和西部。

大小：最长达 2.5 米。

栖息地：礁石表面和断层，偶见于偏远的珊瑚礁露头，栖息深度为 20~70 米。

生活习性：印度洋-太平洋海域最常见的鲨鱼之一。领地意识非常强，雌性喜欢群居。受到侵扰时具有潜在危险性，在领地里向入侵者发动攻击之前会拱起背部，不安地游动。

白鳍鲨（又名：灰三齿鲨）

WHITETIP REEF SHARK *Triaenodon obesus*

分布：红海，印度洋-太平洋海域。

大小：最长达 2 米，一般体长稍短。

栖息地：8~40 米深的珊瑚礁，偶见于 300 多米深的水域。

生活习性：很常见，未被侵扰时通常没有危险性。白天常在斜坡上和珊瑚悬垂物下休息，夜间捕食睡觉的鱼类和头足类动物时非常活跃，极具攻击性。很容易从纤细的体形、宽扁的头部、猫一样的眼睛、背鳍和尾鳍的白色尖端等特征辨认出它们。

公牛鲨（又名：低鳍真鲨）

BULL SHARK *Carcharhinus leucas*

分布：热带和亚热带海域。也常出现在河中（赞比西河、密西西比河、亚马孙河）和尼加拉瓜湖中。

大小：最长达 3.5 米。

栖息地：沿海水域、河口、海湾、潟湖、河流，活动于海面至 150 米深的浑水中。

生活习性：体形粗大健壮，有攻击性，非常危险，曾多次向人类发起致命袭击。背部为灰色，腹部色浅，吻短而圆，眼睛小。第一个背鳍很大，呈镰刀形。

镰状真鲨

SILKY SHARK *Carcharhinus falciformis*

分布：热带和亚热带海域。

大小：最长达 3.3 米，一般体长 2.5 米。

栖息地：远洋，活动于海面至 500 米深处。时常出现在远洋中孤立的礁石露头或珊瑚礁附近。

生活习性：体形纤细，吻长而圆，皮肤光滑。生性活跃，速度快，性格固执，偶尔有攻击性，经常为了获取猎物而破坏渔网。过去数量异常多，如今因过度捕捞而处于濒危状态。

加勒比真鲨

CARIBBEAN REEF SHARK *Carcharhinus perezii*

分布：从美国佛罗里达州到巴西的大西洋西部海域。

大小：最长达 3 米，一般长 2.5 米。

栖息地：沿海珊瑚礁，活动于海面至 30 米深处。

生活习性：很常见，经常在加勒比海珊瑚礁底部巡游，偶尔被发现在洞穴中休息。以硬骨鱼和头足类动物为食。生性羞怯，对潜水员冷淡，兴奋或者被激怒时有攻击性。

短尾真鲨

BRONZE WHALER SHARK *Carcharhinus brachyurus*

分布：热带和亚热带海域。

大小：最长达 3 米，一般长 2.5 米。

栖息地：远洋，靠近海岸的珊瑚礁，河口和深水区中的浅滩。

生活习性：体形健壮，生性活跃，速度快，具有潜在危险性。背部呈青铜色或灰色，稍带浅粉色，腹部为白色，背部和腹部颜色分明。以小鲨鱼和头足类动物为食。常见于大西洋和澳大利亚海域，人类至今仍不清楚它们的生活规律。

短吻柠檬鲨

LEMON SHARK *Negaprion brevirostris*

分布：从美国新泽西州到巴西南部，从塞内加尔到科特迪瓦的大西洋热带海域；从下加利福尼亚半岛到厄瓜多尔的太平洋东部海域。

大小：最长达 3.2 米。

栖息地：浅水区，海湾、潟湖和河口靠近水面的区域。

生活习性：体表呈黄褐色，吻宽而短。主要在夜间活动，偶尔被发现在海底休息。以鱼类、头足类动物和甲壳动物为食。能忍受盐浓度的变化，对潜水员和接近者具有潜在危险性。

虎鲨（又名：鼬鲨）

TIGER SHARK *Galeocerdo cuvier*

分布：热带和亚热带海域。

大小：最长达 8 米，平均体长为 4~6 米。

栖息地：白天在深水区，夜间在浅水区，活动于海面至 140 米深处。栖息于沿海水域和远洋，常出现在港口和浑水中。

生活习性：体形粗大，尾鳍呈巨大的镰刀形，幼鱼体表有虎纹，吻短而宽。伺机捕食，夜间活跃，单独活动。潜水时很少能见到它们，但是它们在局部海域数量多。

SCALLOPED HAMMERHEAD
Sphyrna lewini

双髻锤头鲨（又名：路氏双髻鲨）

分布：热带和亚热带海域。

大小：最长达 4.2 米，一般长 2.5 米。

栖息地：沿海水域，经常大规模聚集在远离大陆架的岩石露头上。

生活习性：常见于热带海域。普遍认为有潜在的危险性，生性羞怯，很容易受水泡惊扰。以硬骨鱼、小鲨鱼、头足类动物和大黄貂鱼为食。可能因大量捕捞而处于濒危状态。

GREAT HAMMERHEAD
Sphyrna mokarran

无沟锤头鲨（又名：无沟双髻鲨）

分布：热带和亚热带海域。

大小：最长达 6 米，一般长 4~5 米。

栖息地：远洋和沿海水域，通常在珊瑚礁附近，活动于海面至 80 米深处。

生活习性：潜水时很少能看到它们，被认为是具有潜在危险性的动物。是最大的锤头鲨，头部前端边缘几乎是平直的，第一个背鳍像巨大的镰刀，很容易辨认。以硬骨鱼、头足类动物和大黄貂鱼为食。

WHITE-SPOTTED GUITARFISH
Rhynchobatus djiddensis

吉他鲨（又名：及达尖犁头鳐）

分布：印度洋-太平洋热带海域。

大小：最长达 3 米。

栖息地：沿海水域的沙质海底和碎石海底，最深达 50 米。

生活习性：一种鳐鱼，体形大而细长，从外表和游水姿态看像鲨鱼，有两个高而尖且呈镰刀形的背鳍，吻长而尖，扁平状。是常见物种，生性羞怯，人类难以靠近。大西洋和加勒比海有几个同一属的相似物种，但是体形更小。

LARGE-TOOTH SAWFISH
Pristis perotteti

大齿锯鳐

分布：印度洋-太平洋热带海域，热带淡水水域。

大小：最长达 6.5 米。

栖息地：栖息于 5~40 米深的沿海水域的沙质海底和泥质海底，常见于微咸水河口、红树林沼泽和淡水水域。

生活习性：大型鳐鱼，外表和游水姿态都很像鲨鱼。这个科有好几个物种，多数都体形大，但是人类目前知之甚少，潜水时很少能见到它们。处于濒危状态。

黑斑条尾魟

ROUND RIBBONTAIL RAY *Taeniurops meyeni*

分布：从红海和东非到澳大利亚的印度洋－太平洋热带海域。

大小：最长达 3 米，一般长 2 米。

栖息地：沙质海底、岩壁根部和阶地，中等深度。常被发现于 20 米深及更深处。

生活习性：体形大，体表呈灰色，有深色斑点，身体和尾部很厚实。尾巴根部有两根或两根以上锯齿状毒刺，用甩鞭子似的动作甩出毒刺以起防御作用。通常能看到它们在沙质阶地上静止不动；不怕羞，在不被侵扰时没有危险性。

蓝斑条尾魟

BLUESPOTTED RIBBONTAIL RAY *Taeniura lymma*

分布：红海，印度洋，印度洋－太平洋中海区和西海区。

大小：包括尾巴在内最长达 70 厘米。

栖息地：浅水区和极浅的水域，潮池，珊瑚礁的沙质底部。

生活习性：很常见。体形似圆盘，体表为黄色或黄绿色，带有许多铁蓝色斑点，眼睛为鲜艳的黄色。很少藏在沙子中。尾巴中部有一两根与毒腺相连的锯齿状毒刺。

古氏土魟

BLUESPOTTED STINGRAY *Neotrygon kuhlii*

分布：印度洋－太平洋热带海域。

大小：包括尾巴在内最长达 40 厘米。

栖息地：浅水区、极浅水域的沙质和泥质海底，偶见于河口和微咸水中，活动于 60 米深处。

生活习性：局部地区常见，常将身体埋进泥沙中。尾部有两根或两根以上的毒刺，起防御作用。其他热带海域有几个类似物种，均擅长伪装，均以虾虎鱼、甲壳动物和双壳贝等底栖动物为食。

美洲魟

SOUTHERN STINGRAY *Dasyatis americana*

分布：从美国新泽西州到巴西的大西洋西部海域。

大小：包括尾巴在内最长达 1.8 米。

栖息地：沙质海底和靠近珊瑚礁的沿海潟湖，栖息深度不超过 25 米。

生活习性：体形大而健壮，在加勒比海沿海地区很常见。尾巴根部有一根很长的锯齿状毒刺。常常半埋在海底泥沙中，生性羞怯、好奇，允许潜水员靠近。

ROUGHTAIL STINGRAY *Dasyatis centroura*

粗尾魟

分布：大西洋的温带和亚热带海域、地中海。

大小：最长达 2.2 米。

栖息地：沿海的沙质和泥质海底，活动于 60 米深及更深处。

生活习性：体形很大，特征非常明显，背部和尾部长着许多带刺的突起。身体厚实，尾部肌肉发达，尾巴根部有两根锯齿状的刺。在同种环境和相同分布区内至少还有两个相似物种。

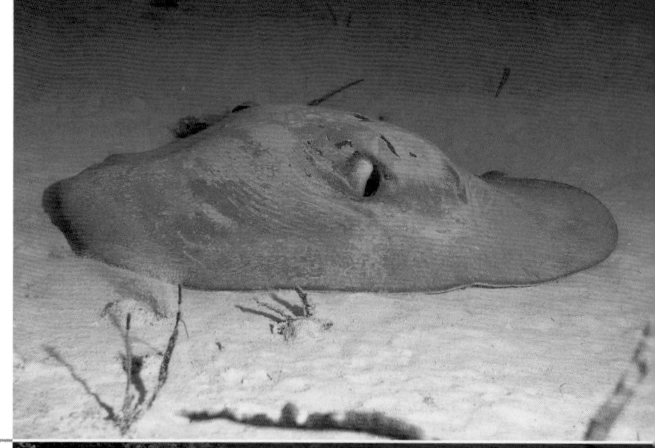

COWTAIL STINGRAY *Pastinachus sephen*

褶尾魟

分布：红海，印度洋－太平洋热带海域。

大小：包括尾巴在内最长达 3 米。

栖息地：沿海的沙质海底和珊瑚礁，栖息深度最深达 60 米。

生活习性：体形大，生性活跃，体表呈浅褐色，眼睛突出，有很大的呼吸孔。宽阔的腹鳍沿着尾部折叠起来，很容易被潜水员辨认出来。游动时，其带状或旗状腹鳍特别明显。以软体动物和甲壳动物为食，多在夜间活动。

JENKINS' WHIPRAY *Himantura jenkinsii*

詹氏窄尾魟

分布：从印度到马来西亚的印度洋－太平洋中海区和西海区。

大小：包括尾巴在内最长达 2 米。

栖息地：沿海浅水区的泥质或沙质海底，常出现于河口。

生活习性：体形大，体表呈浅褐色，常见于微咸、浑浊的沿海水域。尾部细长，有两根或两根以上的锯齿状毒刺，起防御作用。世界各地有好几个相似物种，如塔希提黄貂鱼，它与詹氏窄尾魟有大致相同的栖息地和生活习性。

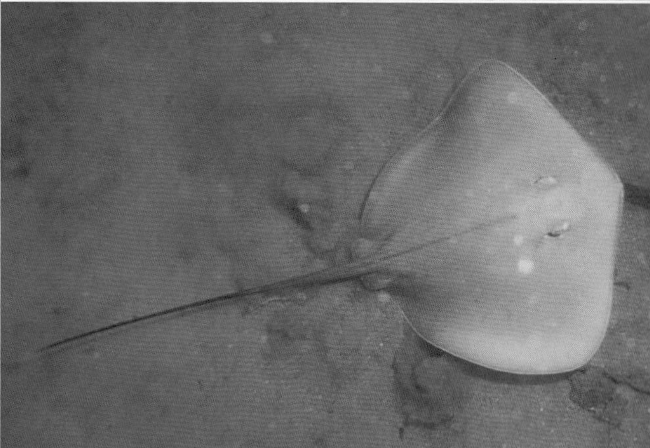

MANGROVE WHIPRAY *Himantura granulata*

细点窄尾魟

分布：从印度尼西亚到澳大利亚北部的印度洋－太平洋热带海域。

大小：最长达 1.5 米。

栖息地：浅水区，珊瑚礁中的沙地，沙滩和红树林周边的沙质和碎石海底。

生活习性：体形大，体表呈深灰色或者褐色，身体为圆形，有一条白色的鞭状长尾巴，上面有一根或多根锯齿状毒刺。通常白天在海底休息，夜间在海底捕食小型鱼类、甲壳动物和双壳类动物。

波缘窄尾魟

LEOPARD WHIPRAY *Himantura undulata*

分布：印度洋-太平洋西海区热带海域。

大小：包括尾巴在内最长达5米。

栖息地：沿海水域，潟湖的沙质和泥质海底，栖息深度为8~80米。也会出现在河口和红树林地区。

生活习性：外表非常漂亮，浅色的体表上有许多豹纹图案，很容易辨认。不太常见，很可能生活在深水区，偶尔进入浅水区。尾巴中部有一根或多根毒刺。

花点魟

RETICULATE WHIPRAY *Himantura uarnak*

分布：红海，远至密克罗尼西亚的印度洋-太平洋西海区热带海域。

大小：包括尾巴在内最长达5米。

栖息地：沿海浅水区的沙质和泥质海底，栖息深度最深达42米。也会出现在河口和红树林沼泽。

生活习性：体形非常大，浅黄色或者褐色体表上有令人眼花缭乱的、迷宫似的图案，很容易辨认。尾巴细长，有时没有尾尖，经常埋在沙子里。很容易和波缘窄尾魟混淆。

糙沙粒魟

PORCUPINE RAY *Urogymnus asperrimus*

分布：大西洋东部热带海域，印度洋-太平洋热带海域。

大小：包括尾巴在内最长达1米。

栖息地：沙质和碎石海底，尤其喜欢栖息于斑礁间。

生活习性：体形为圆盘状，体表呈浅灰色，长有无数的刺和尖锐的小牙。短尾，身体强壮，没有毒刺。粗糙的外表是其显著特征。以双壳类动物和甲壳动物等底栖无脊椎动物为食。

纳氏鹞鲼

SPOTTED EAGLE RAY *Aetobatus narinari*

分布：热带和亚热带海域。

大小：最长达3米，一般体长1.5~2米。

栖息地：远洋和沿海水域，常栖息于沙质海底或海底附近，活动于海面至60米深处。

生活习性：游动时姿态美丽优雅，常成小群聚集。嘴似鸭嘴，尾巴细长，根部有多根锯齿状的刺。有大大的像翅膀一样的三角形胸鳍，游动速度快，生性羞怯，难以接近。以双壳类动物、甲壳动物和底栖鱼类为食。

GIANT MANTA
Manta birostris

双吻前口蝠鲼

分布：热带海域。

大小：最宽达 9 米，一般宽 3~5 米。由于过度捕捞，我们对这个物种所知甚少。

栖息地：远洋和沿海水域，活动于海面至 40 米深处。

生活习性：体形最大的鳐鱼。以浮游生物为食，摄食时用两条舌状鳍把食物引向突出的口中。无危害性，生性好奇，性情温和。以前个体非常大，但由于过度捕捞，我们现在只能看到宽 2~4 米的个体。处于濒危状态。

SICKLEFIN DEVIL RAY
Mobula tarapacana

褐背蝠鲼

分布：热带海域。

大小：包括尾巴在内最长达 1.2 米。

栖息地：远洋和沿海水域，远洋的沙质海底和珊瑚礁，活动于海面至 20 米深处。

生活习性：有好几个相似物种，尾巴根部通常有一根或多根毒刺。常与双吻前口蝠鲼混淆，但褐背蝠鲼通常成群聚居，嘴长在腹部下面，而不是前面。以浮游生物为食，喜欢栖息在有洋流的水域。

聚焦——远洋捕食者

珊瑚礁的构造十分复杂，珊瑚礁外令人恐惧的海域居住着各种各样的大型捕食者，它们经常向珊瑚礁发动袭击，捕获大量猎物。

动物界中的每一种动物都有各自的机能，大型掠食性海洋动物的生存机制有时令人惊诧。例如，双髻鲨的头叶能感知电磁场最微小的变化，这是它们寻找猎物时需要的能力。许多双髻鲨都以魟鱼为食，它们的鼻子轮廓很平，能够像金属探测器一样快速搜寻藏在海底的猎物。另外，在广阔的海洋中，它们不需要多彩艳丽的伪装。相反，在高效的肌肉系统的推动下和可靠的捕食方式的帮助下，坚固的结构和极高的水动力系数的共同作用才是它们需要的。每一种捕食者都有独特的牙齿，用来捕食它们选择的猎物。例如，梭鱼和以速度快的鱼为食的大洋性鲨鱼

体形巨大的鲸鲨主要以小鱼和浮游动物为食

双髻鲨进化出了对电流敏感的圆裂形头部

体形很大的裸狐鲣常见于珊瑚礁前

都有长而尖利的牙齿，这样它们才能更好地捕获和咬住猎物，而那些喜欢捕食大海龟的鲨鱼，如虎鲨，进化出了心形的有锯齿的大牙齿，这样更容易咬穿龟壳。众所周知，一些体形巨大的海洋物种，如鲸鱼、鲸鲨和双吻前口蝠鲼，根本没有牙齿，以浮游生物和小鱼为食，依

灰礁鲨与珊瑚礁联系密切

巨大的双吻前口蝠鲼偶尔会造访未被外界干扰的远洋礁石

靠鲸须板或者鳃弓的致密结构从水中滤食。这种捕食方式——耗费少许能量获得大量食物——似乎最高效，是大型动物最常用的一种捕食方式。各种海洋捕食动物，如许多种金枪鱼和几种鲨鱼，还进化出了额外的机能来提高捕食能力：它们的体温比周围的水温高几度。对身体能量的优化利用使它们在追逐猎物时速度更快、反应更快。

大群梭鱼经常聚集在远洋礁石附近

硬骨鱼纲

OSTEICHTHYES
Bony Fishes

硬骨鱼纲的特征是大多数硬骨鱼的上颌和下颌是不一样的，重叠的鳞片覆盖着身体，鱼鳍和骨架中有起支撑作用的鳍条。硬骨鱼被认为比软骨鱼（鲨鱼、魟鱼和银鲛）高级，共有 23000 多个物种，海洋中有 12000 多种。硬骨鱼数量庞大，其大小、形状和颜色千差万别。例如，有些虾虎鱼不到 1 厘米长，而巨大的蓝枪鱼长达 5 米，体重超过 1 吨。然而，大多数栖息在珊瑚礁的硬骨鱼的体形一般为小型和中型，是色彩最鲜艳的鱼类，其栖息地和生活习性具有迷人的多样性。本书中的大多数鱼类都与珊瑚礁密切相关。

水下摄影提示：无法进行笼统介绍，接下来将按照各物种所属的科进行介绍。

海鳝科 MORAY EELS *Muraenidae*

海鳝科有10多属，约有150种，体形长，像蛇一样，身体侧扁、粗壮，厚实的皮肤上有一层滑滑的黏液，起到保护作用，长着一个洞状鳃孔。大多数海鳝都在夜间活动，白天待在岩石和珊瑚中的洞穴中；夜间非常活跃，在珊瑚礁中漫游，靠异常发达的嗅觉捕食甲壳动物、头足类动物和睡觉的鱼。大多数海鳝科动物都没有攻击性，虽然它们看起来很凶。最好不要打扰它们，因为大多数海鳝科动物咬人很疼，会造成危险。

水下摄影提示：海鳝通常在洞穴中往外窥视，它们的大嘴有节奏地张合。只有尽可能缓慢地靠近它们，才有可能拍到理想的微距照片。尽可能和海鳝的嘴部动作保持同步，在鱼嘴张到最大、露出特有的牙齿时按下快门，这样才能拍到大多数海鳝特有的尖牙。

CLOUDED MORAY *Echidna Nebulosa*

云纹蛇鳝

分布：从红海和东非到澳大利亚、夏威夷、巴拿马和日本南部的印度洋-太平洋热带海域。

大小：最长达70厘米。

栖息地：浅潟湖、死珊瑚区、淤泥质海底、海草床。

生活习性：白天在浅水区巡游，在潮间带捕食螃蟹和虾。外表特征明显，白色体表上均匀分布着黑色云纹，很容易辨认。扁平的圆形牙齿表明它爱吃甲壳动物。

CHAIN MORAY *Echidna catenata*

链蛇鳝

分布：从美国佛罗里达州到加勒比海和巴哈马的大西洋西部热带海域，在加勒比海西部很少见。

大小：最长达80厘米。

栖息地：沿海水域和外围礁石，栖息深度为1~15米。

生活习性：体表为黑色或者深褐色，有黄色链状纹，常见于珊瑚中或者缝隙中，通常生活在浅而清澈的水域。以甲壳动物、软体动物和睡觉的小型鱼类为食，夜间捕食活动活跃。

ZEBRA MORAY *Gymnomuraena zebra*

斑纹海鳗（又名：条纹裸鳝）

分布：从红海和东非到日本南部、夏威夷和巴拿马的印度洋-太平洋热带海域。

大小：最长达1.4米。

栖息地：浅水区的礁坪和礁坡，最深达50米左右。

生活习性：体表为红褐色，带有白色条纹。牙齿扁平，为圆形，能咬破坚硬的贝壳。非常害羞，几乎总是在夜间活动，通常难以接近。一旦被发现，就会马上藏到珊瑚丛中。

布氏海鳗（又名：布氏裸胸鳝）

BLACK-CHEEK MORAY *Gymnothorax breedeni*

分布：从东非到法属波利尼西亚的印度洋－太平洋热带海域。

大小：最长达 65 厘米。

栖息地：珊瑚密集区、清澈水域中的外围礁壁和礁坡。

生活习性：体形小但极具攻击性，即使没有受到侵扰，也会随时准备撕咬入侵者。千万不要把手放到它们的巢穴附近！头部肥胖，从眼睛到嘴角有明显的黑色条纹，很好辨认。体表为浅褐色，带有色彩柔和的斑点。仅常见于清澈水域。

花鳍海鳗（又名：细斑裸胸鳝）

SPOT-FACE MORAY *Gymnothorax fimbriatus*

分布：从印度尼西亚到密克罗尼西亚，从日本到澳大利亚的印度洋－太平洋中海区热带海域。

大小：最长达 80 厘米，可能更长。

栖息地：沙质海底的珊瑚礁顶部、海绵和露头。

生活习性：非常漂亮的海鳝，常见于沙质海底的珊瑚礁顶部，一般出现在 10~50 米深的水域。头部为柠檬黄色，带有黑点，体色发白，吻细长，有红褐色的大眼睛。好奇，没有攻击性。

黄边海鳗（又名：黄边裸胸鳝）

YELLOW-EDGED MORAY *Gymnothorax flavimarginatus*

分布：从红海和东非到夏威夷、日本南部和巴拿马的印度洋－太平洋热带海域。

大小：最长达 1.2 米。

栖息地：沿海珊瑚礁和岩礁，从海面至 100 米深处。

生活习性：在分布区很常见，我们很容易通过带有黄褐色斑点的体表和浅黄色的眼睛辨认出它们。常和清洁虾待在一起。生性温和，没有攻击性，但是受到威胁时很容易被激怒，咬出的伤口很深，令人疼痛，非常危险。

爪哇海鳗（又名：爪哇裸胸鳝）

GIANT MORAY *Gymnothorax javanicus*

分布：从红海到夏威夷和日本的印度洋－太平洋热带海域。

大小：最长达 2.5 米。

栖息地：礁坡和礁壁，从沿海浅水区和潮间带到海洋中的孤岛。

生活习性：体形粗壮到令人印象深刻，有些个体像人的大腿那么粗，重达 30 千克以上。通常很平静，容易接近，但是一旦受到威胁或者刺激就会给人造成严重伤害。千万不要在其巢穴边用食物引诱它们。

HONEYCOMB MORAY
Gymnothorax favagineus

大斑海鳗（又名：豆点裸胸鳝）

分布：从东非到澳大利亚的印度洋-太平洋热带海域。

大小：最长达 2 米。

栖息地：外围礁壁和礁坡，清澈水域和浑浊水域都能适应，栖息于海面至 50 米深处。

生活习性：外表漂亮，体形很大，不常见。斑点的数量和大小各异，但是体表都覆盖着蜂窝状斑点。捕食习惯与其他大型海鳝相似，食物以鱼类和头足类动物为主。当地的潜水向导对该物种非常熟悉。

SPOTTED MORAY
Gymnothorax isingteena

魔斑海鳗（又名：魔斑裸胸鳝）

分布：从苏门答腊岛到巴布亚新几内亚的印度洋-太平洋热带海域。

大小：最长达 2 米。

栖息地：礁坡和茂密的珊瑚丛，沿海礁石和外围礁石，常见于浑浊水域。

生活习性：外表漂亮，体形大，性情温和，白色的体表上有不规则的黑色斑点。和大多数海鳝一样，白天大部分时间一动不动地待在洞穴中，夜间觅食，主要以鱼类和甲壳动物为食，很容易接近。之前被认定的拉丁学名多为 Gymnothorax melanospilos。

WHITE-MOUTH MORAY
Gymnothorax meleagris

斑点海鳗（又名：斑点裸胸鳝）

分布：从东非到科隆群岛的印度洋-太平洋热带海域。

大小：最长达 80 厘米，可能更长。

栖息地：珊瑚密集的浅水区，海藻丰富的碎石区。

生活习性：优雅美丽，在水中极易辨认，口内呈亮白色，褐色身体上点缀着小白点。很少被潜水员发现，可能是因为它喜欢待在潮间带和沿海的珊瑚碎石区。性情温和，容易接近。

YELLOW-MOUTH MORAY
Gymnothorax nudivomer

星斑海鳗（又名：褐锄裸胸鳝）

分布：从红海到法属波利尼西亚的印度洋-太平洋热带海域。

大小：最长达 1 米，一般要短一些。

栖息地：外围和内部的礁坡、礁壁，通常栖息于清澈水域和 30 米以下的珊瑚丛中。

生活习性：在水下很容易被潜水员认出。体表呈浅褐色，布满了白点，口内呈浅黄色。通常仅在深水区活动，因此不太常见。容易被激怒，受到威胁时会撕咬对方。

带尾海鳗（又名：带尾裸胸鳝）

BAR-TAIL MORAY *Gymnothorax zonipectis*

分布：从东非到法属波利尼西亚，从菲律宾到澳大利亚的印度洋—太平洋热带海域。

大小：最长达 45 厘米。

栖息地：茂密的珊瑚礁和礁壁，珊瑚碎石坡，最深达 40 米。

生活习性：体形小，通常行动隐秘，外表非常漂亮，很容易从眼睛和嘴角间的白点、体表界限分明的带状图案辨认出它们。在夜间活动，白天很害羞，不常见。

绿海鳗（又名：绿裸胸鳝）

GREEN MORAY *Gymnothorax funebris*

分布：从美国马萨诸塞州到巴西、加勒比海和墨西哥湾的大西洋西部海域。

大小：最长达 2.5 米。

栖息地：岩壁、礁壁和海底，栖息于海面至 30 米深处。

生活习性：体形很大，令人印象深刻。在加勒比海潜水时常常能见到此物种。有些已被当地的潜水向导“驯化”，供游客观赏。通常性情温和，但是受到人类威胁时会展开致命攻击。体表呈浅黄绿色，在自然光中颜色更深；适应能力很强，在各种栖息地均可见到。

点纹海鳗（又名：点纹裸胸鳝）

ATLANTIC SPOTTED MORAY *Gymnothorax moringa*

分布：从美国北卡罗来纳州到巴西和加勒比海的大西洋西部海域。

大小：最长达 1.2 米。

栖息地：珊瑚礁和碎石区，从海面至 12 米深处。

生活习性：加勒比海最常见的海鳝。颜色多变，浅色体表上通常有深色斑点。体形中等，外表漂亮，白天易接近。在夜间活动，以睡觉的鱼类、甲壳动物和头足类动物为食。

栗色海鳗（又名：栗色裸胸鳝）

PANAMIC GREEN MORAY *Gymnothorax castaneus*

分布：从加利福尼亚湾到哥伦比亚的太平洋东部海域。

大小：最长达 1.2 米。

栖息地：岩礁，从海面至 40 米深处。

生活习性：常见物种，体形粗大，身体健壮，体表呈浅绿褐色，有很小的白色斑点。白天常几条聚集在一起，在巢穴中休息。受到侵扰时有攻击性。与大多数海鳝一样，长着许多锋利的朝内的牙齿，有助于咬住挣扎的猎物。

WHITE-EYED MORAY *Gymnothorax thyrsoideus*

密点海鳗（又名：密花裸胸鳝）

分布：从苏门答腊岛到法属波利尼西亚和日本的印度洋–太平洋热带海域。

大小：最长达 65 厘米。

栖息地：淤泥质、沙质海底，常见于潟湖、沉船残骸和海港中。

生活习性：难以描述，很容易从令人惊奇的白眼睛辨认出它们。常和其他海鳝一起漫游于沉船残骸和油桶之类的垃圾中。无害，可能以贝壳和小甲壳动物为食。有一个相似物种叫花斑裸胸鳝，可通过长有小斑点的灰白色体表辨认。

BARRED SNAKE MORAY *Uropterygius fasciolatus*

条纹海鳗（又名：条纹尾鳝）

分布：从印度尼西亚到所罗门群岛的印度洋–太平洋中海区热带海域。

大小：最长达 50 厘米。

栖息地：沿海礁石的珊瑚密集区，潟湖，栖息深度为 1~7 米。

生活习性：不常见。体表呈浅褐色，有着细细的深色波浪线网状图案。口内呈亮橘黄色，眼睛上方有两个管状鼻孔。对其习性所知甚少，可能夜间单独活动。

BLUE RIBBON EEL *Rhinomuraena quaesita*

五彩鳗（又名：大口管鼻鳝）

分布：印度洋–太平洋热带海域。

大小：最长达 1.2 米。

栖息地：沿海珊瑚礁顶部的碎石区，栖息深度为 3~60 米。

生活习性：不常见，但是在局部地区常见。美丽优雅，体形略长，细如铅笔。常常能看到它们在巢穴中向外窥视，身体的前 1/3 疯狂地扭动。幼鱼为黑色，背部有黄色条纹。雄性成鱼的吻和背鳍呈黄色，雌性成鱼（变性之后）全身呈黄色，更少见。

DRAGON MORAY *Enchelycore pardalis*

豹纹海鳗（又名：豹纹勾吻鳝）

分布：从韩国到法属波利尼西亚、新喀里多尼亚和夏威夷的太平洋西部热带海域。

大小：最长达 80 厘米。

栖息地：清澈水域的外围礁石，栖息深度为 15~50 米。

生活习性：特征明显，体表呈浅黄色或浅橘黄色，有许多褐边白点，眼睛上方有两个长管状的鼻孔，弧形的上下颌长着尖利的牙齿。常单独活动，白天通常躲在缝隙里。有好几个勾吻鳝属物种与该物种的地理分布相同，生活习性也很相似，但是不那么显眼。

蛇鳗科 SNAKE EELS *Ophichthidae*

蛇鳗科有 50 多属，全世界大约有 250 个物种。通常有很尖的吻，身体呈圆柱形，长有浅色的条状或点状花纹。白天通常把身体藏在垂直的洞穴中，用硬实尖利的尾巴在柔软的海底挖洞。夜间四处游动，更为活跃，以甲壳动物和小鱼为食。无危险性，但是受到侵扰或被碰到时会咬人。

水下摄影提示：蛇鳗在白天很常见，喜欢待在垂直的泥沙洞穴中，只把头露出来。要想靠得足够近以拍摄它们的吻部特写，你需要偷偷地接近它们（通常需要几分钟），用 105 毫米或 60 毫米的微距镜头拍摄。试着把相机平放在海底，必要时把镜头罩埋在沙子里，尽可能地水平拍摄蛇鳗的头部。

食蟹豆齿鳗

LONGFIN SNAKE EEL *Pisodonophis cancrivorus*

分布：从东非到澳大利亚和日本南部的印度洋－太平洋热带海域。

大小：最长达 75 厘米。

栖息地：有着沙质或淤泥质底部的潟湖，常在浅水区。

生活习性：白天伏击猎物，夜间主动捕食，以头足类动物、甲壳动物和小鱼为食。和其他蛇鳗一样，居住在用坚硬的尾巴在海底挖的垂直洞穴中，洞穴的表面涂满了黏液。如果不小心碰到它，它会迅速藏到洞穴中。常见于分布区，但是常被潜水员忽视。

云纹丽鳗

MARBLED SNAKE EEL *Callechelys marmorata*

分布：从东非到密克罗尼西亚和澳大利亚的印度洋－太平洋热带海域。

大小：最长达 60 厘米。

栖息地：浅水区的淤泥质、沙质海底和深达 30 米的安全地带。

生活习性：浅色的身体上长有斑点，斑点有的稀疏，有的密集。喜欢待在浅水区柔软的淤泥质和沙质海底，这种地方容易挖洞穴。和其他蛇鳗一样，如果不小心被碰到，会迅速钻入洞中。以甲壳动物、小鱼和头足类动物为食，在夜间捕食。

枝蛇鳗

NAPOLEON SNAKE EEL *Ophichthus bonaparti*

分布：印度洋－太平洋热带海域。

大小：最长达 75 厘米。

栖息地：安全地带的浅水区的淤泥质或沙质海底。

生活习性：非常害羞，身体上的斑点非常漂亮，尤其是头部的斑点。很容易从浅色体表上的金铜色圆形斑纹辨认出它们。白色沙滩上的枝蛇鳗的颜色通常没有黑色火山灰沙滩上的那么艳丽。以小鱼、甲壳动物和头足类动物为食。夜间活跃，白天伏击捕食。很少被潜水员发现。

BLACK-SADDLED SNAKE EEL
Ophichtus cephalozona

颈带蛇鳗（又名：颈斑蛇鳗）

分布：从日本南部到澳大利亚北部的太平洋中部和西部海域。

大小：最长达1米。

栖息地：浅水区和安全地带的石质、泥质或沙质斜坡。

生活习性：待在洞穴和珊瑚碎石区的狭窄缝隙中，主要在夜间活动。吻为浅灰色，身体为浅黄色，身体中间仿佛被一块黑色鞍状斑截断，可以从颈部很宽的白色图案辨认出它们。以底栖甲壳动物和头足类动物为食。在分布区可能很多，但很少被发现。

HENSHAW'S SNAKE EEL
Brachysomophis henshawi

亨氏短体鳗

分布：印度洋-太平洋热带海域。

大小：最长达1米。

栖息地：浅水区柔软的淤泥质或沙质海底，最深达30米。

生活习性：擅长伪装、模样凶猛的捕食者，白天藏在柔软的海底伏击猎物。单独活动，体表为浅褐色或浅红色，有色彩柔和的斑纹。在分布区很常见，尤其是在有淤泥的水域，但是常被潜水员忽视。与几个相像的浅褐色或发白的物种的分布区重叠。

BANDED SNAKE EEL
Myrichthys colubrinus

斑竹花蛇鳗

分布：印度洋-太平洋热带海域。

大小：最长达90厘米。

栖息地：浅潟湖和海湾的沙质底部。

生活习性：比较常见，白天经常在靠近海岸的非常浅的水域觅食。很容易与灰蓝扁尾海蛇混淆，二者很像，但该物种是无害的鱼类，不是毒蛇。体表黑色条纹的宽度随着地理分布的不同而发生变化。以底栖甲壳动物和小鱼为食。

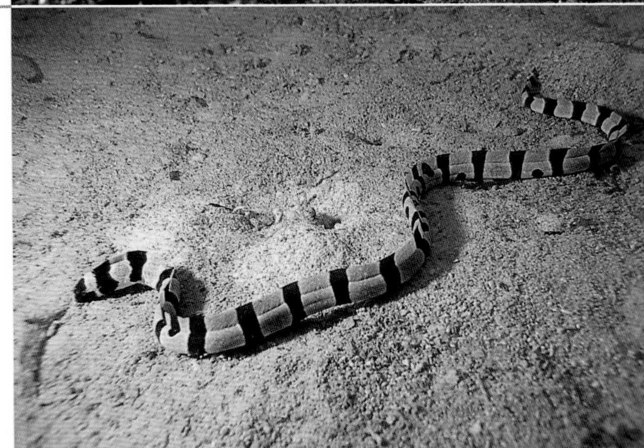

OCELLATE SNAKE EEL
Myrichthys maculosus

黑斑花蛇鳗

分布：印度洋-太平洋热带海域。

大小：最长达1米。

栖息地：珊瑚碎石，潟湖，珊瑚礁顶部的沙质和淤泥质平地。

生活习性：只在夜间捕食，潜水员在夜间潜水时有时可以看到它们捕食睡觉的小鱼、甲壳动物和底栖头足类动物。浅黄色体表上布满黑色斑点，但是斑点的形状各不相同。白天不常见。

康吉鳗科 GARDEN EELS *Congridae*

康吉鳗经常大群聚集在靠近珊瑚礁的平坦沙质或泥质海底，常见于深水区或者洋流多的海域。俗称“花园鳗”，因为它们大批聚集在一起，随着洋流摇摆，只把头部和身体的前面一部分露在外面，像海底长出的草。它们以洋流中的浮游生物为食，很少离开洞穴。有好几个物种尚无描述。毫无疑问，还有许多物种有待发现。

水下摄影提示：康吉鳗是最难拍摄的珊瑚礁动物，因为每当人类靠得太近时，它们都会马上钻到洞穴里。拍出好照片的唯一方法（只适合用微距镜头）是先潜到它们附近，慢慢靠近，尽量少呼气，等待它们再次出现。

奇鳗

SEA CONGER *Ariosoma anagoides*

分布：从印度尼西亚到菲律宾的印度洋–太平洋中海区。

大小：最长达 40 厘米。

栖息地：沙质、淤泥质或泥质海底，栖息深度为 5~20 米。

生活习性：身体呈浅褐色，背鳍半透明，呈带状，很容易从大眼睛上的细长瞳孔辨认出它们。单独活动，白天通常在海底挖洞，夜间很少出现在开阔处。

斑点花园鳗

SPOTTED GARDEN EEL *Heteroconger hassi*

分布：从塞舌尔到澳大利亚的印度洋–太平洋热带海域。

大小：最长达 40 厘米。

栖息地：斑礁之间的沙坪或者缓坡上的沙坪，总是出现在有洋流的区域。

生活习性：体表布满小斑点，很容易从两个明显的大黑点辨认出它们。和所有的花园鳗一样，这个优雅的物种喜欢大群聚集在一起，身体的后半部分藏在柔软的海底，前半部分直立着面对洋流，以随波漂来的浮游生物为食。

泰勒异康吉鳗

LEOPARD GARDEN EEL *Heteroconger taylori*

分布：从加里曼丹岛到菲律宾和巴布亚新几内亚的印度洋–太平洋中海区热带海域。

大小：最长达 40 厘米。

栖息地：安静的浅水区的沙质和淤泥质环境。

生活习性：外表美丽，是新近发现的物种，很容易从浅黄色体表上的众多黑点辨认出它们。松散地聚成一群。与其他花园鳗相比，该物种似乎不那么依赖洋流，更喜欢待在平静的沿海水域。不像其他花园鳗那么害羞。

WHITE-SPOTTED GARDEN EEL *Gorgasia maculata*

白点花园鳗

分布：从科摩罗群岛到巴布亚新几内亚的印度洋－太平洋热带海域。

大小：最长达 70 厘米。

栖息地：沙坪和珊瑚碎石缓坡，至少 30 米深。

生活习性：该物种常常数百条聚集在一起，在被强大洋流冲刷的碎石滩上密集地栖居。不常见，体表呈浅灰色，很容易从体侧鲜艳的珍珠状亮色斑点辨认出它们。通常十分害羞，难以靠近。

ENIGMA GARDEN EEL *Heteroconger enigmaticus*

竖头花园鳗

分布：从印度尼西亚到巴布亚新几内亚的太平洋西部局部热带海域。

大小：最长达 75 厘米。

栖息地：中等深度、清澈、光线好、洋流多的水域的细沙海床和缓坡。

生活习性：身体呈浅蓝灰色，布满无数金铜色斑点，背鳍和臀鳍上有清晰的金色斑点。数百条聚集在一起生活，有时可以见到它们在洞穴外游动。

鳗鲇科 EELTAIL CATFISHES *Plotosidae*

全世界有 2000 多种鲇鱼，但是它们当中的大多数只在淡水或者微咸的河口水域生活。在珊瑚礁潜水时有机会——很难得——看到两种。一种是巨大的大头多齿海鲇，体长近 2 米，有时能在印度洋－太平洋浑浊海域的沉船残骸中见到，其显著特征是有一个带状鱼鳍，它由背鳍、臀鳍和尾鳍连在一起形成。另一种是鳗鲇，它们经常数百条密集地聚集在珊瑚礁附近的沙质或者淤泥质海底，聚集成球状。

水下摄影提示：大群鳗鲇是非常有趣的拍摄对象，尤其是从正面拍摄时。在大多数鲇鱼张开嘴时按下快门能拍出非常好的特写照片，尤其是使用微距镜头时。

STRIPED EEL CATFISH *Plotosus lineatus*

鳗鲇

分布：印度洋－太平洋热带海域。

大小：最长达 35 厘米。

栖息地：靠近珊瑚礁、入海口和河口的沿海的淤泥质海床，那里有大量的植物残渣。

生活习性：喜群居，经常聚成球状，像一团蒸气一样在海底滚动着寻找食物。越小的鱼聚集得越紧密，从远处看像一条大鱼。千万不要触碰它们，因为它们的鳍脊有毒，会对人造成严重伤害。

镰齿鱼亚科 LIZARDFISHES *Harpadontinae*

镰齿鱼亚科是一个很小的热带鱼亚科，只有2属，大约有15种鱼。它们在沙质和泥质海底很常见，很容易从其清晰的小牙将它们与外表相似的狗母鱼亚科区分开。它们体形小，是速度非常快的伏击型捕食者，能以闪电般的速度从海底冲出去捕食猎物，通常捕食虾虎鱼或者雀鲷，将猎物从尾部生吞下去。

水下拍摄提示：能拍出很漂亮的照片，照片中的鱼比实际看起来的还要艳丽。从正面和侧面近距离拍摄头部特写镜头非常有趣，但是必须慢慢接近和偷拍，千万不要径直靠近。它们如果逃走了，通常过一会儿就返回原来的栖息地。

细蛇鲻

SLENDER LIZARDFISH *Saurida gracilis*

分布：从红海和东非到法属波利尼西亚、澳大利亚和日本南部的印度洋-太平洋热带海域。

大小：最长达28厘米。

栖息地：珊瑚礁顶部和珊瑚碎石区，活动于海面至100多米深处。

生活习性：体形呈鱼雷形的小型伏击型捕食者，通常卧在海底。在水下可以从其身体上两个较大的黑色鞍状斑辨认出它们。稍微一张口，没有唇的口中就会露出针状牙齿，这是所有镰齿鱼的共同特征。

云纹蛇鲻

CLOUDED LIZARDFISH *Saurida nebulosa*

分布：从毛里求斯到澳大利亚和夏威夷的印度洋-太平洋热带海域。

大小：最长达16厘米。

栖息地：沿海的泥质和沙质海底，栖息深度为1~100米。

生活习性：一般在淤泥质和泥质海底活动，通常几乎把身体全部埋到海底泥沙里。颜色极为多变，体侧通常有一串黑色斑点。伏击捕食，在与猎物有一定距离时突然以闪电般的速度发动袭击。

狗母鱼亚科和仙女鱼科 LIZARDFISHES *Synodontinae* AULOPUS *Aulopidae*

狗母鱼亚科的鱼是鱼雷形的伏击型捕食者，常见于礁顶。这是一个非常小的亚科，全世界有2属，大约有35种鱼。在水下可从其针状牙齿将它们与镰齿鱼区分开，它们的牙齿不像镰齿鱼那样是裸露的。狗母鱼的捕食速度很快，总是捕食较弱或者不够机警的虾虎鱼和雀鲷。细心的潜水员会发现，它们总是将猎物从尾部生吞下去。

水下摄影提示：狗母鱼比较害羞，难以接近，多在海底静止不动，但是遇到危险时随时能逃到几米之外。拍摄时要慢慢移动，不要直接靠近。如果目标逃跑了，等几秒钟，它还会回到原来的栖息地。与拍摄镰齿鱼时一样，最好使用优质的微距镜头，拍摄鱼的头部是最有趣的。

双斑狗母鱼

TWOSPOT LIZARDFISH *Synodus binotatus*

分布：从亚丁湾到中国台湾和夏威夷的印度洋-太平洋热带海域。

大小：最长达 20 厘米。

栖息地：珊瑚礁、珊瑚头和碎石堆。

生活习性：可在明亮的浅水区见到，栖息深度通常不超过 15 米。在水下可从吻部尖端的两个小黑点和身体下半部均匀分布的黑点辨认出它们。身体为鱼雷形，体表斑驳不平，身体前半部分颜色较浅。

革狗母鱼

SAND LIZARDFISH *Synodus dermatogenys*

分布：从红海和东非到澳大利亚的印度洋-太平洋热带海域。

大小：最长达 22 厘米。

栖息地：多在沙质海底，靠近珊瑚头，栖息深度为 1~50 米。

生活习性：通常完全或者部分埋在沙子里，突然袭击猎物，将其生吞。受到侵扰时，只游到不远处，之后又回到原栖息地，将自己埋到沙子里。可以从浅黄色的鱼鳍和浅灰色体侧的浅蓝色条纹辨认出它们。

射狗母鱼（又名：裸类狗母鱼）

LIGHTHOUSE LIZARDFISH *Synodus jaculum*

分布：从红海到法属波利尼西亚，从日本南部到澳大利亚的印度洋-太平洋热带海域。

大小：最长达 20 厘米。

栖息地：浅水区的珊瑚碎石区和安静的沙质海底，栖息深度为 1~30 米。

生活习性：可以从尾巴根部明显的黑色斑点和背部色彩斑斓的浅绿色图案分辨出该物种。常成对活动，偶尔半埋在海底。大嘴是所有镰齿鱼和狗母鱼的典型特征。

中间狗母鱼

SAND DIVER *Synodus intermedius*

分布：从美国北卡罗来纳州到巴西南部的大西洋西部海域。

大小：最长达 30 厘米。

栖息地：清澈浅水区的珊瑚礁顶部或者沙质海底，栖息深度达 25 米。

生活习性：佛罗里达州和加勒比海最常见的狗母鱼，也是最引人注目的狗母鱼之一。很容易从浅褐色体表上的鞍状斑辨认出它们，鞍状斑上有亮黄色和浅蓝色细纹。在分布区内至少还有三个相似物种。

杂斑狗母鱼

VARIEGATED LIZARDFISH *Synodus variegatus*

分布：从红海到法属波利尼西亚，从日本南部到澳大利亚的印度洋–太平洋热带海域。

大小：最长达 25 厘米。

栖息地：珊瑚礁、珊瑚碎石区和珊瑚头，栖息深度为 3~50 米。

生活习性：色彩艳丽，很常见，经常单独或者成对在珊瑚礁顶部活动。伏击型捕食者，非常机警，可从其体侧浅红色的细长斑点和体表的密集图案辨认出它们。通常在开阔水域活动，很少把身体埋在海底。

红花斑狗母鱼

REDMARBLED LIZARDFISH *Synodus rubromarmoratus*

分布：从印度尼西亚和马来西亚到澳大利亚北部的印度洋–太平洋中海区热带海域。

大小：最长达 12 厘米。

栖息地：珊瑚碎石区，栖息深度为 10~50 米。

生活习性：体形小，色彩艳丽，常因背部明显的亮红色鞍状斑被误认为其他物种。行动隐秘，通常仅在较深的水域活动。

大头狗母鱼

PAINTED LIZARDFISH *Trachinocephalus myops*

分布：环热带海域。

大小：最长达 30 厘米。

栖息地：河口附近柔软的沙质或泥质海底，活动于海面至 400 米深处。

生活习性：眼睛大，体表有金黄色和浅蓝色的细纹，细纹有狭窄的黑色边缘。常把身体完全埋在泥沙里，只露出一部分头部。极为害羞，很难靠近。能在几秒钟内把自己埋起来，消失得无影无踪。

寇女鱼

SERGEANT BAKER *Latropiscis purpurissatus*

分布：从澳大利亚西部到昆士兰州南部和新西兰的亚热带和温带海域。

大小：最长达 60 厘米。

栖息地：岩礁和沙质海底，栖息深度为 15~100 米。

生活习性：体形非常大，属于仙女鱼科，雄性很容易通过浅红色身体、第一背鳍前面的细长鳍条辨认。潜水员经常在从澳大利亚到新西兰的岩礁和柔软的海底看到此物种。

躄鱼科 FROGFISHES *Antennariidae*

这一科非常有趣、非常奇特，全世界大约有12属，至少有41种。躄鱼（也叫“青蛙鱼”）的眼睛上面长着充当诱饵的器官（由一条叫吻触手的鳍条和吻触手末端的虾状或虫状“钓饵”组成），它经常在嘴的前面摇动以吸引猎物。所有的躄鱼都是伪装大师，会模仿栖息地的环境（通常伪装成海绵），一口就把和自己一样大的猎物吞下去。大多数躄鱼行动都很隐秘。它们在海底行走，而不是游动。大多数躄鱼看起来都很相似，在水下很难分辨。

水下摄影提示： 躄鱼很容易拍摄，它们总是静止不动，伪装得异常巧妙。中焦镜头（35~50毫米）就足以拍摄到它们的整个身体，用微距镜头（105毫米或者60毫米）拍摄头部特写会获得非常好的效果。活跃地吸引猎物的躄鱼让你有机会拍到很好的照片。

GIANT FROGFISH *Antennarius commerson*

黄躄鱼（又名：康氏躄鱼）

分布： 从红海到日本和中美洲的印度洋-太平洋热带海域。

大小： 最长达30厘米，但体积庞大。

栖息地： 礁顶、植物蔓生的码头、沉船残骸、大洞穴。通常喜欢靠近枝杈状海绵。

生活习性： 躄鱼科中体形最大的物种，是伪装巧妙的伏击型捕食者。身体上的突起、体形、彩色图案和随意的轮廓使其块状身体更具迷惑性。颜色极为多变，总是与周围环境保持一致。

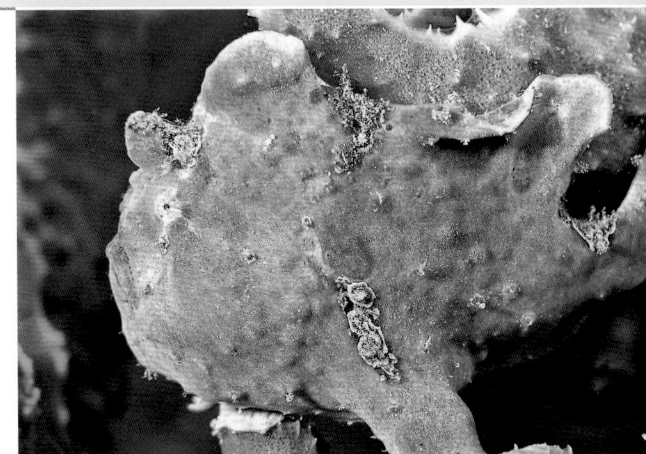

PAINTED FROGFISH *Antennarius pictus*

皮屑躄鱼

分布： 从东非到法属波利尼西亚的印度洋-太平洋热带海域。

大小： 最长达16厘米，但是体积庞大。

栖息地： 幼鱼有时栖息在沙滩和珊瑚碎石上，成鱼栖息在海绵上。

生活习性： 体形与黄躄鱼很像，但是个头更小，色彩更多变，颜色总是与其栖息的海绵相似。成鱼体表呈亮红色、白色、黑色、绿色或亮黄色；有的身体上面有眼斑，用以模仿海绵上的孔洞或其他东西。

CLOWN FROGFISH *Antennarius maculatus*

大斑躄鱼

分布： 印度洋-太平洋热带海域。

大小： 最长达12厘米。

栖息地： 沿海礁石的沙质区和海绵，通常在有泥沙的浅水区。

生活习性： 最容易识别的躄鱼，浅色（亮白色或者亮黄色）身体上有红褐色的三角形图案，背鳍的第一根鳍条始终直立着，这些都是它的显著特征。幼鱼常见于开阔处，模仿色彩艳丽的、有毒的裸鳃类动物。由于它们身上长着气孔、全身布满突起，也被称为“疣状躄鱼”。

条纹躄鱼

STRIPED FROGFISH
Antennarius striatus

分布：环热带海域。

大小：最长达 20 厘米。

栖息地：有腐烂的植物碎屑和海绵的沙质或淤泥质海底。常在浅水区，但也见于深达 90 米的水域。

生活习性：易识别物种，常见于有植物碎屑和海绵的沿海水域。体表为浅褐色、浅粉色或颜色泛白，有细长的斑纹和短的深色条纹。钓饵像个大大的飞镖状的胖虫子。下图中的物种是条纹躄鱼中罕见的当地变种。

条纹躄鱼

HAIRY FROGFISH
Antennarius striatus

分布：环热带海域。

大小：最长达 20 厘米。

栖息地：有腐烂的植物碎屑和海绵的沙质或淤泥质海底。

生活习性：条纹躄鱼在栖息地的常见的奇特变种，有非常发达的毛状皮肤附着物。体表为浅褐色、浅黄色、浅粉色或颜色泛白，有斑点或条纹。钓饵像大大的飞镖状的胖虫子。常见于印度尼西亚的蓝碧海峡。

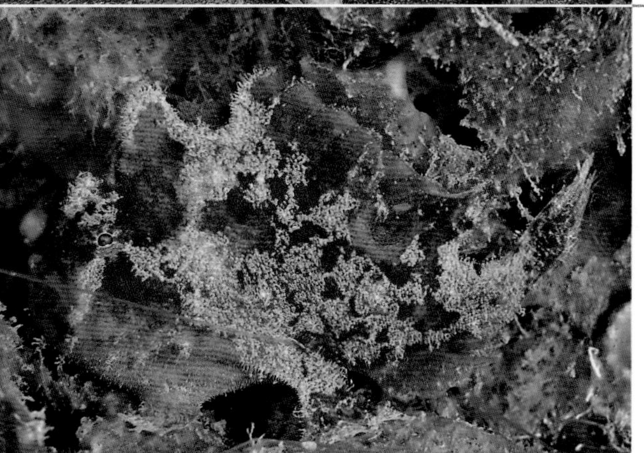

钱斑躄鱼

SPOTFIN FROGFISH
Antennatus nummifer

分布：从红海和东非到中美洲，从日本南部到澳大利亚的印度洋－太平洋热带海域。

大小：最长达 10 厘米。

栖息地：外围礁壁和礁坡，通常见于大型海绵和沉船残骸中。

生活习性：又一个多变物种，背鳍后部根处有一个明显的钱币状环斑（眼斑），在水下可从该特征辨认出它们。辨认躄鱼的最佳方法是观察它们的钓饵，该物种的钓饵像一只小虾。

细斑躄鱼

FRECKLED FROGFISH
Antennatus coccineus

分布：从红海和东非到中美洲，从日本到澳大利亚的印度洋－太平洋热带海域。

大小：最长达 12 厘米。

栖息地：海绵、沉船残骸、岩礁、潮间带，通常在浅水区。

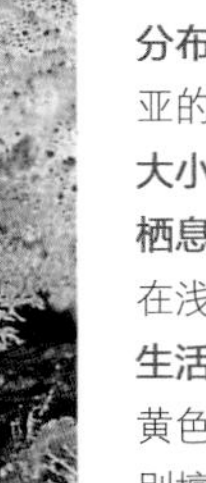

生活习性：体形小，色彩艳丽，通常为红色或橘黄色，缺少明显的尾柄。和大多数躄鱼一样，特别擅长伪装，能与周围环境融为一体，很难被发现。常静止不动，但是受到侵扰时会迅速“走开”或游开。和大多数躄鱼一样，在水下很难辨认。

SARGASSUM ANGLERFISH
Histrio histrio

裸躄鱼

分布：环热带海域，但是尚未在太平洋东部海域发现该物种。

大小：最长达 15 厘米。

栖息地：远洋漂浮的马尾藻丛，有时出现在热带风暴之后的沿海水域。

生活习性：常见于漂浮的马尾藻丛中，伪装得极为隐秘，常被忽视。离开水后能存活很短一段时间，被捕食者追击时会跳出水面，藏到漂浮在海面上的马尾藻中。

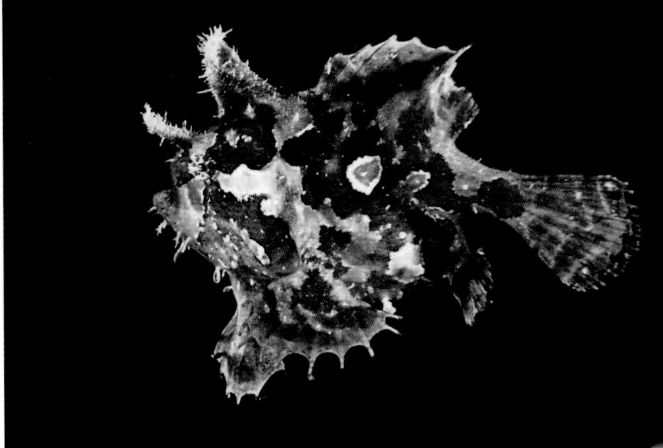

喉盘鱼科 CLINGFISHES *Gobiesocidae*

这个科大约有 35 属、100 多种，行动隐秘、体形小。喉盘鱼的腹部有一个吸盘，这个吸盘由腹鳍进化而来。它们依靠吸盘附着在其他生物体，如海百合（也叫“羽毛星”）和长刺的海胆上以寻求庇护。喉盘鱼没有鳞，体表粗糙，有一层黏液，有的毒性很大。

水下摄影提示：喉盘鱼通常很害羞，随时准备藏匿，难以拍摄。必须选择微距镜头（105 毫米），大多数情况下需要耐心的潜水伙伴帮你把不情愿的喉盘鱼引诱到有利于拍摄的地方。

LONG-SNOUT CLINGFISH
Diademichthys lineatus

线纹喉盘鱼

分布：从阿拉伯海到新喀里多尼亚的印度洋-太平洋热带海域。

大小：最长达 5 厘米。

栖息地：常被发现在开阔处游动，但总是靠近冠海胆属的长刺海胆，一旦遇险就藏到其中。

生活习性：常在沿海珊瑚礁和内部珊瑚礁的安全地带中的海胆群中活动，在自然光下体色发黑，游动时上下起伏，常常被潜水员忽视。

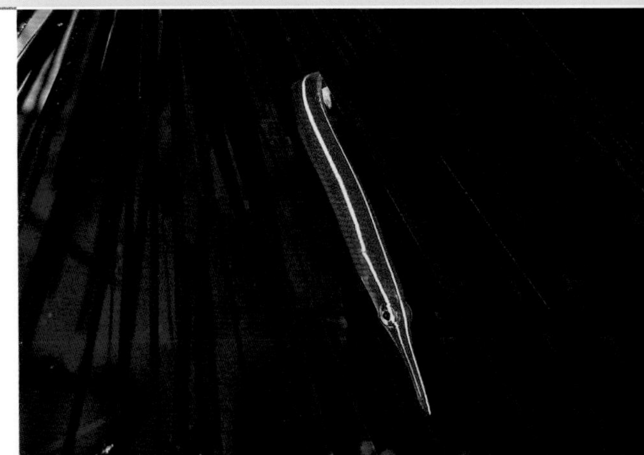

CRINOID CLINGFISH
Discotrema crinophilum

盘孔喉盘鱼

分布：从圣诞岛到斐济和澳大利亚的印度洋-太平洋热带海域。

大小：最长达 4 厘米。

栖息地：仅见于海百合上。

生活习性：该物种和相似的双纹连鳍喉盘鱼（体侧有两道条纹，而不是一道）总是栖息在海百合上，经常成对出现，藏在寄主卷起的枝杈中。有趣的是，这种常见的小喉盘鱼的体色总是与海百合的体色完全一样，终生寄居于海百合上。

画廊——躄鱼的变化

躄鱼也叫“青蛙鱼”，它们的大小、形状和颜色的变化令人眼花缭乱。躄鱼都是静止不动的伏击型捕食者，有一张大嘴和可以扩大的胃，能吞下比自己身体还大的猎物。如果运气好，你能看到它们惬意地待在海绵里面或者上面，靠伪装躲过潜在的猎物和漫游的捕食者的眼睛。它们的体形不规则，有的几厘米长，有的像足球那么大。它们长着有蹼的“脚”，没有专门用来游泳的鱼鳍，尾巴短，嘴异常大。它们通常选择与自己身体颜色相近的栖息地，或者让身体颜色随着栖息地改变，使自己融入周围的环境中，防止其他鱼类看见它们。它们利用突起、皮瓣和斑点完美地模仿薄壳状海藻或者海绵。它们改变体表的颜色以达到隐身效果，这种能力在海洋世界中只有鲉鱼（另一种伏击猎物的鱼）能够与其匹敌。鲉鱼的颜色极其多样，不仅不同物种颜色不同，同一物种的颜色也极为多变，往往与沙滩、岩石、珊瑚、淤泥等栖息环境密切相关。以下是这些令人惊奇的、具有收藏价值的、形态多变的躄鱼的有限的例子。

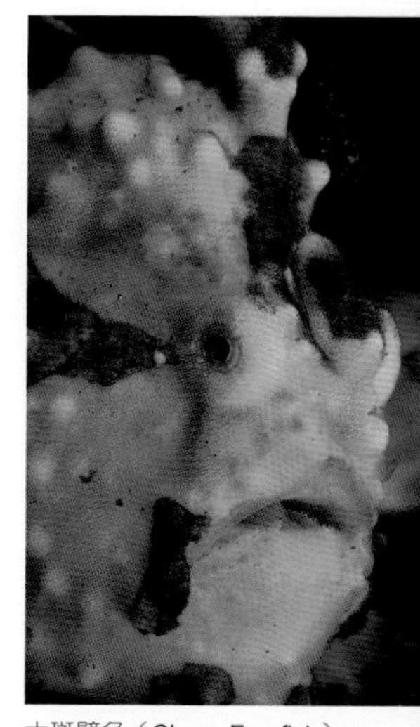

大斑躄鱼（Clown Frogfish）

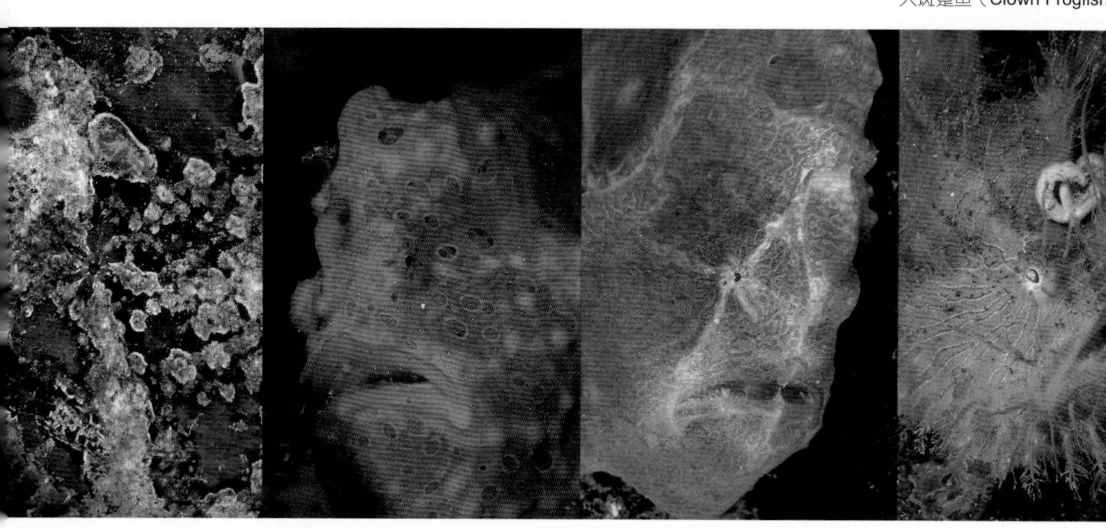

黄躄鱼（Giant Frogfish） 皮屑躄鱼（Painted Frogfish） 皮屑躄鱼（Painted Frogfish） 条纹躄鱼（Hairy Frogfish）

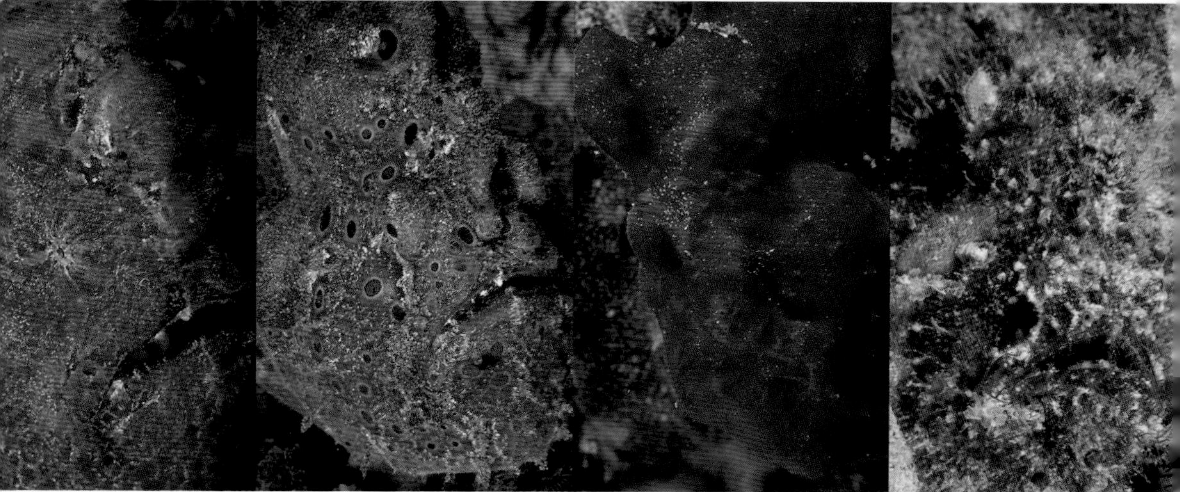

黄躄鱼（Giant Frogfish） 皮屑躄鱼（Painted Frogfish） 皮屑躄鱼（Painted Frogfish） 驼背躄鱼（New Guinea Frogfish）

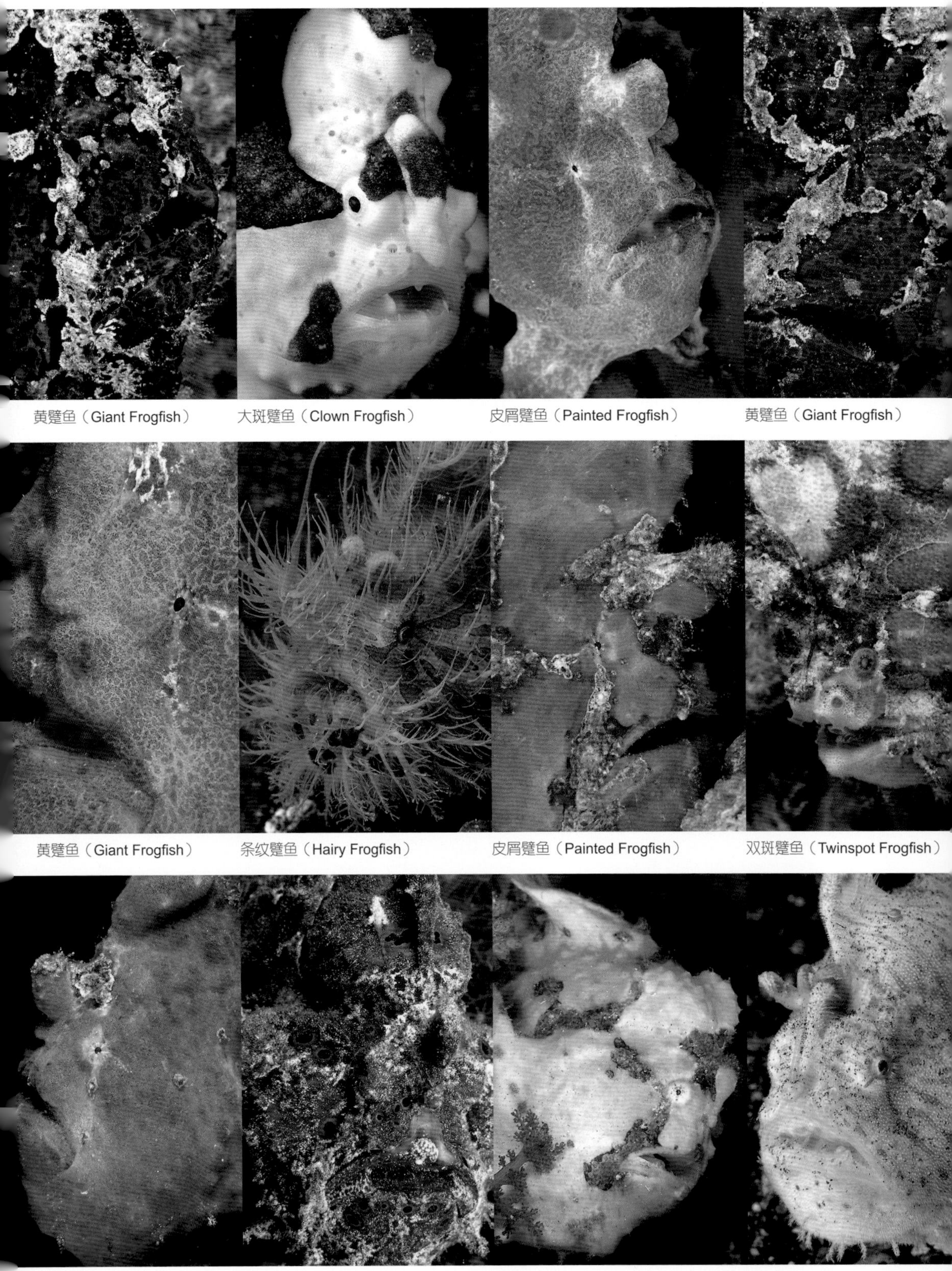

黄躄鱼（Giant Frogfish）　大斑躄鱼（Clown Frogfish）　皮屑躄鱼（Painted Frogfish）　黄躄鱼（Giant Frogfish）

黄躄鱼（Giant Frogfish）　条纹躄鱼（Hairy Frogfish）　皮屑躄鱼（Painted Frogfish）　双斑躄鱼（Twinspot Frogfish）

皮屑躄鱼（Painted Frogfish）　黄躄鱼（Giant Frogfish）　黄躄鱼（Giant Frogfish）　条纹躄鱼（Striped Frogfish）

海蛾鱼科 SEA MOTHS *Pegasidae*

海蛾鱼科非常奇怪，只有 2 属、5 种。所有海蛾鱼的嘴都很小，没有牙齿，下颌非常突出；吻部突出，伸得很长，扁平的身体被坚硬的骨板包裹着。它们适应了海底生活。这些小型底栖鱼类在沙质海底慢慢地爬行，以非常小的甲壳动物为食，因古希腊神话中的天马珀伽索斯而得名。

水下摄影提示：海蛾鱼的扁平体形和有节的身体结构为潜水员提供了拍摄有趣照片的机会，但是拍摄其侧面很困难，因为它们从来不肯离开趴卧的地方。最好从上方拍摄，以便拍出其奇怪的形状。

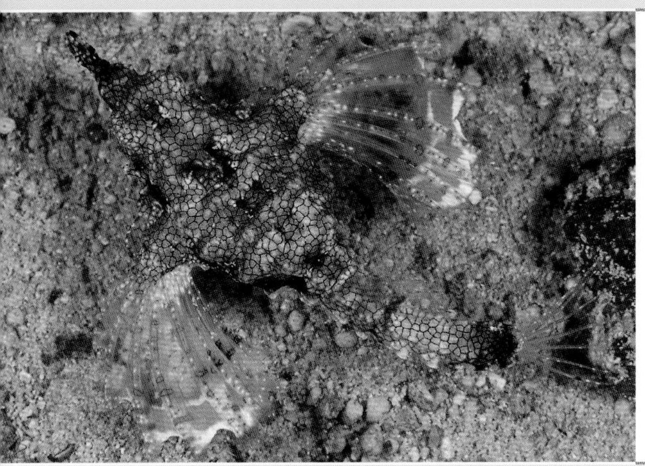

宽海蛾鱼

SEAMOTH *Eurypegasus draconis*

分布：从红海到法属波利尼西亚，从日本南部到澳大利亚的印度洋–太平洋热带海域。

大小：最长达 8 厘米。

栖息地：沿海礁石的沙质和碎石底部，栖息深度为 5~90 米。

生活习性：非常奇怪而神秘，能把自己完全隐藏起来，与环境融为一体。身体坚硬，能模仿碎骨骼或者碎石，皮肤的外层经常整块脱落。受侵扰时会展开其色彩艳丽、翅膀状的宽阔胸鳍。经常成对活动。

鳂科 SQUIRRELFISHES *Holocentridae*

分布于环热带海域科，分为鳂亚科（3 属，鳃盖大，可能有毒）和锯鳞鱼亚科（5 属，鳃盖较小）。鳂鱼都是浅红色的，眼睛大，夜间捕食，白天常悬停在隐蔽地方（洞穴、珊瑚枝杈间），经常成群静止地聚集在一起。大多数鳂鱼在夜间捕食甲壳动物和小鱼。

水下摄影提示：鳂鱼中等大小，常静止不动，一条或一群都是绝佳的拍摄对象，所处环境通常多彩而有趣，如珊瑚礁洞穴或者其他悬垂物下面。鉴于它们的体表呈鲜艳的红色，拍摄时必须使用大功率闪光灯以还原其颜色。

无斑锯鳞鱼

WHITETIP SOLDIERFISH *Myripristis vittata*

分布：从塞舌尔到夏威夷，从日本南部到澳大利亚的印度洋–太平洋热带海域。

大小：最长达 20 厘米。

栖息地：外围礁壁、礁坡和洞穴，栖息深度为 15~80 米。

生活习性：亮橘红色，很容易从尖端呈白色的背鳍和颜色稍暗的鳃盖边缘辨认出它们。常成群聚集于洞穴内、岩架下或悬垂物下。容易接近。

白边锯鳞鱼

CRIMSON SOLDIERFISH
Myripristis murdjan

分布：从红海和东非到日本南部和澳大利亚的印度洋－太平洋热带海域。
大小：最长达 25 厘米。
栖息地：沿海水域，基底为淤泥质的礁石，栖息深度为 2~50 米。
生活习性：很常见，体表呈银白色或者粉色，鳞片边缘为红色。很容易从鳃盖的暗褐色边缘分辨出它们，但是在水下常将其与相似物种混淆。有时白天可在沉船残骸或洞穴中见到它们。

大鳞锯鳞鱼

BLOTCHEYE SOLDIERFISH
Myripristis berndti

分布：从东非到波利尼西亚和澳大利亚的印度洋－太平洋热带海域。
大小：最长达 30 厘米。
栖息地：清澈水域的沿海礁石和外围礁石，栖息于大洞穴内或者悬垂物下面，栖息深度为 3~50 米。
生活习性：体表和鱼鳍均红白相间，鳞边为红色。常见，易与其他几种外表相近的物种混淆，但是通过带有亮黄色尖端的背鳍即可分辨。单独活动或者静止不动地聚成小群，常与其他锯鳞鱼混居在岩石突出部分或悬垂物下面。

焦黑锯鳞鱼

SHADOWFIN SOLDIERFISH
Myripristis adusta

分布：从东非到法属波利尼西亚、日本南部和澳大利亚的印度洋－太平洋热带海域。
大小：最长达 35 厘米。
栖息地：沿海礁石、外围礁石或潟湖，6~50 米甚至更深的清澈深水区。
生活习性：很容易从后背鳍和尾鳍上宽阔的暗色边缘分辨出它们，背部常带有绿色的金属色。常单独或成对待在洞穴中，常见于悬垂物或岩架下以及阴暗的安全地带。

黑鳍新东洋鳂

BLACKFIN SQUIRRELFISH
Neoniphon opercularis

分布：从红海到法属波利尼西亚、日本南部和澳大利亚的印度洋－太平洋热带海域。
大小：最长达 35 厘米。
栖息地：清澈水域的沿海礁石和外围礁石，常栖息于鹿角状珊瑚群中，栖息深度为 6~50 米。
生活习性：大约在方圆 20 米的范围内单独或者聚成小群活动，背鳍为黑色，有明显的白尖，鳍根有白点，很像捕食者突然张开的长着牙齿的口。

条新东洋鳂

分布：从科摩罗群岛到夏威夷、日本南部和澳大利亚的印度洋－太平洋热带海域。

大小：最长达 35 厘米。

栖息地：沿海礁石、外围礁石的斑礁和礁坡，栖息深度为 3~40 米。

生活习性：常见于鹿角状珊瑚群的枝杈之间或上面，通常松散地聚成一群活动。和其他鳂鱼一样，夜间捕食，以小鱼和甲壳动物为食。

SPOTFIN SQUIRRELFISH
Neoniphon sammara

尾斑棘鳞鱼

分布：从红海到法属波利尼西亚的印度洋－太平洋热带海域。

大小：最长达 25 厘米。

栖息地：珊瑚丰富的礁坡、礁壁和陡坡，也栖息于 6~40 米的沿海潟湖。

生活习性：很容易从身体后部的白色体表和头部、鳃盖的亮白色条纹辨认出它们。白天通常聚成大群，在洞穴内、岩架或者悬垂物下面。常见于某些特定地区。和其他鳂鱼一样，白天易于接近。

WHITETAIL SQUIRRELFISH
Sargocentron caudimaculatum

点带棘鳞鱼

分布：从红海和东非到日本南部和澳大利亚的印度洋－太平洋热带海域。

大小：最长达 30 厘米。

栖息地：沿海礁石和潟湖，常栖息于淤泥质海底和沉船残骸中，栖息深度为 5~90 米。

生活习性：体表有红铜色和银白色相间的条纹，头型短钝。常聚成大群，在中等深度水域到深水区的珊瑚头上游动。很容易与几个外形相近、有着粉白相间条纹的物种混淆，区分它们的关键是它没有明显的黑色标记。

REDCOAT SQUIRRELFISH
Sargocentron rubrum

尖吻棘鳞鱼

分布：从红海到澳大利亚和夏威夷的印度洋－太平洋热带海域。

大小：最长达 45 厘米。

栖息地：清澈水域的沿海礁石和外围礁石，栖息深度 5~120 米。

生活习性：最大也可能是最引人注目的鳂鱼，头部骨头突出，腹部和腹鳍的颜色从橘黄色渐变到黄色，体形大，鳃盖下部可能有毒。常单独活动，有时十多条聚集在洞穴或缝隙里活动。

SABRE SQUIRRELFISH
Sargocentron spiniferum

VIOLET SQUIRRELFISH
Sargocentron violaceum

白边棘鳞鱼

分布：从东非到瓦努阿图、日本南部和澳大利亚的印度洋-太平洋热带海域。

大小：最长达 25 厘米。

栖息地：沿海礁石和外围礁石的珊瑚密集区，栖息深度为 2~25 米。

生活习性：害羞，很容易辨认，外表漂亮，头部呈鲜红色，身体呈浅紫色，每片鳞上都有一条亮蓝色条纹，鳃盖后缘有一条黑色条纹。通常单独活动，悬停在小洞穴或缝隙里。它们在人靠得太近时随时准备逃走。

LONGSPINE SQUIRRELFISH
Holocentrus rufus

长刺真鳂

分布：从美国佛罗里达州到加勒比海的大西洋西部热带海域。

大小：最长达 28 厘米。

栖息地：沿海礁石和外围礁石的斑礁、悬垂物。

生活习性：常见于加勒比海，易接近，在水下很容易从银红色的身体和银白色的大背鳍辨认出它们。和其他鳂鱼一样，在夜间最活跃。

COMMON SQUIRRELFISH
Holocentrus adscensionis

岩栖真鳂

分布：从美国北卡罗来纳州到巴西的大西洋热带海域，在百慕大群岛海域也出现过。

大小：最长达 30 厘米。

栖息地：浅水礁石，斑礁，清澈的浅水区的岩壁顶端。

生活习性：常见于加勒比海和从美国北卡罗来纳州南部到巴西的海域，从银红色的身体和黄色的大背鳍即可分辨出它们。白天易于接近，夜间更活跃。

LONGJAW SQUIRRELFISH
Neoniphon marianus

海新东洋鳂

分布：从美国佛罗里达州到加勒比海的大西洋西部热带海域。

大小：最长达 15 厘米。

栖息地：常见于深水区洞穴内或凹陷处。

生活习性：浅水区不常见，多见于深水区。害羞，难以接近；体形很小，很漂亮，在水下很容易从红色体表、金黄色和白色相间的条纹和深叉状尾鳍分辨出它们。

管口鱼科 TRUMPETFISHES *Aulostomidae*

这是一个非常奇特的科，只有 1 属、2 种。在一般人看来，这个科的两个物种很相似，只能根据地理分布来区分它们。管口鱼是聪明而活跃的捕食者，在水下很容易从细长的体形辨认出它们。它们的头部侧扁，具有管状和能扩张的长吻。唯一与其相像的物种是烟管鱼科的一种烟管鱼，但是这种烟管鱼体形更细长，游动更活跃，而且成群活动。

水下摄影提示：易接近，但是由于体形奇特而难以拍好。最佳拍摄方法是用微距镜头拍头部特写或者从侧面拍全身。它们的行为很有趣，为了接近猎物而“骑”在其他鱼身上，或者头朝下、将身体直立地藏在海扇中。

中华管口鱼

TRUMPETFISH *Aulostomus chinensis*

分布：印度洋－太平洋热带海域。

大小：最长达 70 厘米。

栖息地：礁顶、海草中、珊瑚枝杈间和软珊瑚群中，栖息深度为 1~40 米。

生活习性：能迅速改变体色，出现过深黄色个体。常单独活动，很少成对活动。白天捕食活动活跃，通过融入周围的环境或者模仿漂浮的海草、柳珊瑚的茎的方式慢慢接近猎物。有时能看见它们“骑”在石斑鱼等大鱼身上接近猎物。

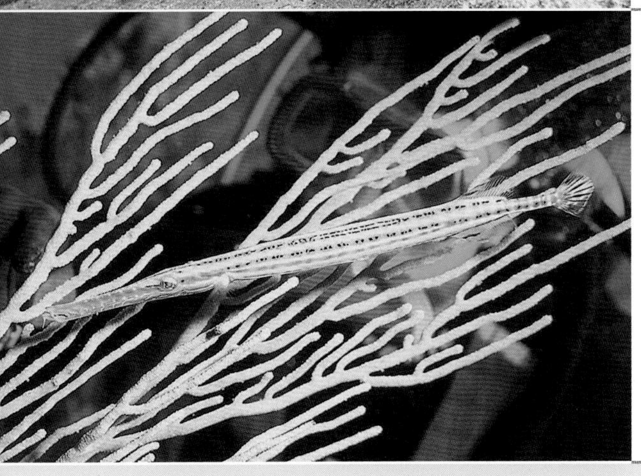

斑点管口鱼

ATLANTIC TRUMPETFISH *Aulostomus maculatus*

分布：从美国佛罗里达州和加勒比海到巴西的大西洋西部热带海域。

大小：最长达 90 厘米。

栖息地：清澈水域的沿海礁石和外围礁石，栖息深度为 5~25 米。

生活习性：体表有典型的条纹和斑点，通常头朝下直立藏在柳珊瑚中。它们是非常娴熟的捕食者，伪装巧妙，能“骑”在其他鱼身上接近猎物而不被发现。在整个分布区都很常见，潜水员在水下很容易接近它们。

烟管鱼科 CORNETFISHES *Fistulariidae*

该科只有 1 属、4 种，分布于环热带海域。烟管鱼体形细长，呈管状，吻长，嘴小，有一根特别长的尾丝。常被发现松散地聚集在礁石上，能充分利用其细长的体形优势，“消失”在开阔水域的背景中。尽管外表脆弱，但它们是非常狡猾、隐秘和活跃的捕食者。

水下摄影提示：由于它们体形细长、生性机警，拍摄起来很困难。可以在夜间它们睡觉时接近，为了拍出其漂亮的外形，最好从侧面拍全身照。可用中焦镜头（35~50 毫米）。

无鳞烟管鱼

CORNETFISH *Fistularia commersonii*

分布：印度洋－太平洋热带水域。

大小：最长达 1.5 米。

栖息地：清澈水域的沿海礁顶和浅潟湖，栖息深度为 1 米至 100 米以上。

生活习性：偶见于深水区，常在清澈的浅水中单独活动或松散地聚成小群，面向洋流，并且在水流中静止不动。不易接近，与潜水员保持距离，但是偶尔会凑上前来迅速地探察一番。

虾鱼科 SHRIMPFISHES *Centriscidae*

这一科只有 2 属、4 种，常聚成小群游动，互相靠得很近，头朝下，紧靠海底。可以从背鳍中笔直的或者铰链式大脊椎分辨出两个最常见的物种，但是在潜水时并不总能轻易地分辨出它们。虾鱼以底栖小甲壳动物（糠虾类）为食，在水下能看到它们的身体具有金属光泽。

水下摄影提示：通常很难接近，而且虾鱼总是头朝下直立，所以不易拍照。如果漫不经心地靠近，成群的虾鱼会迅速逃走。潜水员偶尔能靠近单只虾鱼，最好的拍摄时间是夜间。

条纹虾鱼

CORAL SHRIMPFISH *Aeoliscus strigatus*

分布：印度洋－太平洋热带海域。

大小：最长达 14 厘米。

栖息地：清澈水域的珊瑚礁和潟湖，常靠近珊瑚枝杈和长刺海胆。

生活习性：亦称“刀片鱼”，可以从背鳍的铰链式长脊椎分辨出它们。总是头朝下，与鱼群中的其他成员以独特的摇摆方式同步游动。非常小的幼鱼的吻短得多，常模仿悬垂在水中的烂叶片。

玻甲鱼

RIGID SHRIMPFISH *Centriscus scutatus*

分布：从塞舌尔到日本南部、澳大利亚的印度洋－太平洋中海区热带海域。

大小：最长达 14 厘米。

栖息地：1~25 米深的隐蔽的沿海礁石，常栖息于海胆附近。

生活习性：外形和习性与条纹虾鱼很相似，可以从笔直的背棘辨认出该物种，它没有铰链式脊椎。体侧条纹为黄铜色，略带红色。常密集地聚成小群，在水中倒立着快速游动。

剃刀鱼科 GHOST PIPEFISHES *Solenostomidae*

该科只有1属，有5种或更多种。所有物种的身体都呈侧扁形，细细的身体外面包裹着一层骨板，背鳍、腹鳍和尾鳍都很大，并且它们都能够很好地适应周围环境。雌鱼腹部有育儿袋，挂在腹鳍上，用来孵卵。剃刀鱼是印度洋-太平洋海域珊瑚礁中最有趣和最丰富多彩的居民。

水下摄影提示：华丽、健壮的剃刀鱼为摄影者提供了绝佳的微距拍摄机会，它们的伪装和繁殖特性尤其值得一观。要等剃刀鱼展开异常多彩的背鳍、腹鳍和尾鳍再按下快门。

蓝鳍剃刀鱼

ROBUST GHOST PIPEFISH *Solenostomus cyanopterus*

分布：从红海到日本和澳大利亚的印度洋-太平洋热带海域。

大小：最长达15厘米。

栖息地：沿海礁石、潟湖的沙质和淤泥质底部，海草床，栖息深度为3~25米。

生活习性：非常隐秘，能完美地模仿漂浮的海草，包括海草上腐烂的斑块和薄壳状的藻类。身体细长、僵直，体表呈褐色、淡绿色或浅红色。常成对出现，经常在波浪中摇摆或头朝下缓慢游动，以糠虾类为食。至少还有两个与其非常相像的物种。

细吻剃刀鱼

ORNATE GHOST PIPEFISH *Solenostomus paradoxus*

分布：从东非到密克罗尼西亚和澳大利亚的印度洋-太平洋热带海域。

大小：最长达10厘米。

栖息地：3~25米深的珊瑚礁和淤泥质海底，经常栖居于海百合和海扇中。

生活习性：体色极其多变，通常很显眼，体表有黑色、橘黄色、红色、白色、蓝色的斑点和条纹。身体细长、僵直，通常头朝下直立，身体侧面长有许多皮瓣。有些单独活动，有些成对活动，在繁殖季节聚成小群活动。

细体剃刀鱼

DELICATE GHOST PIPEFISH *Solenostomus leptosoma*

分布：从日本到澳大利亚的印度洋-太平洋热带海域。

大小：最长达10厘米。

栖息地：常见于开阔的沙质海底的礁坪边缘，栖息深度为15米或更深。

生活习性：不常见，易与蓝鳍剃刀鱼混淆。身体细长，呈粉红色、红色或褐色，通常吻的中部下方长有茂密的附肢。在水下很难辨认。

ROUGHSNOUT GHOST PIPEFISH
Solenostomus paegnius

锯吻剃刀鱼

分布：从印度尼西亚到日本和澳大利亚的印度洋–太平洋热带海域。

大小：最长达 12 厘米。

栖息地：海底柔软而有海藻的珊瑚礁，栖息深度为 10 米或更深。

生活习性：与蓝鳍剃刀鱼很相似，但是锯吻剃刀鱼尾部的肉茎更短，并且下颌上长着一簇肉赘。身体通常为鲜绿色或锈红色，偶见于柔软海底的海草和海藻中。在水下通常很难辨认。

HALIMEDA GHOST PIPEFISH
Solenostomus halimeda

马歇尔岛剃刀鱼

分布：从东非到澳大利亚的印度洋–太平洋热带海域。

大小：最长达 6.5 厘米。

栖息地：仙掌藻属珊瑚藻中的隐蔽沿海礁石，栖息深度为 3~15 米。

生活习性：极其擅长伪装，很少被发现，能够完美地模仿栖息地中的仙掌藻属珊瑚藻。呈红色或亮绿色，通常头比较大，其长度与身体剩余部分的长度一样。尚无具体描述。

画廊——颜色变化

蓝鳍剃刀鱼（Robust Ghost Pipefish）

虽然直接根据颜色和图案我们很容易辨认大部分珊瑚礁鱼类（这些鱼类从幼鱼到成鱼的变化不大），但是也有好多物种——大多数属于剃刀鱼科以及鲉科——无法根据其颜色和图案辨认。它们的颜色变化令人眼花缭乱，通常取决于它们的生存环境，但也并不总是这样。居住于白沙质或者浅灰色淤泥质海底的个体比居住在深色火山灰沙地的同物种个体的颜色浅得多，而同一地理区域的不同栖息地（如沙坪或者浓密的海草床）的同一物种的颜色也有很大不同。另外，即使栖息地和地理分布完全相同的同一物种的不同个体的外表差异也非常大（如变化多端的叶鱼），这只能是由特定物种的变异性导致的。

蓝鳍剃刀鱼（Robust Ghost Pipefish） 蓝鳍剃刀鱼（Robust Ghost Pipefish） 蓝鳍剃刀鱼（Robust Ghost Pipefish）

细吻剃刀鱼（Ornate Ghost Pipefish）

细吻剃刀鱼（Ornate Ghost Pipefish）

帆鳍鲉（Cockatoo Waspfish）

帆鳍鲉（Cockatoo Waspfish） 安汶狭蓑鲉（Ambon Scorpionfish） 安汶狭蓑鲉（Ambon Scorpionfish）

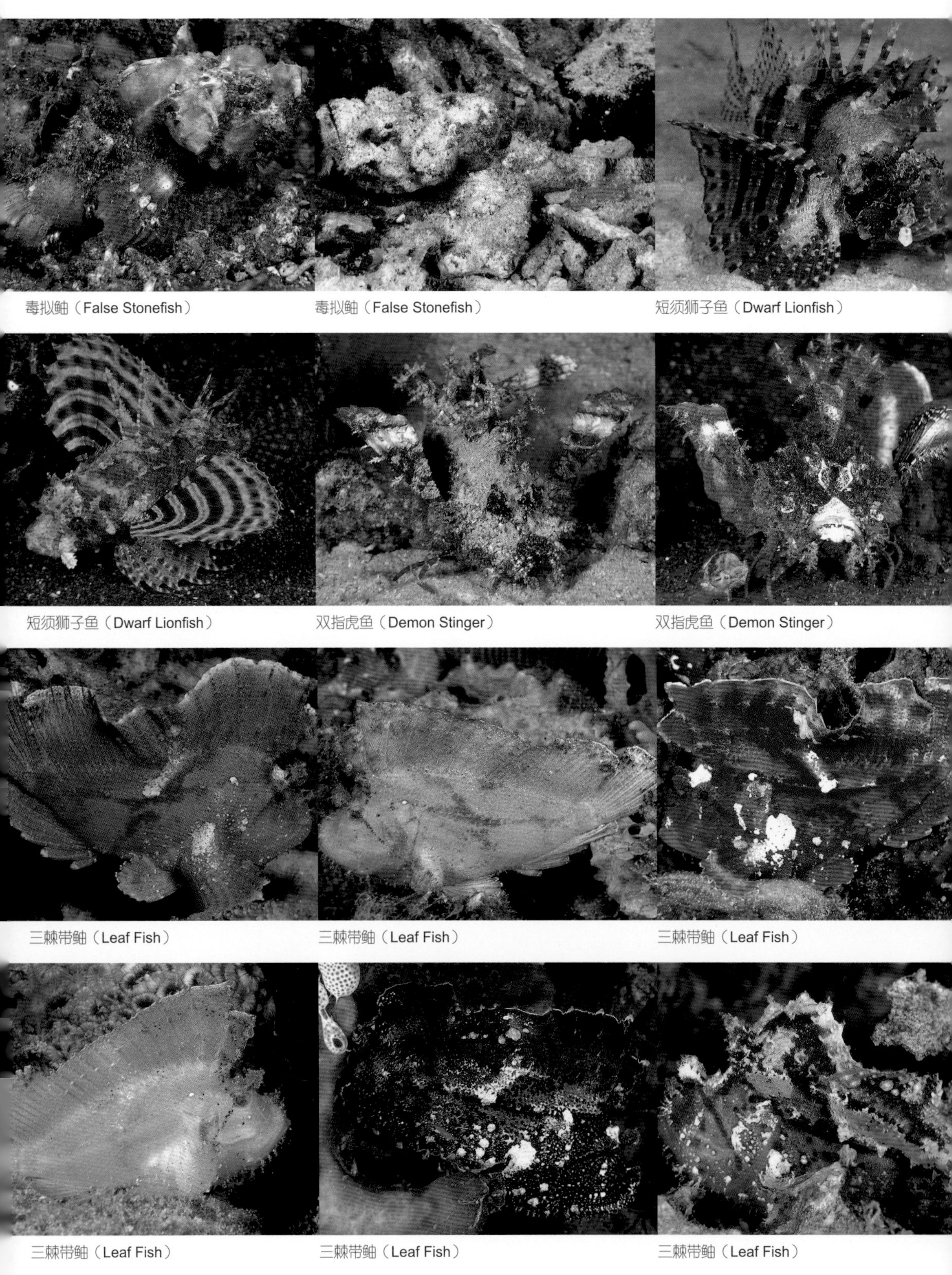

毒拟鲉（False Stonefish）

毒拟鲉（False Stonefish）

短须狮子鱼（Dwarf Lionfish）

短须狮子鱼（Dwarf Lionfish）

双指虎鱼（Demon Stinger）

双指虎鱼（Demon Stinger）

三棘带鲉（Leaf Fish）

三棘带鲉（Leaf Fish）

三棘带鲉（Leaf Fish）

三棘带鲉（Leaf Fish）

三棘带鲉（Leaf Fish）

三棘带鲉（Leaf Fish）

海龙科不仅外形有趣，而且种类繁多，全世界有 50 多属、200 多种，在水下通常很难被人类发现。可以从被骨板包裹着的坚硬身体、移液管状的无牙的嘴、封闭的鳃和卷曲的尾巴辨认它们。大多数海马栖居在珊瑚群或海草床中，以微小的底栖甲壳动物为食。雄性海龙用一个专门的腹袋孵卵，孵出和父母相似的缩小版海龙。由于过度捕捞，大多数海龙处于濒危状态。

水下摄影提示：海龙科一旦被发现就很容易接近，但是拍照时不太容易构图，因为它们体形奇特，总是喜欢把头转到另一边（尤其是海马）。必须有耐心和优质的微距镜头，最好能拍到全身。

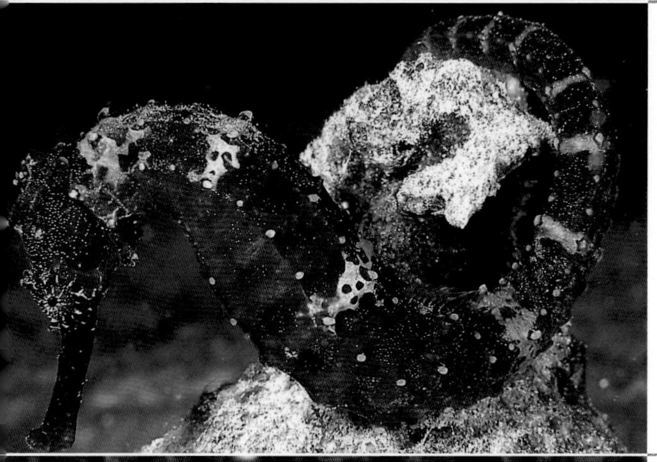

管海马

ESTUARY SEAHORSE
Hippocampus kuda

分布：从马尔代夫到日本和澳大利亚的印度洋－太平洋热带海域。

大小：最长达 28 厘米。

栖息地：沿海海湾、海港、潟湖、养鱼的围栏和浅水区的海草床。

生活习性：身体纤细、侧扁，被骨环包裹。体色多变，但通常都是深背景色上带有浅色的斑点和杂乱的图案。常成对或松散地聚成一群在栖息地附近活动，尾巴缠在残骸或者海底的其他物体上。全世界有好几个类似物种，非专业人员很难区分它们。

刺海马

THORNY SEAHORSE
Hippocampus histrix

分布：从日本到印度尼西亚的太平洋西部海域。

大小：最长达 15 厘米。

栖息地：安静水域和浅水区的海湾、潟湖、海草床。

生活习性：全世界的热带和亚热带海域有好几个与刺海马相似的物种，它们都有长长的吻，身体上有尖刺状的棘；典型特征是吻上有白色的带状图案。体色变化多端，通常为黄色或淡绿色。常见于局部有海草床的沙地。和其他海马一样，以底栖小甲壳动物为食。

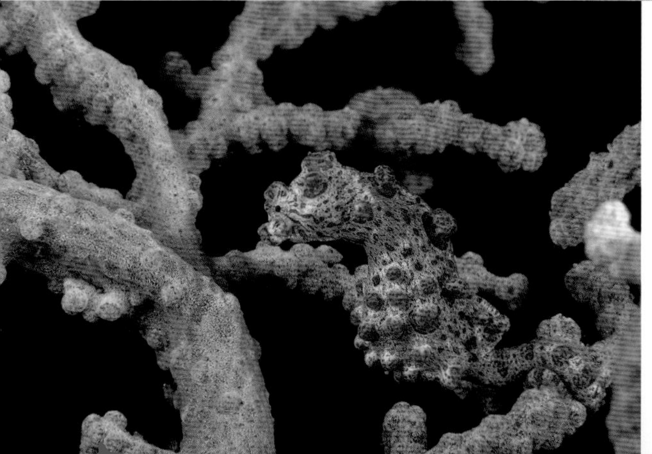

豆丁海马

PYGMY SEAHORSE
Hippocampus bargibanti

分布：从日本南部到印度尼西亚的太平洋西部海域。

大小：最长达 2 厘米。

栖息地：仅见于 15 米深及更深水域中的海扇群落，常在洋流多的水域活动。

生活习性：体形非常小，异常隐秘，不常见，但多见于局部水域。最近才有对该物种的描述，人类对其了解不多。有好几个相似物种，同一栖息地可能仍有未被发现的物种存在。

DENISE'S PYGMY SEAHORSE *Hippocampus denise*

丹尼斯豆丁海马

分布：太平洋西部海域，但是确切分布区域仍然未知。

大小：最长达 1.5 厘米。

栖息地：仅见于深水区的棘柳珊瑚和软珊瑚群中。

生活习性：通常为浅橘黄色或浅黄色，比豆丁海马更细小，疣状突起也更少。最近才有对该物种的描述，但有人认为它是豆丁海马的幼仔。在水下难以被发现。

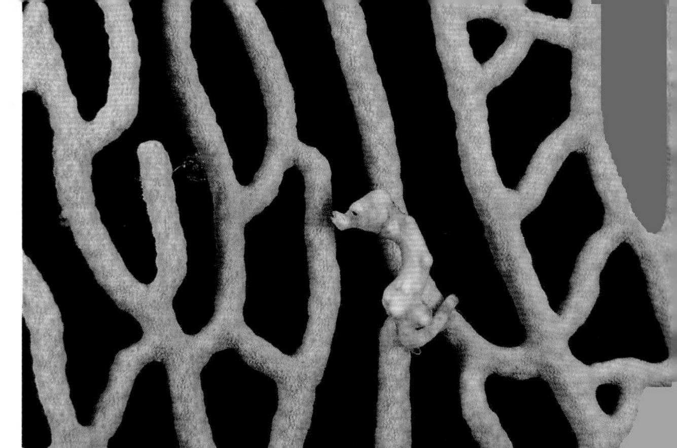

PONTOH'S PYGMY SEAHORSE *Hippocampus pontohi*

彭氏豆丁海马

分布：从印度尼西亚北部到西巴布亚省的太平洋西部海域。

大小：最长达 1 厘米。

栖息地：据说仅在水螅上发现过。

生活习性：没有相关描述，非常小，颜色发白。由印度尼西亚潜水向导首次发现。目前仍有好几个与豆丁海马相似的物种有待在科学文献中被准确描述。

DWARF PIPEHORSE *Acentronura tentaculata*

细尾海马

分布：从印度尼西亚到巴布亚新几内亚的印度洋-太平洋热带海域。

大小：最长达 6 厘米。

栖息地：海草床和浅水区的沙质和淤泥质底部。

生活习性：静止不动，并不罕见，但由于行动隐秘很难被发现。在水下很容易辨认，因为它看起来像海马和海龙的杂交体。非常善于伪装，尾巴常钩缠在海草上。

BROWN-BANDED PIPEFISH *Corythoichthys amplexus*

环纹冠海龙

分布：从塞舌尔到菲律宾和澳大利亚的印度洋-太平洋热带海域。

大小：最长达 10 厘米。

栖息地：浅水区和光线好的区域的珊瑚礁顶部和斑礁。

生活习性：全世界有好几个相似物种，它们都有很宽的带状花纹和短吻，当地可能有许多变种或未被描述的亚种。常成对出现，捕食底栖甲壳动物时在珊瑚碎石间快速游动。

黑胸冠海龙

BLACK-BREASTED PIPEFISH *Corythoichthys nigripectus*

分布：红海。

大小：最长达 12 厘米。

栖息地：清澈水域中的外围礁石，通常栖息于沙床的斑礁上。

生活习性：红海特有物种，色彩艳丽，生性活跃。常见于光线明亮的大洞穴内；其特征是胸部有一块黑斑。

黄带冠海龙

YELLOW-BANDED PIPEFISH *Corythoichthys flavofasciatus*

分布：从马达加斯加和塞舌尔到法属波利尼西亚、日本和澳大利亚的红海和印度洋海域。

大小：最长达 18 厘米。

栖息地：礁顶的碎石堆，栖息于海面至 25 米深的水域。

生活习性：有好几个相似物种，浅色身体上都有细细的黄色和橘黄色横纹。在水下很难辨认。以底栖甲壳动物为食。

睛斑冠海龙

ORANGE-SPOTTED PIPEFISH *Corythoichthys ocellatus*

分布：从菲律宾到所罗门群岛的太平洋西部海域。

大小：最长达 12 厘米。

栖息地：礁顶和潟湖的珊瑚碎石区，栖息深度为 15 米左右。

生活习性：与印度洋-太平洋海域常见的史式冠海龙很相像。体形小，可从带有深色边缘的亮橘黄色斑点辨认出它们。生性活跃，总是在活动，以底栖甲壳动物为食。

带纹矛吻海龙

BANDED PIPEFISH *Dunckerocampus dactyliophorus*

分布：从红海到法属波利尼西亚，从日本南部到澳大利亚的印度洋-太平洋热带海域。

大小：最长达 20 厘米。

栖息地：潟湖和海湾的沙质、珊瑚碎石底部，常栖息在长刺海胆附近。

生活习性：到处游动，非常活跃，常成对或松散地聚成一群，在巨石、悬垂物下方和岩石突出部分下方活动。靠近长刺海胆栖息，受惊扰时会躲进海胆的刺间。

YELLOW BANDED PIPEFISH
Dunckerocampus pessuliferus

栓形矛吻海龙

分布：从印度尼西亚到菲律宾和澳大利亚的太平洋西部海域；同属的多带矛吻海龙分布于印度洋。

大小：最长达 18 厘米。

栖息地：沙质和岩石斜坡，岩石突出部分下方，缝隙和小洞穴中。

生活习性：活跃，到处游动，常成对出现。和大多数海龙一样，非常机警，不会让潜水员和摄影师靠得太近。

BLUE-SPOTTED PIPEFISH
Hippichthys cyanospilos

蓝点海龙

分布：从红海到斐济，从日本南部到澳大利亚的印度洋-太平洋热带海域。

大小：最长达 16 厘米。

栖息地：海湾、潟湖、红树林、河口的沙质和淤泥质海底，有时栖息于微咸的水域。

生活习性：全世界有好几个相似物种，它们的身体都很粗壮，仅在浅水区活动。常见于海草或者腐烂的植物残渣中。颜色多变，为亮黄色或暗褐色。

WHISKERED PIPEFISH
Halicampus macrorhynchus

巨吻海龙

分布：从红海到夏威夷和巴拿马的印度洋-太平洋热带海域。

大小：最长达 20 厘米。

栖息地：珊瑚碎石区，常见于浅水区的海草中。

生活习性：异常有趣，极擅长伪装。幼鱼的背部有圆形附肢，可以模仿长着圆形叶子的海草。成鱼的附肢更细，像刺。它们用触须、胡须和多肉的附肢将自己伪装成珊瑚和薄壳状藻类。

MUSHROOM CORAL PIPEFISH
Siokunichthys nigrolineatus

黑线肖孔海龙

分布：从印度尼西亚到巴布亚新几内亚的印度洋-太平洋中海区。

大小：最长达 8 厘米。

栖息地：仅见于辐石芝珊瑚群。

生活习性：常在清澈浅水区的辐石芝珊瑚群（常被潜水员误认为海葵）的顶部表面聚成小群活动。潜水员经常把它误认为蠕虫。事实上，这是一种非常独特而有趣的海龙，我们对其所知甚少。

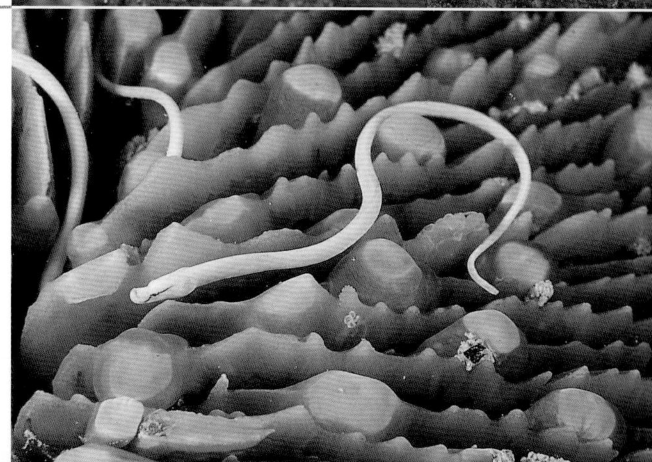

棘海龙

DOUBLE-ENDED PIPEFISH *Syngnathoides biaculeatus*

分布：从红海到密克罗尼西亚，从日本南部到澳大利亚的印度洋－太平洋热带海域。

大小：最长达 30 厘米。

栖息地：安静的浅水区中漂浮的海草周围和腐烂的大叶植物残渣中。

生活习性：在马尾藻中呈浅褐色或鲜绿色，通常藏于植物中。非常隐秘，为了逃脱捕杀能跳出水面。和其他海龙一样，由雄性携带卵并孵化。

平吻眶海龙

BENTSTICK PIPEFISH *Trachyrhamphus bicoarctatus*

分布：从红海和东非到澳大利亚和新喀里多尼亚的印度洋－太平洋热带海域。

大小：最长达 40 厘米。

栖息地：泥质、淤泥质栖息地的海草床和珊瑚碎石区，通常靠近植物残渣。

生活习性：也叫“断棍海龙”。非常隐秘，游动缓慢，常在洋流多的水域聚成松散的一群活动。体色为褐色或浅红色，很少为白色。复合种中可能不止一个物种。

鲉科 SCORPIONFISHES *Scorpaenidae*

鲉科的物种很多，在全世界分布广泛，约有10个亚科。对潜水员来说，其中两个亚科至关重要：蓑鲉亚科和鲉亚科。其中，蓑鲉亚科的物种更为活跃，可从巨大的旗状胸鳍和背鳍辨认出它们；鲉亚科的物种是安静的伏击型捕食者，伪装极其隐秘。两个亚科的物种嘴都很大，头部带刺，针状鳍条非常尖锐，与毒腺连接。人类一旦被扎会产生强烈的疼痛感，某些情况下有生命危险：现场唯一的救治方法是把受伤肢体泡在热水中，或者用电吹风对着伤口吹热风。

水下摄影提示：蓑鲉亚科和鲉亚科的大多数物种都很漂亮，容易拍照。它们静止不动或者游得很慢，从任何角度看都很漂亮，是摄影菜鸟最理想的拍摄对象。用微距镜头或中焦镜头即可拍出最佳效果。

黄斑鳞头鲉

YELLOWSPOTTED SCORPIONFISH *Sebastapistes cyanostigma*

分布：从红海和东非到日本南部和澳大利亚的印度洋－太平洋热带海域。

大小：最长达 10 厘米。

栖息地：光线好的浅水区中的珊瑚群。

生活习性：体表呈红色或粉色，上面有亮黄色斑点。难以发现，因为它们栖居在珊瑚枝杈间。即使把整个珊瑚从水中取出，它们也不会离开。通常好几个个体住在同一珊瑚群中。

FLASHER SCORPIONFISH *Scorpaenopsis macrochir*

大手拟鲉

分布：从毛里求斯到法属波利尼西亚的印度洋-太平洋热带海域。

大小：最长达 10 厘米。

栖息地：安全地带的沙质、淤泥质或碎石海底，常待在垃圾中。

生活习性：几个非常相像的物种之一，它们的身体多块状物，头部极为宽大，遇到危险时会展开色彩鲜艳的胸鳍。所有的大手拟鲉都非常擅长伪装，喜欢伏击捕食猎物，在水下很难被发现。毒性很大。

SMALLSCALE SCORPIONFISH *Scorpaenopsis oxycephala*

尖头拟鲉

分布：从红海到印度尼西亚和中国台湾的印度洋-太平洋热带海域。

大小：最长达 35 厘米。

栖息地：从海面到 60 米深的水域中茂密的珊瑚礁、断层、缝隙和小洞穴。

生活习性：热带水域最常见的鲉鱼，人们常能看到它们的整个身体；但是能够完美地伪装，大多数情况下不会被潜水员发现。皮瓣和杂乱的体色增强了它的隐秘性，所有个体都有毒。

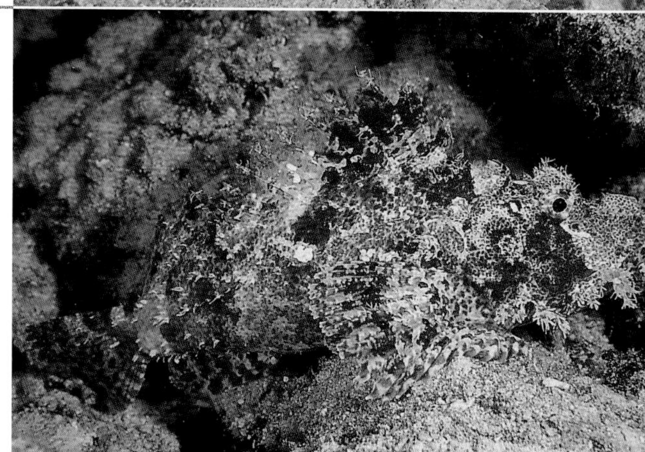

BLOTCHFIN SCORPIONFISH *Scorpaenodes varipinnis*

花翅小鲉

分布：从红海到密克罗尼西亚的印度洋-太平洋热带海域。

大小：最长达 12 厘米。

栖息地：礁坡、礁壁附近以及岩石突出部分和悬垂物下面的珊瑚碎石区。

生活习性：体形小，害羞，非常隐秘。通常能在夜间见到，它们夜间在开阔处捕食小鱼和甲壳动物，白天很难被发现。多藏匿于岩石突出部分和悬垂物下，或者小洞穴中和缝隙里。全世界有好几个非常相像的物种。

AMBON SCORPIONFISH *Pteroidichthys amboinensis*

安汶狭蓑鲉

分布：从加里曼丹岛到巴布亚新几内亚的印度洋-太平洋中海区。

大小：最长达 15 厘米。

栖息地：安全地带的沙质、淤泥质海底，栖息深度为 3~20 米。

生活习性：不常见。由于有健壮的皮质附肢，眼睛上有两个鹿角状的大卷须，它们极不容易被发现。体色多变，通常为褐色、淡红色或者亮黄色。外表可随栖息环境的变化由褶皱状变为多毛状。

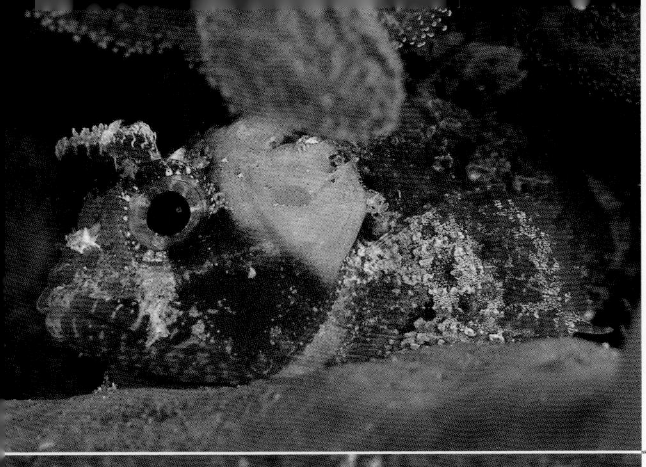

花彩圆鳞鲉

NORTHERN SCORPIONFISH *Parascorpaena picta*

分布：从中国台湾和印度尼西亚到澳大利亚的太平洋亚洲热带海域。

大小：最长达 15 厘米。

栖息地：沿海礁石的隐蔽水域，栖息深度为 2~15 米。

生活习性：体色多变，呈斑驳的红色或褐色，色彩非常艳丽或者非常单调。嘴唇上有条纹，很容易辨认。非常机警，偶尔藏在珊瑚和缝隙中。有好几个与其非常相似的物种，在水下很难正确辨认。

杜父拟鲉

SCULPIN SCORPIONFISH *Scorpaenopsis cotticeps*

分布：从东非到日本南部、菲律宾和澳大利亚的印度洋-太平洋热带海域。

大小：最长达 6.3 厘米。

栖息地：隐蔽的沿海珊瑚礁的珊瑚碎石或沙质底部，栖息深度为 15~70 米。

生活习性：非常小，擅长伪装。潜水员常常能在沿海隐蔽的沙质或者碎石海底见到它们。一眼看去与其他几个物种很像，但是可以从其小体形分辨出。与其他鲉鱼一样，喜欢伏击捕食猎物。

钝吻拟鲉

SHORTSNOUT SCORPIONFISH *Scorpaenopsis obtusa*

分布：从加里曼丹岛到菲律宾和巴布亚新几内亚的印度洋-太平洋西海区。

大小：最长达 8 厘米。

栖息地：隐蔽的沿海珊瑚礁的沙质和珊瑚碎石底部，栖息深度为 5~50 米。

生活习性：最近才有关于该物种的描述，是一种体形很小、擅长伪装的鲉鱼，眼尖的潜水员和摄影师在隐蔽的沿海地区的碎石海底发现了它们。和大多数鲉鱼一样，喜欢伏击捕食猎物。

波氏拟鲉

POSS'S SCORPIONFISH *Scorpaenopsis possi*

分布：从红海到法属波利尼西亚的印度洋-太平洋热带海域。

大小：最长达 25 厘米。

栖息地：珊瑚丰富的沿海水域和外围水域，栖息深度为 1~40 米。

生活习性：非常隐秘的海底伏击型捕食者，很难把该物种和尖头拟鲉、红拟鲉区分开，但是该物种体形更小、吻更短。这三个相似的物种只能通过地理位置和几个细微的分类学特征区分。

YELLOWFIN SCORPIONFISH
Scorpaenopsis neglecta

魔拟鲉

分布：从红海到法属波利尼西亚的印度洋–太平洋热带海域。

大小：最长达 10 厘米。

栖息地：非常浅的水域的淤泥质海底和碎石海底。

生活习性：在水下很容易和其他几个体形小的相似物种混淆，它们都非常隐秘。这几个物种都是海底伏击型捕食者，体形非常小，不爱活动，难以被发现，特征是都长着有毒的鳍条。

BLACKFOOT LIONFISH
Parapterois heterura

异尾拟蓑鲉

分布：从南非到日本的印度洋–太平洋西海区热带海域。

大小：最长达 23 厘米。

栖息地：淤泥质或沙质海底，栖息深度为 15~300 米。

生活习性：色彩非常艳丽，背鳍鳍条上有丝状尖端；宽阔的扇状胸鳍的外侧呈铜橙色，内侧呈天鹅绒般的黑色，上面有铁蓝色的虫迹形图案。不常见，偶见于温带或亚热带水域，白天把身体的一部分埋在海底。

FALSE STONEFISH
Scorpaenopsis diabolus

毒拟鲉

分布：从红海到波利尼西亚和澳大利亚的印度洋–太平洋热带海域。

大小：最长达 18 厘米。

栖息地：海湾和潟湖的珊瑚碎石区、布满残骸的淤泥质海底。

生活习性：热带海域最常见的鲉鱼之一，常与罕见的、更危险的玫瑰虎鱼（第 88 页）混淆。静止不动，异常隐秘，甚至能模仿石灰藻。遇险时会笨拙地“跳”着逃跑，或者胸鳍变成艳丽的警戒色（显示自身具危险性），毒性很大。

RAGGY SCORPIONFISH
Scorpaenopsis venosa

枕脊拟鲉

分布：从阿拉伯海和斯里兰卡到日本南部和澳大利亚的印度洋–太平洋热带海域。

大小：最长达 25 厘米。

栖息地：珊瑚和海绵混杂的沿海礁石，淤泥质或沙质海底。

生活习性：非常隐秘的海底物种，可通过装饰笨拙身体的表皮附属物辨认出。依靠完美伪装，能够保持静止不动。体色多变，但通常为淡紫色或浅褐色。显著特征是眼睛上方有发达的皮瓣。毒性很大。

长须狮子鱼

RED LIONFISH *Pterois volitans*

分布：印度洋－太平洋热带海域。

大小：最长达 35 厘米。

栖息地：清澈水域的外围礁石、断层和岩壁洞穴，栖息深度为 1~50 米。

生活习性：最常见的狮子鱼，礁石中最引人注目和最优雅的物种之一。主要在夜间活动，是活跃的捕食者。有时集体捕食，展开巨大的胸鳍把小鱼赶到一起，然后一个个吞下去。如果在夜间观察它们，它们会利用潜水员带来的灯光攻击睡觉的猎物。

红须狮子鱼

SPOTFIN LIONFISH *Pterois antennata*

分布：从东非到法属波利尼西亚，从日本南部到澳大利亚的印度洋－太平洋热带海域。

大小：最长达 20 厘米。

栖息地：6~60 米深的珊瑚礁和珊瑚头。

生活习性：比常见的狮子鱼小，可从长长的带白边的胸鳍鳍条和基底膜上的蓝色眼斑辨认出它们。眼睛上方长有带褶皱的触须。夜间活动，通常单独活动，白天常待在小洞穴中或悬垂物下。和其他狮子鱼一样，毒性很大。

白针狮子鱼

WHITE-LINED LIONFISH *Pterois radiata*

分布：印度洋－太平洋热带海域。

大小：最长达 20 厘米。

栖息地：岩礁和被海藻覆盖的岩石混杂的水域，栖息深度通常不超过 15 米。

生活习性：深褐红色的身体上带有规则的细细的 Y 形白线。白色的胸鳍鳍条能够自由伸展。似乎喜欢死珊瑚群和岩礁，可能是因为该物种比其他狮子鱼对活珊瑚的有刺激性的刺细胞更敏感。常在夜间活动，有时白天可见于洞穴中、岩石突出部分下和悬垂物下。

深水狮子鱼

AFRICAN LIONFISH *Pterois mombasae*

分布：从东非到巴布亚新几内亚的印度洋－太平洋热带海域。

大小：最长达 16 厘米。

栖息地：隐蔽礁石中的珊瑚和软海绵混杂的碎石区，栖息深度为 10~80 米。

生活习性：不常见，很难被发现。通常体表颜色较浅，有好几条很宽的浅褐色带状图案，许多褐色大斑点在胸鳍根部构成不规则的带状图案。图中颜色独特的个体似乎只能在印度尼西亚北苏拉威西省的蓝碧海峡见到。

短须狮子鱼

DWARF LIONFISH *Dendrochirus brachypterus*

分布：从红海和东非到汤加，从日本南部到澳大利亚的印度洋-太平洋热带海域。

大小：最长达 15 厘米。

栖息地：淤泥质海底的沿海礁石，经常栖息在植物残渣中、水中的绳子上或其他人造物体上。

生活习性：白天聚集成小群休息。非常隐秘，适应能力强，常见于各种环境，颜色多变。受惊扰时扇状胸鳍会展现鲜艳的警戒色。

花斑短狮子鱼

ZEBRA LIONFISH *Dendrochirus zebra*

分布：从红海和东非到萨摩亚，从日本南部到澳大利亚的印度洋-太平洋热带海域。

大小：最长达 20 厘米。

栖息地：软海绵和死珊瑚混合的水域，栖息深度为 3~80 米。

生活习性：体形略小，夜间活动，常被潜水员忽视。常见于各种环境，白天常在大海绵里、岩石突出部分下面、悬垂物下聚成小群或单独休息。和其他蓑鲉一样，以小鱼和甲壳动物为食，毒性很大。

双斑短狮子鱼

TWINSPOT LIONFISH *Dendrochirus biocellatus*

分布：从毛里求斯到法属波利尼西亚，从日本南部到澳大利亚的印度洋-太平洋热带海域。

大小：最长达 20 厘米。

栖息地：清澈水域的浅礁坪和断层，栖息深度为 3~50 米。

生活习性：样子古怪，仅在夜间活动，不常见。从嘴边两根胡须状的触须很容易分辨出该物种，因其胡须状触须而在一些国家得绰号“傅满洲鲉鱼”。以小鱼和甲壳动物为食，在暗处捕食活动活跃。

埃氏吻鲉

PADDLE-FLAP SCORPIONFISH *Rhinopias eschmeyeri*

分布：从毛里求斯到印度尼西亚和菲律宾的印度洋-太平洋热带海域。

大小：最长达 20 厘米。

栖息地：珊瑚、海藻混杂的外围礁石，常靠近海绵。

生活习性：不常见，很少被发现。因外表有趣，经常成为摄影师的拍摄对象。伏击型捕食者，行动隐秘，总是静止不动。体色多变，粉色、棕褐色、橘黄色和黄色是最常见的颜色。圆形背鳍是其显著特征。

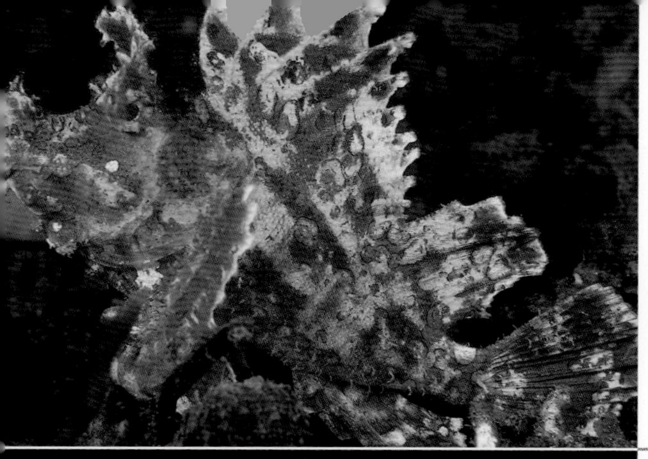

前鳍吻鲉

WEEDY SCORPIONFISH *Rhinopias frondosa*

分布：从毛里求斯到密克罗尼西亚的印度洋–太平洋热带海域。

大小：最长达 23 厘米。

栖息地：外围礁石和沿海礁石，经常栖息于碎石滩和混合生境中。

生活习性：不常见，很少被发现，但是异常漂亮，是水下摄影师青睐的拍摄对象。行动隐秘，非常多变，体色艳丽，有亮黄色、橘黄色、粉色甚至淡紫色。其显著特征是背鳍边缘呈锯齿状。

隐居吻鲉

LACY SCORPIONFISH *Rhinopias aphanes*

分布：从日本南部到巴布亚新几内亚、澳大利亚和新喀里多尼亚的太平洋亚洲热带海域。

大小：最长达 25 厘米。

栖息地：清澈水域的外围礁石，栖息深度为 5~30 米。

生活习性：罕见的吻鲉属物种，在局部水域很常见，经常出现在裸露地带，喜欢靠近和模仿海百合。显著特征是体表有迷宫一样的图案，颜色从黄色到褐色、绿色、棕褐色甚至黑色均有。眼睛下面总是有白斑。

三棘带鲉

LEAF FISH *Taenianotus triacanthus*

分布：印度洋–太平洋热带海域。

大小：最长达 12 厘米。

栖息地：健康的珊瑚礁，常靠近海绵或栖居于珊瑚群顶部。

生活习性：也叫“纸鱼”或“叶鱼”，很常见，但是很隐秘，容易被忽视。身体像叶子一样薄，常静止不动，像腐烂的叶子般随着海浪有节奏地摇摆。体色多变，定期将整个表皮完整地蜕掉，防止附着太多水螅和海藻之类的有机物。

毒鲉科和蟾鱼科 STONEFISHES *Synanceiidae* TOADFISHES *Batrachoididae*

毒鲉科在全世界有 5 属，物种数量超过 9 种。它们都栖居在海底，极为隐秘，静止伏击捕食。它们是珊瑚礁中最奇特、最怪诞的物种，毒性最强。一旦被踩到，它们就会通过背鳍的针状中空鳍条释放大量神经毒素，令中毒者最终因心脏骤停而死亡。由于当地医疗条件差，治疗非常困难，人类在进入这些物种所在的水域时要异常小心。它们很难被发现，对涉水者来说非常危险。

水下摄影提示：毒鲉很容易拍摄，对喜欢拍摄奇形怪状的生物的摄影师来说非常有吸引力。它们通常不会单独活动，所以在拍摄某个个体时一定要当心，膝盖和肘部不要碰到其他个体，否则后果很严重。

双指虎鱼

分布： 印度洋-太平洋热带海域。
大小： 最长达 20 厘米。
栖息地： 珊瑚礁和斜坡的沙质底部和淤泥质底部，通常在 1~15 米深的极浅水域。
生活习性： 静止不动，经常把一半或整个身体埋入海底泥沙里，但是很容易从鼓起的眼睛、朝上翘起的吻和脊背上杂乱的穗状刺毛辨认出它们。体色多变，非常隐秘。受到侵扰时会展开靓丽的胸鳍。毒性很大，对涉水者来说非常危险。

DEMON STINGER
Inimicus didactylus

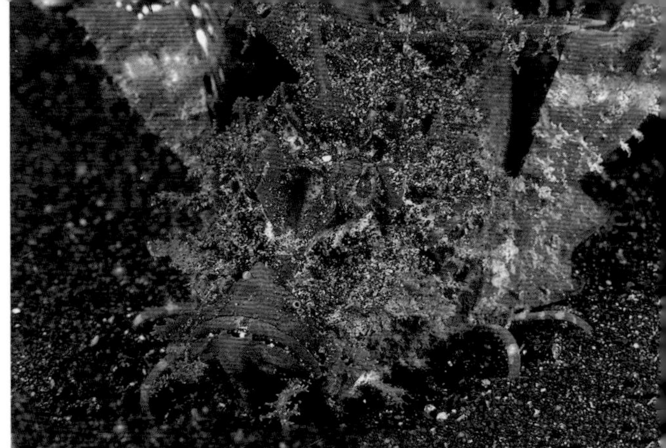

玫瑰虎鱼

分布： 从红海到法属波利尼西亚，从日本南部到澳大利亚的印度洋-太平洋热带海域。
大小： 最长达 40 厘米。
栖息地： 隐蔽的淤泥质、碎石海底。经常在码头下面和极浅的水域中。
生活习性： 特征明显，踩到后极其危险（通常是致命的）。总是静止不动，几乎没有清晰外形，通常一半身体埋在海底泥沙中，极为隐秘。身上长满海藻和水螅，这使其更加难以被发现。对涉水者的威胁比对潜水员的大。

REEF STONEFISH
Synanceia verrucosa

斑翅虎鱼

分布： 从印度尼西亚到菲律宾的印度洋-太平洋中海区。
大小： 最长达 10 厘米。
栖息地： 隐蔽的海湾和潟湖的柔软海底，栖息深度为 12~60 米。
生活习性： 仅在夜间单独活动，鳍上的小触须和胸鳍上游离的鳍条可以使它们像魟鱼那样在海底"行走"。白天通常把身体埋在海底柔软的淤泥中。以小甲壳动物和鱼为食。

PAINTED STINGFISH
Minous pictus

横带小孔蟾鱼

分布： 从安达曼群岛到巴布亚新几内亚和澳大利亚的印度洋-太平洋中海区热带海域。
大小： 最长达 26 厘米。
栖息地： 隐蔽的沿海礁石的淤泥质底部，栖息深度为 1~20 米。
生活习性： 栖息于环热带海域，看起来很像鲉鱼，嘴很大，嘴边有多肉的卷须。所有蟾鱼都是行动迟缓的海底伏击型捕食者，有些物种的第一背鳍上有毒刺。

BANDED TOADFISH
Halophryne diemensis

画廊——伪装大师鲉鱼

在珊瑚礁中潜水时，生物的模仿和伪装行为是细心的潜水员将看到的最神奇的现象。捕食者和猎物为生存展开博弈，它们的生存游戏似乎永远不会结束。有些物种模仿其他物种，有些物种把自己伪装成环境的一部分。一打开闪光灯，你就会看到许多鲉鱼——尤其是最普通的一些鲉鱼——比被伪装对象更艳丽。明亮的红色、黄色、褐色体色，不规则的回旋状图案，大量的皮瓣、卷须、肉赘等使它们成功地消失在物种和色彩都极其丰富的茂密珊瑚丛中。这几页图片首次清晰地展现了它们的捕猎策略。这些鲉鱼头部的特写几乎都是从同一个角度拍摄的——从它们前面和上面游过的猎物会被它们迷惑。不信？把书倒过来看一看吧。你很快就会发现它们体表的亮点和暗斑仿佛另一双眼睛和另一张嘴，而且与真正的眼睛和嘴处于完全相反的方向！有多少受到惊吓的鱼为了避免被吃掉而逃向错误的反方向，结果还是被它们吞了下去！

拟鲉属未定种（Unidentified Scorpionfish）

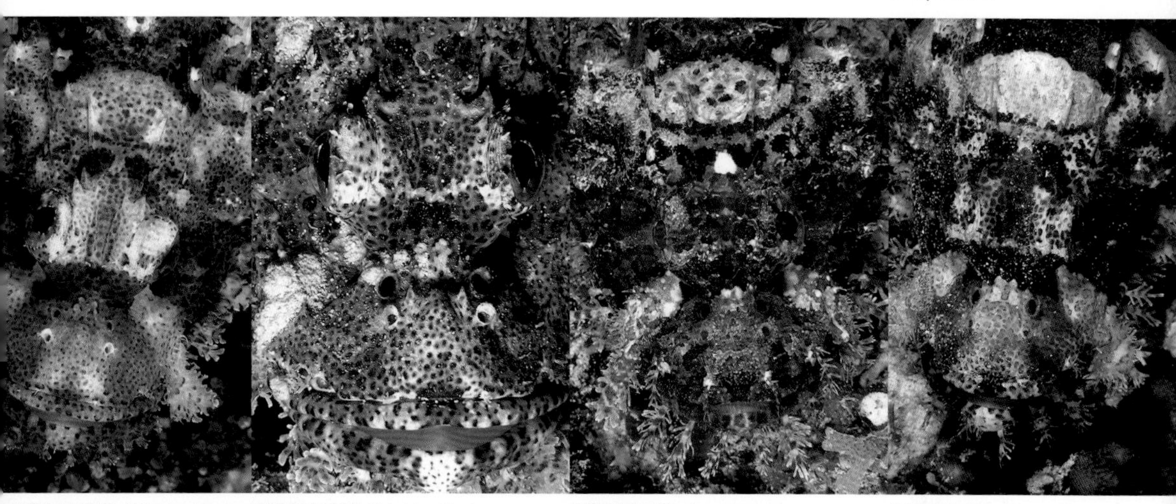

拟鲉属未定种（Unidentified Scorpionfish）

拟鲉属未定种（Unidentified Scorpionfish）

拟鲉属未定种（Unidentified Scorpionfish）

拟鲉属未定种（Unidentified Scorpionfish）

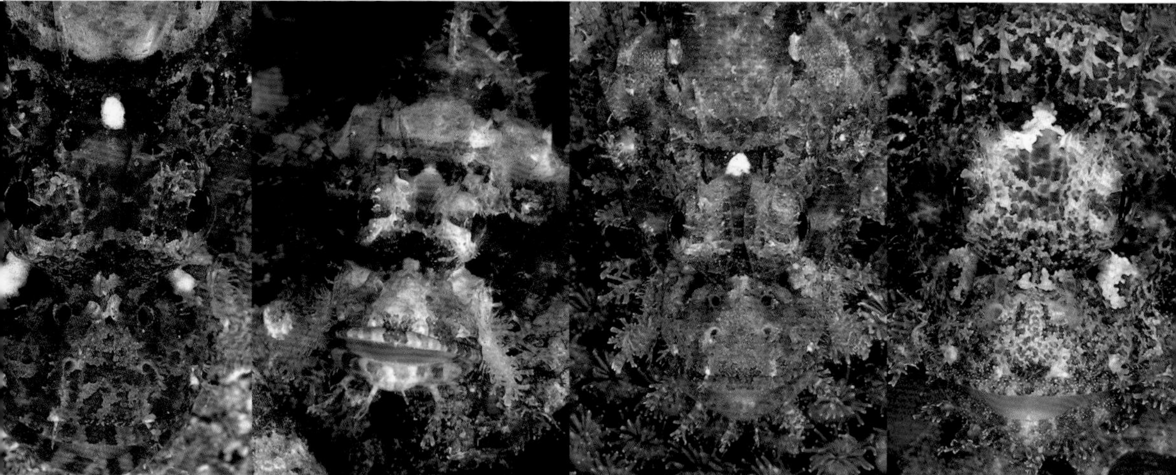

拟鲉属未定种（Unidentified Scorpionfish）

拟鲉属未定种（Unidentified Scorpionfish）

拟鲉属未定种（Unidentified Scorpionfish）

拟鲉属未定种（Unidentified Scorpionfish）

拟鲉属未定种（Unidentified Scorpionfish）

拟鲉属未定种（Unidentified Scorpionfish）

拟鲉属未定种（Unidentified Scorpionfish）

拟鲉属未定种（Unidentified Scorpionfish）

拟鲉属未定种（Unidentified Scorpionfish）

拟鲉属未定种（Unidentified Scorpionfish）

拟鲉属未定种（Unidentified Scorpionfish）

真裸皮鲉科和奇矮鲉科 WASPFISHES *Tetrarogidae Pataecidae*

真裸皮鲉科约有 15 属、40 种，大多数物种对潜水员没有吸引力。该科所有物种的头上都有一个帆形大背鳍，使它们从侧面看起来像鸟。通常静止不动，非常隐秘，模仿死去的植物。真裸皮鲉科和奇矮鲉科的鱼类特征明显，毒性很大，其中空的针状鳍条与毒腺相连，被其扎伤后伤口很疼。

水下摄影提示：它们异常隐秘，很少被潜水员发现。但是对独具慧眼的微距摄影师来说，其伪装和习性使它们成为很好的拍摄对象。适合用微距镜头（105 毫米或者 60 毫米）拍摄有趣的侧面或正面特写。

帆鳍鲉

COCKATOO WASPFISH *Ablabys taenianotus*

分布：从安达曼海到斐济，从日本到澳大利亚的印度洋-太平洋中海区热带海域。

大小：最长达 15 厘米。

栖息地：沿海礁石和浅水区的沙质、淤泥质或碎石海底。

生活习性：单独或成对行动，随波浪摇摆，模仿植物残渣中的枯叶。体形侧扁，背鳍很高。体色具有伪装作用，但是极为多变，有深黄色、锈棕色，或者几乎变成白色。

大棘帆鳍鲉

SPINY WASPFISH *Ablabys macracanthus*

分布：从印度尼西亚到菲律宾的印度洋-太平洋中海区。

大小：最长达 18 厘米。

栖息地：隐蔽的海域、海湾和潟湖的沙质或淤泥质底部，通常在 8~50 米深的浅水区活动。

生活习性：很难与帆鳍鲉区分开，但是该物种背鳍的锯齿状边缘通常不那么明显。非常隐秘，模仿在海浪中摇摆的枯叶。单独或松散地聚成小群在碎石片间活动。

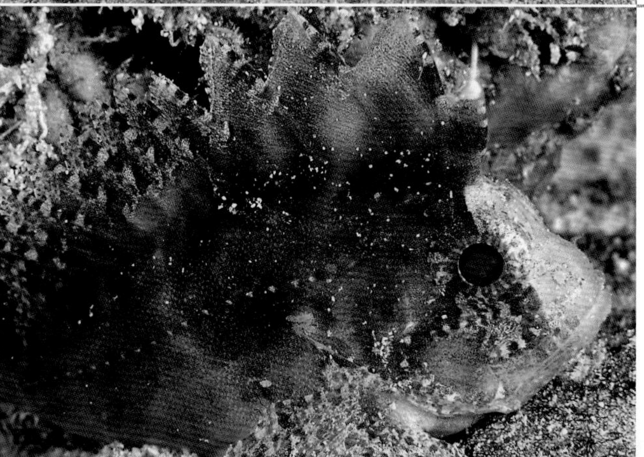

大眼鲉

WESTERN BLACKSPOT WASPFISH *Liocranium pleurostigma*

分布：从印度到巴布亚新几内亚的印度洋-太平洋中海区。

大小：最长达 10 厘米。

栖息地：泥地或沙地上的沿海礁石，栖息深度为 3~20 米。

生活习性：这是一个鲜为人知的小型物种。和其他真裸皮鲉科物种很像，但是没有那么扁。常被误认或者记录为“理查森胎鳚”。

长棘拟鳞鲉

WISPY WASPFISH *Paracentropogon longispinis*

分布：从印度到澳大利亚和菲律宾的印度洋－太平洋热带海域。

大小：最长达 12 厘米。

栖息地：沿海礁石的淤泥质和沙质底部，栖息深度为 7~30 米。

生活习性：单独活动，非常隐秘，很少被潜水员发现。和其他真裸皮鲉科物种一样，能对潜水员造成非常严重的伤害。体色为浅褐色或深紫色，非常花哨，面部有亮白色的像面罩的图案。夜间捕食小型甲壳动物。

羽冠奇矮鲉

RED INDIANFISH *Pataecus fronto*

分布：澳大利亚西部和南部的亚热带海域。

大小：最长达 35 厘米。

栖息地：海绵海底、岩礁和河口，栖息深度为 10~80 米。

生活习性：属于奇矮鲉科，仅出现在澳大利亚海域，偶见于海绵中，模仿海绵非常像。体形侧扁，背鳍很高，颜色有砖红色、橘黄色或猩红色。为了摆脱体表的沉积物，经常定期蜕皮。

绒皮鲉科和红疣鲉科 VELVETFISHES

Aploactinidae Gnathanacanthidae

这里介绍的是栖居在太平洋西部和印度洋的几个高度分化的科，绒皮鲉科大约有 12 属，红疣鲉科只有 1 属。它们大多栖居于海底，因能够改变形状、鳞上多刺、身体如天鹅绒般柔软、头上有瘤状突起、鳍条没有分支等特征而得名。大多数常被潜水员忽视。

水下摄影提示：非常善于伪装，在热带海域很少见，很少被潜水员发现。它们都喜欢静止不动，很容易接近，很配合拍照，但是普通的非专业水下摄影者对其不太感兴趣。

斑鳍绒棘鲉

KAGOSHIMA VELVETFISH *Paraploactis kagoshimensis*

分布：从印度尼西亚到日本南部的印度洋－太平洋中海区。

大小：最长达 12 厘米。

栖息地：沿海礁石柔软的淤泥质底部，栖息深度为 2~20 米。

生活习性：长相怪异，非常隐秘，俯卧在海底，很像烂木块。身体僵直侧扁，呈浅褐色或略带黑色，浑身长满球形突起和棘。受惊扰时不会逃跑，靠伪装躲避捕杀。可能有毒。

红疣鲉

RED VELVETFISH *Gnathanacanthus goetzeei*

分布：从维多利亚州到西澳大利亚州和塔斯马尼亚州的澳大利亚亚热带海域。

大小：最长达 30 厘米。

栖息地：隐蔽的沿海区域的海草床，栖息深度为 5~30 米。

生活习性：红疣鲉科只有 1 属 1 种，即红疣鲉，栖居于澳大利亚亚热带海域，体表为褐色、红色或浅黄色。身体极扁，皮肤上长满了乳状小突起，使其如天鹅绒般柔软光滑，主要在夜间活动。

豹鲂鮄科和鲂鮄科 FLYING GURNARDS *Dactylopteridae Triglidae*

豹鲂鮄科与鲉科关系密切，只有 2 属、7 种。豹鲂鮄科和鲂鮄科物种都栖息于海底，捕食中等大小的鱼类。主要特点是胸鳍很大，能够在处于警戒状态时展开，呈近乎完美的圆盘状，还能够在靠近海底游动时用来滑翔。背鳍细长，遇到危险时会直立起来。

水下摄影提示：它们对水下摄影师来说是非常上镜的拍摄对象。在它们进入警戒状态、展开宽阔的胸鳍时，用微距镜头或中焦镜头从上往下拍才能拍出最好的照片。但是，千万不要为了拍到好照片而疯狂地追赶它们。

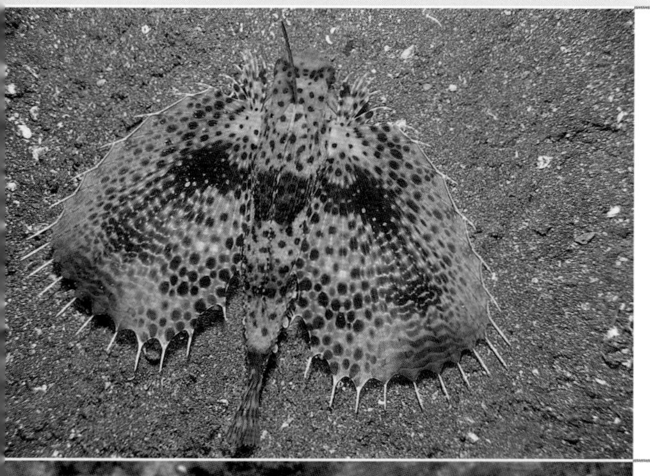

东方豹鲂鮄

FLYING GURNARD *Dactyloptena orientalis*

分布：从红海到夏威夷和澳大利亚的印度洋－太平洋热带海域。

大小：最长达 30 厘米。

栖息地：长着稀疏海草的隐蔽水域的沙质或泥质海底，栖息深度为 6 米至 100 米以上。

生活习性：伪装或将身体半埋在海底时很少被发现。巨大的胸鳍展开时非常漂亮，虽然颜色不艳丽，但是有色彩斑斓的眼斑和复杂的图案。大眼睛呈亮红色。以底栖物种，如虾虎鱼、甲壳动物等为食。

胸刺红娘鱼

EASTERN SPINY GURNARD *Lepidotrigla pleuracanthica*

分布：从澳大利亚新南威尔士州到西澳大利亚州的亚热带、温带海域。

大小：最长达 20 厘米。

栖息地：河口、沿海礁石的沙质底部和碎石底部，栖息深度为 2~20 米。

生活习性：该物种和与其关系密切的蝶红娘鱼都栖息于澳大利亚亚热带和温带海域，常见于沙质海底。受到惊扰时会竖起有眼斑的圆形背鳍，展开扇子状的胸鳍。

鲬科 FLATHEADS *Platycephalidae*

该科比较大，有18属、60多种，只有几个物种常见于热带海域。该科所有物种都栖息于柔软的淤泥质海底，大多数时间都把身体半埋在海底。都没有鳔；头宽而扁，像鳄鱼的头一样，头上有几个棘和刺状脊；嘴很大。它们主要伏击捕食猎物。夜间更活跃，很少离开栖息的海底。

水下摄影提示：难以辨认，很少被水平一般的潜水员发现。其中博氏孔鲬非常有趣，是容易接近的拍摄对象。可以用微距镜头（105毫米或60毫米）为其精美漂亮的外表拍摄特写。

CROCODILE FISH *Cymbacephalus beauforti*

博氏孔鲬

分布：从马来西亚到密克罗尼西亚的印度洋－太平洋中海区热带海域。

大小：最长达90厘米。

栖息地：隐蔽水域的珊瑚碎石海底或淤泥质海底，栖息深度为1~30米。

生活习性：体形大，令人印象深刻，非常隐秘，无害。常埋伏在开阔处，完美的伪装使其难以被发现。很容易从大体形、宽阔的头部、硕大扁平身体上纤细复杂的条纹辨认出它们。在水下很容易接近。

LONGSNOUT FLATHEAD *Thysanophrys chiltonae*

大眼瞳鲬

分布：从红海和东非到法属波利尼西亚，从日本南部到澳大利亚的印度洋－太平洋热带海域。

大小：最长达30厘米。

栖息地：隐蔽水域的淤泥质或沙质海底，栖息深度为6~30米。

生活习性：经常埋在沙子里，防止自己被发现。夜间更活跃，在海底爬行寻找猎物。有好几个相似的物种，体形都很小，体色浅。易于接近，但是常被潜水员忽视。

鰧科 STARGAZERS *Uranoscopidae*

该科古怪而有趣，全世界一共有8属、50种，都有一张朝上的大嘴，方形的大头上长着一对朝上的眼睛，身体呈箱形，鳃后面的开口和胸鳍上面有两根毒刺。所有的鰧鱼都单独活动，适应性强，栖居海底，伏击捕食，有些物种的嘴下面长着一个诱饵状器官来吸引猎物。

水下摄影提示：鰧鱼不易被发现，因为它们大多夜间活动，即使偶尔被发现也伪装得很隐秘。发现它们后，最好从正上方拍摄，这样能拍到恐怖的骷髅头似的表情，这是这些奇怪而异常有趣的物种的典型特征。

萨尔弗螣

WHITEMARGIN STARGAZER *Uranoscopus sulphureus*

分布：从红海到密克罗尼西亚的印度洋–太平洋热带海域。

大小：最长达 35 厘米。

栖息地：沿海水域隐蔽的沙质海底，栖息深度为 5~150 米。

生活习性：仅在夜间活动，白天身体全部藏在泥沙里；夜间只把眼睛、嘴和头部的少部分露出来，伏击过往的小鱼或者头足类动物。它那从海底露出的骷髅头似的表情——第一眼看上去令人毛骨悚然——是非常独特的拍摄主题。

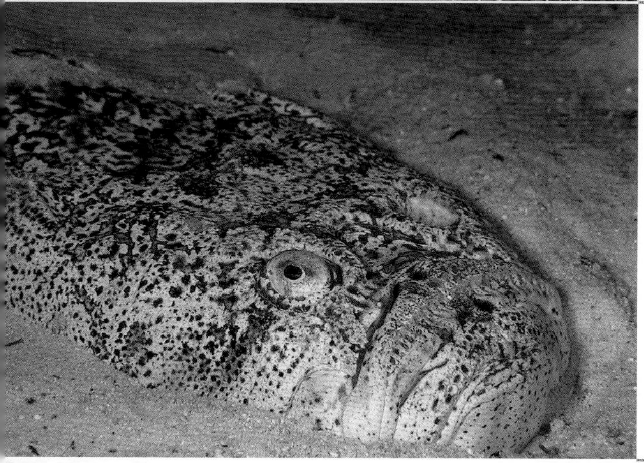

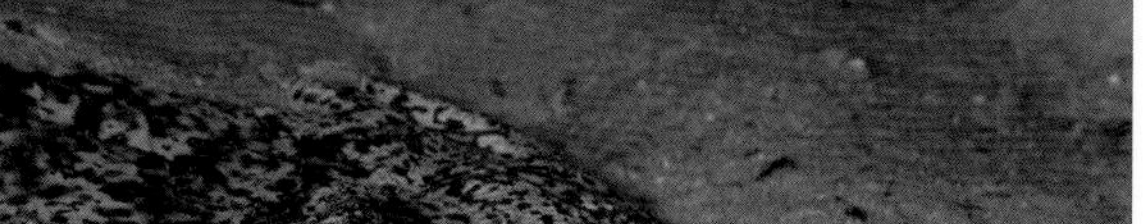

中华螣

CHINENSIS STARGAZER *Uranoscopus chinensis*

分布：从马来西亚到澳大利亚的印度洋–太平洋中海区热带海域。

大小：最长达 30 厘米。

栖息地：沿海水域隐蔽的柔软的沙质和淤泥质海底，栖息深度为 5~50 米。

生活习性：与萨尔弗螣非常像，但是体色更浅，体表有深褐色或淡红色的斑点和网状图案。通常一动不动地埋伏在海底，只露出头部的一部分，在傍晚和夜间伏击过往猎物，如鱼类或者鱿鱼。

聚焦——颜色和伪装

要想在竞争激烈的珊瑚礁中生存下来，就要掌握在斑斓的色彩中“消失”的技能，这才是生存的终极法宝。但是，要想“消失”在那一望无际的开阔水域却难上加难。

乍看起来，珊瑚礁世界很像花哨艳丽的服装王国。栖居在珊瑚礁的许多动物熟练地施展极为复杂的伪装技能，使自己尽可能隐秘些，这是为了捕食，也是为了不变成其他捕食者的猎物。这两个目的把所有物种都联系起来。即使是经常光顾外围礁石面向大海的部分的大型大洋鱼类也会使用伪装技巧。想到应用在军用飞机上的反荫蔽技术时，人们马上就会想到鲨鱼和蝠鲼。从上面看鲨鱼时，其浅灰色的背与身下阴暗的深邃空间完全融合在一起，而从下往上看时，在海面阳光的映衬下，我们几乎看不到它的白色肚皮。

有好几种远洋捕食者——金枪鱼、梭鱼和鲹鱼以及其他鱼类——都在浅水区捕食，它们都有具代表性的闪亮体色，中间带有暗色条纹。它们利用突然爆发的速度和这种颜色搭配，在阳光照射更强、海浪更汹涌的浅水区，与其光影斑驳的环境融为一体。大型的远洋捕食者一般都采用反伪装技术，体表颜色都较单一，因为斑点或条纹在海洋的单一背景色下没有任何优势，反而更容易暴露行踪。另一方面，斑点和条纹对喜欢静止不动的物种来说更有利。多变的外表使动物在万花筒般的背景里隐藏起了自己的轮廓，“消失”在背景中。在运用这种方式的动物中，真正的大师是鲉科、海龙科和躄鱼科。这些动物利用体表的条纹、斑点和皮瓣，在最极端的情况下，它们看起来一点儿都不像鱼。好几个物种的伪装效果因它们的习性、姿态和身体结构而得以优化。玫瑰虎鱼一

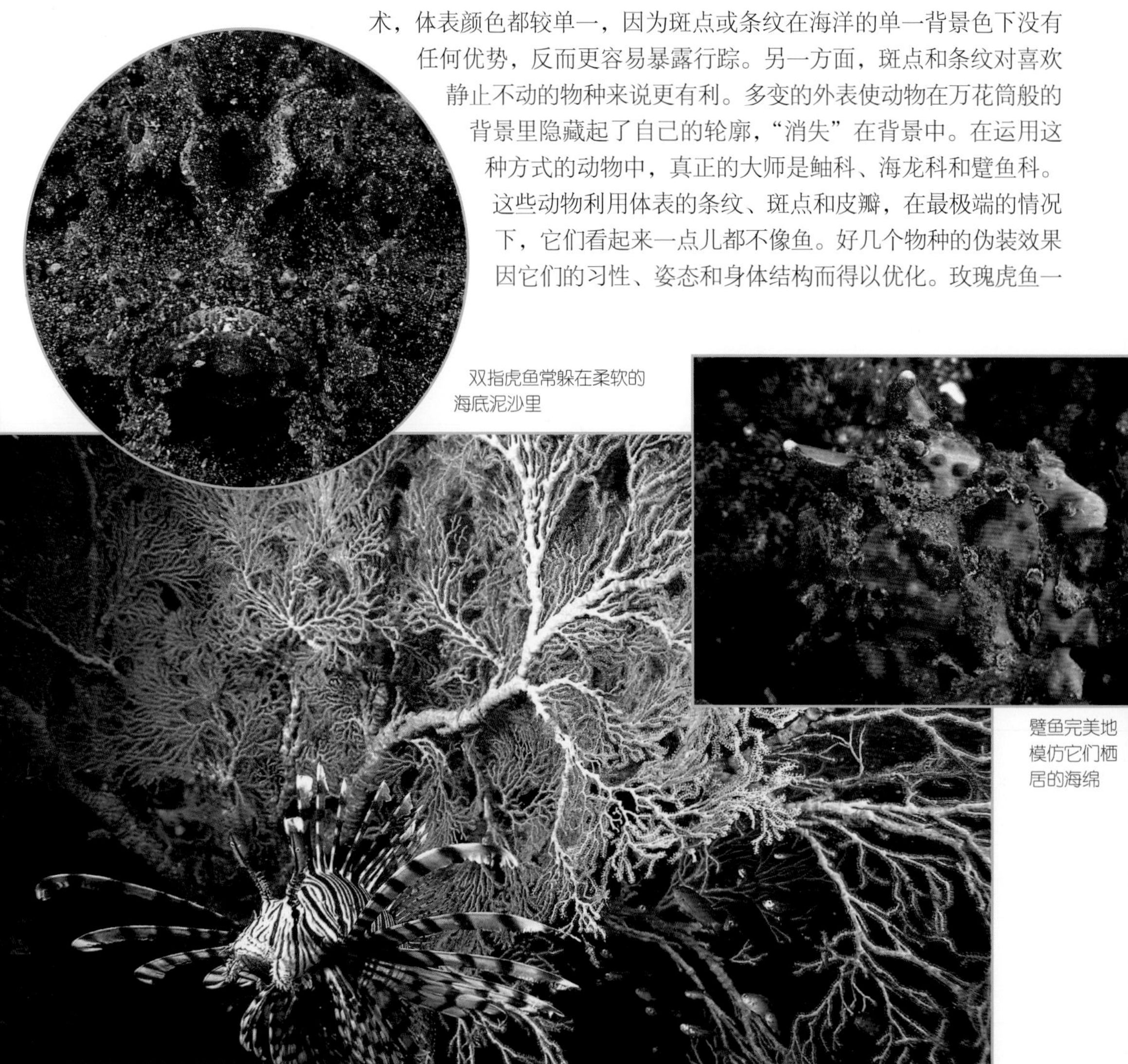

双指虎鱼常躲在柔软的海底泥沙里

躄鱼完美地模仿它们栖居的海绵

狮子鱼潜伏在柳珊瑚中捕猎

灰礁鲨靠反伪装技术在开阔水域捕食

直静止不动，以至于最后身上长满了海藻和水螅，这是它们能够成功伪装的原因；剃刀鱼头朝下垂直立在水中；比目鱼和鳎目鱼呈独特的扁平状；躄鱼进化出的爪状胸鳍可以更牢固地抓住海绵。这些技巧和伪装在很大程度上是那些为了捕食而隐藏在周围环境中的物种的典型特征，而物种使用“贝氏拟态”——根据H.W.贝茨的名命名的理论，贝茨是第一个研究该理论（1862）的科学家之一——来避免被捕食的例子也有很多。体形很小的捕食者纵带盾齿鳚伪装成无害的清道夫裂唇鱼来靠近猎物；一种叫“白泥参”的海参在幼虫阶段模仿不可食用和有毒的肿纹叶海蛞蝓，两者的颜色和外形都非常像。这种伪装的例子不胜枚举，而且非常有趣。许多物种的皮肤上有专门的细胞或色素细胞，它们有有效而令人吃惊的功能，比如能决定动物的体色，有时可能会任意扩张或收缩，使动物改变体色。

魟鱼经常藏在沙子里

魣鱼经常在反光的浅水区徘徊

潜水员和红鲙，印度尼西亚，西巴布亚省，拉贾安帕群岛

鮨科 GROUPERS AND BASSLETS *Serranidae*

这是珊瑚礁中最重要、最有名和种类最多的科之一，有将近 50 属、400 多种，并且分成许多容易混淆的亚科。石斑鱼亚科被称为石斑鱼，一般中等大小或者较大，多色彩艳丽，与珊瑚群关系密切；花鮨亚科是体形小、以浮游生物为食的鲈鱼，常在水中聚成大群；线纹鱼亚科即肥皂鱼，它们行动隐秘，皮肤黏滑，上面的黏液有毒。

水下摄影提示：石斑鱼通常非常害羞，白天在岩石突出部分下面睡觉时才能接近，而且接近起来有些困难；鲈鱼非常活跃，常在水中密集地聚在一起。这两种鱼都很漂亮，是色彩艳丽的拍摄对象，但是你要有一定的耐心，使用一些小技巧才能靠近它们。

白线鲙（又名：白线光颚鲈）

SLENDER GROUPER *Anyperodon leucogrammicus*

分布：从红海到日本南部和澳大利亚的印度洋－太平洋热带海域。

大小：最长达 40 厘米。

栖息地：枝杈状珊瑚中，健康珊瑚礁，清澈水域的岩石突出部分下面，栖息深度为 5~50 米。

生活习性：非常机警，特征明显，单独活动，常藏在珊瑚枝杈和软珊瑚群中。身体呈浅绿灰色，有许多红色或橘黄色斑点，吻细长。幼鱼体表有条纹，能模仿无害的海猪鱼，用这种出其不意的方式接近猎物。

烟鲙

REDMOUTH GROUPER *Aethaloperca rogaa*

分布：从红海到斐济和澳大利亚的印度洋－太平洋热带海域。

大小：最长达 60 厘米。

栖息地：外围礁石的珊瑚密集区的洞穴内或岩石突出部分下面，栖息深度为 3~50 米。

生活习性：单独活动，机警，不容易接近。身体呈褐色或略带黑色，身体明显比其他石斑鱼圆润；口内呈亮红色，易辨认。和大多数石斑鱼一样，以鱼类、甲壳动物和头足类动物为食。

眼斑鲙

PEACOCK GROUPER *Cephalopholis argus*

分布：从红海到澳大利亚和日本南部的印度洋－太平洋热带海域。

大小：最长达 45 厘米。

栖息地：清澈水域的沿海珊瑚礁和外围珊瑚礁的珊瑚密集区，栖息深度为 1~20 米。

生活习性：机警，难以接近，色彩非常艳丽，常在礁石顶端的珊瑚枝杈间自由游动。有时松散地聚集在一起或成对而行。体色可任意变化，身体后部通常有浅色条纹。

蓝点鲙

BLUE-SPOTTED GROUPER
Cephalopholis cyanostigma

分布：从马来西亚东部到澳大利亚大堡礁的印度洋-太平洋中海区。

大小：最长达 35 厘米。

栖息地：沿海礁石和外围礁石，常在悬垂物下面，栖息深度为 1~50 米。

生活习性：机警，不易接近；常隐秘地在珊瑚群中游动，大部分时间在海底附近。身体呈浅红色，多数有许多黑边浅蓝色小斑点。幼鱼呈深灰色或褐色，鱼鳍和尾部为黄色。

蓝纹鲙

BLUE-LINED GROUPER
Cephalopholis formosa

分布：从印度到澳大利亚西北部的印度洋-太平洋热带海域。

大小：最长达 34 厘米。

栖息地：隐蔽的基底为淤泥质的珊瑚礁或死珊瑚礁，或者靠近河口处。

生活习性：单独活动，非常机警，难以接近，常见于浓密的珊瑚枝杈间。粗大的身体呈褐色或浅黄色，头部、身体和鱼鳍上有许多平行的亮蓝色条纹。以甲壳动物、头足类动物和其他鱼类为食。

横带鲙

BROWN-BANDED GROUPER
Cephalopholis boenak

分布：从东非到日本南部的印度洋-太平洋热带海域。

大小：最长达 26 厘米。

栖息地：隐蔽水域的淤泥质基底珊瑚礁或死珊瑚礁，栖息深度为 4~40 米。

生活习性：通常单独活动，局部地区数量丰富，松散地聚集在一起。体表为深褐色或浅褐色，根据情绪发生变化，有好几条浅色带状图案，背鳍、腹鳍和尾鳍边缘呈黄色和蓝色。主要以甲壳动物为食。

豹纹鲙

LEOPARD GROUPER
Cephalopholis leopardus

分布：从东非到法属波利尼西亚和澳大利亚的印度洋-太平洋海域。

大小：最长达 25 厘米。

栖息地：沿海礁石和外围礁石，清澈水域中植物茂密的斜坡和礁顶，栖息深度为 3~40 米。

生活习性：最小的海礁石斑鱼之一，通常单独活动，非常害羞，不易接近或辨认。体表为浅红色，有许多浅橘黄色或浅粉色斑点。其显著特征是尾巴根部有小小的深色鞍状斑。

FLAGTAIL GROUPER *Cephalopholis urodeta*

霓鲙

分布：从东非到法属波利尼西亚的印度洋-太平洋热带海域。

大小：最长达 27 厘米。

栖息地：软珊瑚和硬珊瑚密集的沿海礁石、外围礁石顶部，栖息深度为 1~60 米。

生活习性：单独活动，通常很机警，常隐秘地在软珊瑚和硬珊瑚丛中活动。体表从褐色渐变为深红色，尾巴根部有明显的白色条纹，然而印度洋中该物种的尾巴根部没有白色条纹。

CORAL HIND *Cephalopholis miniata*

红鲙

分布：从红海和东非到日本南部和澳大利亚的印度洋-太平洋热带海域。

大小：最长达 40 厘米。

栖息地：清澈水域的沿海礁石和外围礁石的珊瑚密集区，栖息深度为 5 米至 50 米以上。

生活习性：最常见的珊瑚礁石斑鱼，一般单独活动，偶尔成小群活动。常见于断层上或者沉船残骸里。体表从亮橘黄色渐变为红色，上面有许多黑边亮蓝色圆点。不太机警，可能因此常被当地渔民捉到。

SIXBLOTCH HIND *Cephalopholis sexmaculata*

六斑鲙

分布：从东非到法属波利尼西亚和日本的印度洋-太平洋海域。

大小：最长达 45 厘米。

栖息地：清澈水域的沿海礁石和外围礁石断层，栖息深度为 10~150 米，常见于洞穴或缝隙中。

生活习性：机警，单独活动，颜色非常漂亮，常头朝下待在洞穴或者缝隙中，或者头朝下靠在岩壁上。体表呈鲜橘红色，有好几个浅色的鞍状斑，侧体有条纹和许多亮蓝色斑点。以小鱼（主要是天竺鲷和鲈鱼）和甲壳动物为食。

TOMATO GROUPER *Cephalopholis sonnerati*

网纹鲙

分布：从东非到日本南部和澳大利亚的印度洋-太平洋海域。

大小：最长达 65 厘米。

栖息地：有岩石或珊瑚的沿海礁石，通常栖息于淤泥质海底。

生活习性：身体圆润，呈亮红色，头部有密集的暗红色斑点。常单独活动，不太机警，有时容易接近。经常见到清洁虾为其服务。较大的成鱼常见于深水区。

多线纤齿鲈

HARLEQUIN HIND
Cephalopholis polleni

分布：从非洲东南部到日本西南部的印度洋–太平洋热带海域。

大小：最长达 43 厘米。

栖息地：外围礁壁、断层和陡壁，栖息深度通常大于 30 米。

生活习性：单独活动，是一种异常漂亮的珊瑚礁石斑鱼，不太机警，只在深水区活动。身体呈亮黄绿色，身体、头部和鱼鳍上有好几条平行的亮蓝色或紫色条纹。白天活跃，但是很少被潜水员发现。

条斑鳞鲻

LEATHER BASS
Dermatolepis dermatolepis

分布：从加利福尼亚湾到厄瓜多尔的太平洋东部海域。

大小：最长达 90 厘米。

栖息地：清澈水域的岩礁、洞穴，栖息深度为 3~200 米。

生活习性：非常机警，不易接近，常见于深水区。与其几乎完全一样的革鳞鲻生活在佛罗里达州至加勒比海的大西洋海域以及百慕大群岛海域。在水下很容易从突出的头部轮廓、白色斑点、宽宽的身体和黄边多肉的鱼鳍辨认出它们。

宝石石斑鱼

AREOLATE GROUPER
Epinephelus areolatus

分布：从红海到澳大利亚西北部的印度洋–太平洋热带海域。

大小：最长达 40 厘米。

栖息地：隐蔽水域的泥质和淤泥质海底，栖息深度为 6~200 米。

生活习性：从略白的颜色渐变为灰色，体表有许多褐色圆点，短尾巴上有特有的很窄的白色直边。单独活动，偶尔在海底松散地聚集成一小群休息。在水下很容易和其他几种多斑点物种混淆。

橙色石斑鱼

BLEEKER'S GROUPER
Epinephelus bleekeri

分布：从阿曼到中国台湾和澳大利亚的印度洋–太平洋热带海域。

大小：最长达 65 厘米。

栖息地：淤泥质海底的沿海礁石，栖息深度为 1~50 米。

生活习性：体表颜色多变，为暗灰色或略带白色，上面有许多中等大小的橘黄色斑点，深色的尾巴常带有白边。常单独在浅水区的平地和泥质斜坡上活动。

STARRY GROUPER *Epinephelus labriformis*

加州石斑鱼

分布：从加利福尼亚湾到哥伦比亚的太平洋东部海域。

大小：最长达 1 米。

栖息地：清澈水域的岩礁和洞穴，栖息深度为 5~70 米。

生活习性：常见于岩礁或岩壁。在水下很容易从体侧的十条深色带状图案和头部的亮蓝色和橘黄色斑点辨认出它们。以甲壳动物、小鱼和头足类动物为食。

GREASY GROUPER *Epinephelus tauvina*

巨石斑鱼

分布：从红海到法属波利尼西亚，从日本南部到大堡礁的印度洋－太平洋热带海域。

大小：最长达 75 厘米。

栖息地：沿海礁石和外围礁石，隐蔽的潟湖和沙质海底。

生活习性：单独活动，很常见。有好几个相似物种，在水下可从发白的颜色和浅红褐色斑点辨认出它们。有时背部和体侧有深色的鞍状斑。

HIGHFIN GROUPER *Epinephelus maculatus*

花点石斑鱼

分布：从东非到萨摩亚的印度洋－太平洋热带海域。

大小：最长达 60 厘米。

栖息地：沿海礁石和外围礁石的沙质底部，栖息深度为 2~100 米。

生活习性：单独活动，常见，在开阔的沙地上很容易接近。体表呈浅褐色，有黄褐色多边形斑点，前额和背部中间有两个亮白色鞍状斑。幼鱼在沙地上栖居，常模仿海蛞蝓。

WHITESTREAKED GROUPER *Epinephelus ongus*

纹波石斑鱼

分布：从东非到澳大利亚的印度洋－太平洋热带海域。

大小：最长达 35 厘米。

栖息地：沿海礁石和潟湖的隐蔽洞穴中或者岩石突出部分下面，栖息深度为 5~25 米。

生活习性：单独活动，非常机警，偶尔可见，局部地区常见。行踪隐秘，有时出现在大海绵附近。很容易从颜色较深的头部和体表细小密集的浅褐绿色斑点辨认出它们。幼鱼呈黑色，有亮白色斑点和黄色胸鳍，常见于珊瑚枝杈间。

ORANGE-SPOTTED GROUPER
Epinephelus coioides

点带石斑鱼

分布：从东非到萨摩亚的印度洋－太平洋热带海域。

大小：最长达 1 米。

栖息地：河口、沿海潟湖和隐蔽的海湾，常栖息在浑浊的水中，栖息深度为 1~100 米。

生活习性：令人印象深刻，常见于大珊瑚礁上、珊瑚礁顶或沉船残骸中。体形大，体表为浅色，头部、身体和鱼鳍上有许多浅橘黄色斑点，体侧有四个不规则的深色鞍状斑或 H 形斑。

BLACKTIP GROUPER
Epinephelus fasciatus

黑边石斑鱼

分布：从红海到法属波利尼西亚，从日本南部到澳大利亚的印度洋－太平洋热带海域。

大小：最长达 40 厘米。

栖息地：岩石顶部和礁石的珊瑚聚集区，或者沿海的淤泥质海底，栖息深度 1~150 米。

生活习性：很常见，常几条一起松散地聚集，在海底或者珊瑚头和海绵上休息。颜色极为多变，有的几乎全白，有的有明显的条纹，但面部都有界限分明的图案。其显著特征是背棘上有黑色尖端。

LONGFIN GROUPER
Epinephelus quoyanus

玳瑁石斑鱼

分布：从东非到印度尼西亚的印度洋－太平洋热带海域。

大小：最长达 50 厘米。

栖息地：沿海礁石和河口礁石，栖息深度为 1~70 米。

生活习性：身体健壮，体表为浅色，有深色多边形斑点和浅褐色斜纹；鳃盖下方各有一条深色条纹。很常见，容易与带有类似斑点的其他物种混淆。通常单独活动，常被发现在海底靠着珊瑚或岩石休息，这时很容易接近。

HONEYCOMB GROUPER
Epinephelus merra

蜂巢石斑鱼

分布：从东非到法属波利尼西亚的印度洋－太平洋热带海域。

大小：最长达 32 厘米。

栖息地：隐蔽的潟湖、海湾中的沿海礁石和外围礁石，栖息深度为 1~50 米，通常在浅水区。

生活习性：容易和上一个物种以及斑点相似的其他物种混淆，该物种没有特征明显的图案。单独活动，常在海底靠着岩石休息。

清水石斑鱼

CAMOUFLAGE GROUPER
Epinephelus polyphekadion

分布：从红海到法属波利尼西亚，从日本南部到澳大利亚的印度洋–太平洋热带海域。

大小：最长达 65 厘米。

栖息地：清澈水域的沿海礁石、外围礁石和礁壁，栖息深度为 1~50 米。

生活习性：体胖而健壮，白色和渐变的浅褐色斑点混杂，形成迷惑人的图案，头部有许多小斑点。和大多数石斑鱼一样，能在很短时间内改变颜色和颜色的亮度。单独活动，非常机警，很少被潜水员发现。

中美洲石斑鱼

PACIFIC GRAYSBY
Cephalopholis panamensis

分布：从加利福尼亚湾到秘鲁的太平洋东部海域。

大小：最长达 50 厘米。

栖息地：清澈水域的岩石顶部和岩壁裂缝，栖息深度为 5~30 米。

生活习性：非常擅长伪装，常趴在开阔水域，却未被潜水员发现。体表为浅橄榄色，有深色斜纹和许多稀疏均匀的浅蓝色小斑点。以甲壳动物、头足类动物和小鱼为食。

石额鲈

GRAYSBY
Cephalopholis cruentata

分布：从美国佛罗里达州南部到巴西的大西洋西部海域。亦见于加勒比海和百慕大群岛海域。

大小：最长达 30 厘米。

栖息地：清澈水域的珊瑚礁和小洞穴，栖息深度为 3~20 米。

生活习性：加勒比海最常见的石斑鱼之一。机警，常在海底休息。体表为浅褐色或灰色，头部、身体和鱼鳍上有密集的橘红色圆形斑点。颜色能在几秒内变浅或变深。

驼背鲈

BARRAMUNDI COD
Cromileptes altivelis

分布：从马来西亚东部到澳大利亚和新喀里多尼亚的太平洋西部海域。

大小：最长达 70 厘米。

栖息地：沿海的基底为淤泥质的珊瑚礁、死珊瑚礁和斜坡，栖息深度为 1~40 米。

生活习性：特征明显，体表呈浅灰绿色，有许多稀疏的黑点。体形侧扁，鱼鳍很宽，吻部斜而细长。幼鱼体表净白透亮，有大黑点（第 154 页）。常被发现在缝隙附近或密集的珊瑚枝杈间徘徊。

TIGER GROUPER
Mycteroperca tigris

虎喙鲈

分布：从美国佛罗里达州到巴西的大西洋西部海域，以及巴哈马群岛海域、加勒比海、百慕大群岛海域和墨西哥湾。

大小：最长达 60 厘米。

栖息地：清澈水域的礁石、礁壁，栖息深度为 1~15 米。

生活习性：特征明显，令人印象深刻。体胖，浅色的体表上有浅亮红色的“虎纹”。和所有石斑鱼一样，体色能在几秒内由浅变深。通常很机警，但是和该科的大部分物种一样，偶尔有些好奇。

SQUARETAIL CORAL GROUPER
Plectropomus areolatus

蓝点鳃棘鲈

分布：从红海到澳大利亚和日本的印度洋-太平洋热带海域。

大小：最长达 80 厘米。

栖息地：沿海礁石、外围礁石以及潟湖，栖息深度为 2~20 米。

生活习性：体形大而健壮，体色发白或呈浅灰色，全身有许多带深色边缘的蓝色斑点。背部常有深色鞍状斑，尾鳍颜色较深，呈直线形。通常单独活动，偶尔像其他石斑鱼那样聚成松散的大群。以鱼类、甲壳动物和头足类动物为食。

HIGHFIN CORAL GROUPER
Plectropomus oligacanthus

点线鳃棘鲈

分布：从印度尼西亚到菲律宾、密克罗尼西亚和澳大利亚的印度洋-太平洋中海区。

大小：最长达 75 厘米。

栖息地：清澈水域深水区的断层和陡壁，栖息深度为 5~150 米。

生活习性：易辨认，体表为浅红色和紫色，浑身长满亮蓝色细条纹和斑点。非常漂亮、艳丽，单独活动，非常机警，很少被发现，难以接近。幼鱼会模仿无害的拟唇鱼，以便在未引起注意时接近猎物。

斑鳃棘鲈

分布：从马来西亚东部到巴布亚新几内亚的印度洋-太平洋中海区。

大小：最长达 1.25 米。

栖息地：基底为淤泥质的沿海礁石、海湾、潟湖和海藻斜坡，栖息深度为 5~50 米。

生活习性：局部地区常见，通常单独活动，偶尔聚成松散的一群，尤其是在繁殖季节。头部细长，身体健壮，呈浅红色、浅褐色或者橄榄绿色，体表有许多浅蓝色圆点。经常被当地渔民捉到。

黑鞍鳃棘鲈

BLACKSADDLE CORAL GROUPER *Plectropomus laevis*

分布：从东非到法属波利尼西亚和澳大利亚的印度洋-太平洋海域。

大小：最长达 1.25 米。

栖息地：多种环境中的沿海礁石和外围礁石，栖息深度为 5~100 米。

生活习性：体色多变，有时呈白色，带有黑色鞍状斑，尾巴为黄色，也被称为“赤石斑鱼”。图中的体色可能仅限于成年雄鱼。有攻击性、占统治地位的捕食者，常见于中等深度水域靠近斜坡和珊瑚碎石阶地的地方。机警，偶尔很好奇。

豹纹鳃棘鲈

LEOPARD CORAL GROUPER *Plectropomus leopardus*

分布：从中国南海到澳大利亚的印度洋-太平洋中海区。

大小：最长达 70 厘米。

栖息地：珊瑚密集的沿海礁石和外围礁石，栖息深度为 3~100 米。

生活习性：体色多变，通常为红色或浅褐色，头部、身体和鱼鳍上有许多小蓝点；容易和其他相似物种混淆。通常单独活动，仅在繁殖季节聚成松散的小群，常在台面珊瑚下休息。以珊瑚礁鱼类、甲壳动物和头足类动物为食。

蠕线鳃棘鲈

ROVING CORAL GROUPER *Plectropomus pessuliferus*

分布：从红海到印度尼西亚的印度洋-太平洋热带海域。

大小：最长达 1.2 米。

栖息地：清澈水域的沿海礁石、外围礁石顶部，栖息深度为 10~150 米。

生活习性：体形大而健壮，令人印象深刻。体表为褐色、浅橘黄色或橄榄绿色，上面有许多纵向伸长的亮蓝色小斑点，背部有时有黑色鞍状斑。有攻击性、占统治地位的捕食者，通常单独活动，偶尔很好奇。

侧牙鲈

YELLOW-EDGED LYRETAIL *Variola louti*

分布：从红海到澳大利亚和波利尼西亚的印度洋-太平洋热带海域。

大小：最长达 80 厘米。

栖息地：清澈水域中珊瑚密集的沿海礁顶和外围礁顶，栖息深度为 3~250 米。

生活习性：最漂亮的珊瑚礁石斑鱼之一，身体特征明显，体表从亮紫色渐变到橘黄色，有许多从紫色渐变到橘黄色的斑点，竖琴状尾巴有亮黄色边缘。单独活动，偶尔在繁殖季节聚成松散的群体。

黄尾拟花鮨

YELLOWBACK ANTHIAS *Pseudanthias evansi*

分布：从东非到安达曼群岛的印度洋海域。

大小：最长达 10 厘米。

栖息地：清澈水域中的珊瑚密集区、陡壁和断层，栖息深度为 5~40 米。

生活习性：常大群聚集在清澈水域中的礁壁附近，以浮游生物为食。身体从浅紫色渐变到亮紫色，背部呈黄色；眼睛周围有红色横条纹。占统治地位的雄鱼比雌鱼更艳丽。

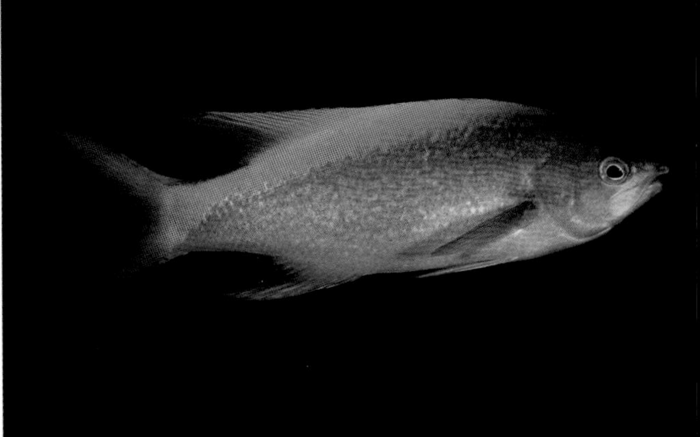

侧带拟花鮨

SQUARESPOT ANTHIAS *Pseudanthias pleurotaenia*

分布：从印度尼西亚到萨摩亚和澳大利亚的太平洋西部海域。

大小：最长达 20 厘米。

栖息地：清澈水域中的珊瑚密集区、陡壁、斜坡和断层，栖息深度为 5~180 米。

生活习性：一种较大的拟花鮨，常在深度大于 30 米的深水区聚成松散的一群。雄鱼体表为亮紫红色，体侧有紫色方形斑块；雌鱼有金橙色鱼鳍，眼睛至尾巴根部有紫色条纹。

刺盖拟花鮨

REDFIN ANTHIAS *Pseudanthias dispar*

分布：从印度尼西亚到菲律宾和澳大利亚的太平洋西部海域。

大小：最长达 9 厘米。

栖息地：清澈水域的珊瑚密集区、礁顶和断层，栖息深度为 1~15 米。

生活习性：常大群聚集在断层上缘，在较开阔的水域捕食。雄鱼常互相展示竖起的背鳍，雌鱼颜色更深，从桃红色渐变为橘黄色。

静拟花鮨

PURPLE ANTHIAS *Pseudanthias tuka*

分布：从印度尼西亚到大堡礁的太平洋西部海域。

大小：最长达 12 厘米。

栖息地：清澈水域的珊瑚密集区、陡壁和断层，栖息深度为 2~40 米。

生活习性：常大群聚集在清澈水域和有洋流的水域的断层边缘，在开阔水域捕食。雄鱼（如图所示）颜色异常艳丽，雌鱼颜色暗淡，背鳍根部有一道黄色条纹。

赫氏拟花鮨

THREADFIN ANTHIAS *Pseudanthias huchtii*

分布：从印度尼西亚到大堡礁的太平洋西部海域。
大小：最长达 12 厘米。
栖息地：清澈水域的珊瑚密集区、礁顶和断层，栖息深度为 2~20 米。
生活习性：常小群聚集在一起捕食浮游生物。和所有拟花鮨一样，这个物种也一雄多雌地聚居，雄鱼死后，一条占统治地位的雌鱼就会变成雄鱼。雌鱼数量更多，呈暗淡的青黄色。

高体拟花鮨

STOCKY ANTHIAS *Pseudanthias hypselosoma*

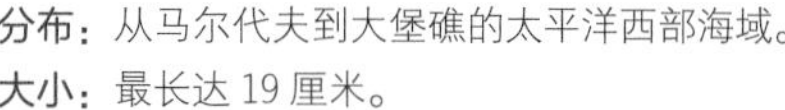

分布：从马尔代夫到大堡礁的太平洋西部海域。
大小：最长达 19 厘米。
栖息地：淤泥质环境中隐蔽的珊瑚礁的珊瑚头，栖息深度为 2~40 米。
生活习性：颜色多变，一般为浅粉色，头部为红色，背鳍上有红色斑点；尾巴边缘为弧形，背鳍和腹鳍非常发达。常大群聚集在偏远的隐蔽淤泥质环境中的巨型珊瑚礁丛上。

丝鳍拟花鮨

SCALEFIN ANTHIAS *Pseudanthias squamipinnis*

分布：从红海到澳大利亚和斐济的印度洋-太平洋热带海域。
大小：最长达 15 厘米。
栖息地：清澈水域的珊瑚密集区、陡壁、斜坡和断层，栖息深度为 2~20 米。
生活习性：常在断层上聚成密集的大群，在靠近礁壁的地方捕食。雄鱼体色多变，从红色到橘黄色变化，颜色总是非常艳丽，背鳍的第一根鳍条细长；群体中雌鱼数量更多，体表呈亮橘黄色，眼睛至胸鳍根部有紫边条纹。

伦氏棘花鮨

RANDALL'S ANTHIAS *Pseudanthias randalli*

分布：从印度尼西亚到密克罗尼西亚和日本的太平洋西部海域。
大小：最长达 7 厘米。
栖息地：清澈水域的珊瑚密集区、陡壁和断层，栖息深度为 15~120 米，通常在洞穴中或岩石突出部分下面。
生活习性：非常艳丽，机警，随时准备藏进洞穴中或者岩石突出部分下面，难以接近；常见于深水区。雄鱼体表颜色从红色渐变为浅紫色，有多变的紫色竖条纹。

宽身花鲈

HAWK ANTHIAS *Serranocirrhitus latus*

分布：从印度尼西亚到斐济和新喀里多尼亚的太平洋西部海域。

大小：最长达 13 厘米。

栖息地：清澈水域中陡壁、断层的突出部分下面和悬垂物下，栖息深度为 15~70 米。

生活习性：外形漂亮，极为机警，难以接近；常见于深水区。常单独活动或聚成小群，在岩石突出部分下面或洞穴内头朝下游动。体表为黄色和亮粉色，眼睛和鳃盖上有黄色和粉色的放射状条纹。

虎纹鮨

HARLEQUIN BASS *Serranus tigrinus*

分布：从美国佛罗里达州到加勒比海的大西洋海域，百慕大群岛海域。

大小：最长达 10 厘米。

栖息地：海草床和珊瑚碎石区，栖息深度为 1~40 米。

生活习性：易辨认，好奇，易接近，常见于海草中和珊瑚碎石区上。总是靠近海底，以小甲壳动物为食。

双带黄鲈

BARRED SOAPFISH *Diploprion bifasciatum*

分布：从印度和马尔代夫到巴布亚新几内亚，从日本南部到澳大利亚的印度洋-太平洋热带海域。

大小：最长达 25 厘米。

栖息地：浑浊水域的沿海礁石和隐蔽潟湖，栖息深度为 1~20 米，也见于河口。

生活习性：皮肤黏滑，上面有一层有毒的黏液。偶尔单独或聚成小群活动于沿海水域和隐蔽水域。栖息于清澈水域或火山岩沙滩的个体多为亮黄色。

六带线纹鱼

GOLDENSTRIPED SOAPFISH *Grammistes sexlineatus*

分布：从红海到法属波利尼西亚，从日本南部到澳大利亚的印度洋-太平洋热带海域。

大小：最长达 25 厘米。

栖息地：隐蔽的海湾、潟湖和礁石，栖息深度为 1~150 米。

生活习性：特征明显，容易辨认，通常单独在岩石突出部分下或靠近隐蔽处活动。和所有肥皂鱼一样，它的皮肤黏滑，上面有一层有毒的黏液，遇到危险时还会分泌大量毒液。较大的成鱼见于深水区，其黄色条纹被分割成短纹。

真皂鲈

GREATER SOAPFISH *Rypticus saponaceus*

分布：从美国佛罗里达州到巴西的大西洋海域，百慕大群岛海域。

大小：最长达 30 厘米。

栖息地：礁顶和斑礁，栖息深度为 3~20 米。

生活习性：夜间单独活动，一般不活跃，常在海底靠在岩石或珊瑚头上休息。外观没有吸引力，但容易接近。和所有的肥皂鱼一样，遇到危险时皮肤会分泌毒液。

鱵鲈

ARROWHEAD SOAPFISH *Belonoperca chabanaudi*

分布：从东非到萨摩亚，从日本南部到澳大利亚的印度洋-太平洋热带海域。

大小：最长达 15 厘米。

栖息地：外围礁壁和断层，栖息深度为 5~50 米。

生活习性：常见，但通常被潜水员忽视，一般躲在岩石突出部分下面或黑暗的缝隙中。单独活动，非常机警，很容易从矛状体形、蓝灰色体色、尾巴根部亮黄色的斑点、背鳍和腹鳍的蓝边黑色斑点辨认出它们。

紫青低纹鮨

INDIGO HAMLET *Hypoplectrus indigo*

分布：开曼群岛、古巴、巴哈马群岛和伯利兹的大西洋海域。

大小：最长达 13 厘米。

栖息地：清澈水域的礁顶，栖息深度为 1~40 米。

生活习性：低纹鮨在加勒比海的许多地方很常见，变种很多，但是许多研究者认为它们也是单色低纹鮨，只不过处于不同生长周期而已。大多数紫青低纹鮨色彩艳丽，害羞，但是偶尔会对潜水员产生兴趣。

拟雀鲷科 DOTTYBACKS *Pseudochromidae*

该科物种很多，至少有 6 属、70 种，大多体形小、颜色艳丽，以喜欢待在缝隙中和黑暗的遮蔽处而闻名。通常单独活动，常见于清澈水域的珊瑚礁壁和礁坡上——通常待在错综复杂的珊瑚枝杈间——总是靠近遮蔽物或者待在小洞穴里。大多数都有攻击性和领地意识，会把竞争者从领地中赶走。

水下摄影提示：通常色彩非常艳丽，但是很难拍摄。非常机警，一旦被接近就会马上躲起来。要想拍好照片，你需要一个优质的微距镜头（最佳选择是105毫米的），并且要非常有耐心。

弗氏拟雀鲷

ORCHID DOTTYBACK *Pseudochromis fridmani*

分布：红海。

大小：最长达 6 厘米。

栖息地：清澈水域的外围礁石，栖息深度为6~70 米，通常靠近岩石的突出部分和洞穴口。

生活习性：色彩艳丽，栖息于红海海域，再往东的海域被红棕拟雀鲷占领，其分布范围为从菲律宾到日本南部的海域。常见于开阔水域，总是靠近海底，随时准备在被接近时钻进洞穴中。

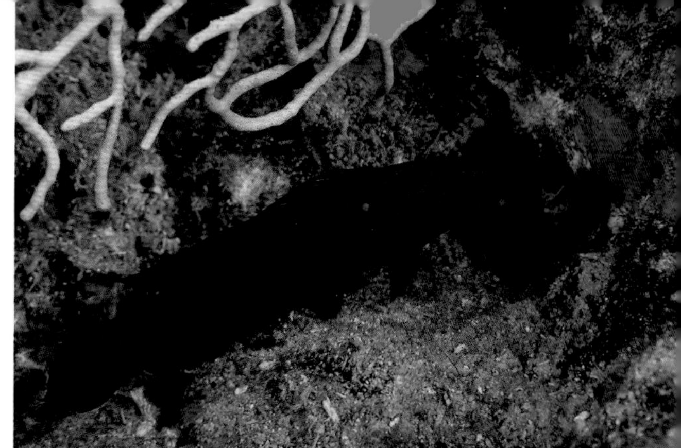

紫背准雀鲷

PURPLE-TOP DOTTYBACK *Pictichromis diadema*

分布：从马来西亚到菲律宾的太平洋西部海域。

大小：最长达 6 厘米。

栖息地：清澈水域的外围礁壁底部和断层，栖息深度为 5~25 米。

生活习性：外表漂亮，像宝石一样。常见于开阔水域，靠近海底，随时准备在被接近时钻进洞穴中。局部地区常见，但常被潜水员忽视。单独活动，有领地意识。

黄紫拟雀鲷

TWO-TONE DOTTYBACK *Pictichromis paccagnellae*

分布：从印度尼西亚到巴布亚新几内亚和美拉尼西亚的太平洋西部海域。

大小：最长达 5 厘米。

栖息地：清澈水域的断层和岩壁底部的沿海礁石、外围礁石，栖息深度为 10~50 米。

生活习性：在水下容易辨认，但是非常害羞，不易接近。大多数拟雀鲷的身体都有一部分呈亮紫色，在自然光下呈深蓝色，以迷惑、躲避捕食者。单独活动，有领地意识。

多线拟雀鲷

LONGFIN DOTTYBACK *Manonichthys polynemus*

分布：从印度尼西亚到菲律宾和帕劳的太平洋西部海域。

大小：最长达 12 厘米。

栖息地：清澈水域的沿海礁石和外围礁石上的珊瑚和海绵，栖息深度为 10~30 米。

生活习性：异常害羞，偶尔被发现匆忙地从一个遮蔽处游向另一个遮蔽处，游动时准确无误、上下起伏。单独活动，有领地意识。其显著特征是胸鳍根部有橘黄色斑点。

棕拟雀鲷

DUSKY DOTTYBACK *Pseudochromis fuscus*

分布：从印度到所罗门群岛，从中国台湾到澳大利亚的印度洋－太平洋中海区热带海域。

大小：最长达 9 厘米。

栖息地：珊瑚密集的沿海礁石和外围礁石，栖息深度为 1~30 米。

生活习性：和大多数拟雀鲷一样，常靠近裂缝、凹陷处和遮蔽处。经常能见到暗褐色个体，带有蓝色斑点的亮黄色个体（如图）较少见。单独活动，非常机警，不易接近。

闪光拟雀鲷

SPLENDID DOTTYBACK *Manonichthys splendens*

分布：从印度尼西亚的西巴布亚省到澳大利亚北部的印度洋－太平洋中海区的局部海域。

大小：最长达 13 厘米。

栖息地：珊瑚、海绵丰富的沿海，栖息深度为 5~40 米。

生活习性：灰色体表上有黄色斑点，白色吻部有黑色面罩式图案。易辨认，异常漂亮，极为活跃，从一个遮蔽处游往下一个遮蔽处的过程中经常瞥一眼周围环境。常见于珊瑚和管状海绵中。分布在局部地区，在分布区很常见，如西巴布亚省的拉贾安帕群岛。

圆眼丹波鱼

FIRE-TAIL DEVIL *Labracinus cyclophthalmus*

分布：从马来西亚到菲律宾和澳大利亚的太平洋西部海域。

大小：最长达 20 厘米。

栖息地：浅水区的活珊瑚或死珊瑚间的礁冠、礁顶，栖息深度达 15 米。

生活习性：体形大，非常活跃。体表颜色从橄榄绿色渐变到亮红色，上面通常有颜色更浅的条纹。常见于波浪汹涌的浅水区中被海藻覆盖的珊瑚上。非常害羞，不易接近，总是准备躲起来。

大眼鲷科 BIGEYES *Priacanthidae*

该科非常小，有 4 属、17 种，都分布于热带或亚热带海域，而且特征非常明显。眼睛又大又圆，只在夜间活动，白天在隐蔽水域中独自待着或聚成小群，在黑夜来临之前休息。所有物种都呈银色或浅红色，常带有黄铜色光泽，体色能在几秒内由浅色变为深色，有一张独特的大嘴。

水下摄影提示：拍照时配合默契。白天不活跃，停留在珊瑚头或者礁石突出部分下面时很容易接近。

高背大眼鲷

ARROWFIN EYE *Priacanthus sagittarius*

分布：从亚丁湾到菲律宾和澳大利亚的印度洋－太平洋西海区热带海域。

大小：最长达 30 厘米。

栖息地：清澈水域的沿海礁顶或外围礁顶，栖息深度为 15~100 米。

生活习性：夜间活动，以开阔水域的小鱼和甲壳动物为食。白天常单独待着或聚成小群，大部分时间不活动，悬停在珊瑚头或者礁石的突出部分下面。金目大眼鲷与该物种相似，活动于相同水域，有特征明显的新月形尾巴。

灰鳍异大眼鲷

BLOTCHED BIGEYE *Heteropriacanthus cruentatus*

分布：环热带海域。

大小：最长达 35 厘米。

栖息地：清澈水域的沿海礁顶和外围礁顶，栖息深度为 3~20 米。

生活习性：颜色多变，体表为红色或银色，有金属光泽，鱼鳍上有斑点。白天独自或结成小群待着，大部分时间不活动，悬停在珊瑚头或者礁石的突出部分下面。夜间捕食小鱼和小型甲壳动物。

天竺鲷科 CARDINALFISHES *Apogonidae*

该科非常大，在热带沿海很常见，有 26 属、250 种。大多数物种体形小，行动隐秘，通常白天待在浅水区密集的珊瑚枝杈间、洞穴内和较暗的遮蔽处，夜间在开阔水域捕食。天竺鲷用口孵卵，雄鱼将卵衔在口中直到卵孵化，历时约一周。

水下摄影提示：天竺鲷非常容易接近，可在黎明或者傍晚用 105 毫米的微距镜头拍摄，此时它们正在开阔水域觅食，离开了密集的珊瑚枝杈，白天它们通常躲在珊瑚丛中。拍到正在孵化鱼卵的雄鱼的特写镜头是令人兴奋的（但不易拍到），一定要随时关注它们的嘴里是否有鱼卵。

巨牙天竺鲷

TIGER CARDINALFISH *Cheilodipterus macrodon*

分布：从红海到法属波利尼西亚，从日本南部到澳大利亚的印度洋－太平洋热带海域。

大小：最长达 22 厘米。

栖息地：沿海礁石、多岩石的河口、红树林，栖息深度为 3~30 米。

生活习性：最大的天竺鲷之一。很容易从体表的细长条纹、尾巴根部的浅色斑块和眼睛上的金色条纹辨认出它们。行动隐秘，通常待在珊瑚丛中、洞穴内和黑暗的遮蔽处。

五带巨牙天竺鲷

FIVE–LINE CARDINALFISH
Cheilodipterus quinquelineatus

分布：从红海到法属波利尼西亚，从日本南部到澳大利亚的印度洋－太平洋热带海域。

大小：最长达 10 厘米。

栖息地：沿海礁石和外围礁冠，栖息深度为 3~40 米。

生活习性：从浅色体表的五条细纹、尾鳍根部黄色图案上的黑点可以辨认出它们。白天行踪隐秘，常在珊瑚枝杈间聚成松散的小群。很容易和非常相似的等斑巨牙天竺鲷混淆。

环尾天竺鲷

RING–TAILED CARDINALFISH
Ostorhinchus aureus

分布：从东非到密克罗尼西亚，从日本南部到澳大利亚的印度洋－太平洋热带海域。

大小：最长达 14 厘米。

栖息地：珊瑚枝杈间或悬垂物下面的沿海礁冠和斜坡，栖息深度为 1~50 米。

生活习性：常密集地、一动不动地在巨大的鹿角形珊瑚的枝杈间聚成一群。体表为粉橘色，点缀着明显的铁蓝色斑点，吻部有条纹，尾巴根部有一道明显的黑色条纹。

金盖天竺鲷

CHEEK–SPOT CARDINALFISH
Ostorhinchus chrysopomus

分布：从马来西亚到印度尼西亚和菲律宾的印度洋－太平洋中海区。

大小：最长达 11 厘米。

栖息地：极浅水域的沿海礁石，悬停在密集的珊瑚群间或上面。

生活习性：鳃盖和面部通常有明显的橘黄色斑点，体表为浅黄色，有两道深色细条纹，颜色通常很暗淡。在整个分布区中的不同地方有许多不同的变种。

黄体天竺鲷

YELLOW–LINED CARDINALFISH
Ostorhinchus chrysotaenia

分布：从印度尼西亚东部到巴布亚新几内亚的印度洋－太平洋中海区。

大小：最长达 10 厘米。

栖息地：礁坪、潟湖和斜坡，最深达 10 米。

生活习性：通常单独活动，或者小群聚集在浅水区活动。体表为浅褐色或浅粉色，有浅铜色细纹，面颊下方有非常鲜艳的铁蓝色条纹。第二背鳍很高。

黑带天竺鲷

BLACKSTRIPE CARDINALFISH
Ostorhinchus nigrofasciatus

分布：从红海到法属波利尼西亚，从日本南部到澳大利亚的印度洋-太平洋热带海域。

大小：最长达 10 厘米。

栖息地：沿海礁石和外围礁石的珊瑚间或缝隙中，栖息深度为 3~50 米。

生活习性：很常见，通常聚成小群。很容易从黑褐色体表上的四条亮黄色细纹辨认出它们。与其非常相像的纵带天竺鲷的尾巴根部有很小的黑点，两个物种的鱼鳍都是浅粉色。

金带天竺鲷

YELLOWSTRIPED CARDINALFISH
Ostorhinchus cyanosoma

分布：从印度尼西亚西部到澳大利亚和日本南部的印度洋-太平洋热带海域。

大小：最长达 9 厘米。

栖息地：沿海礁石和外围礁石的珊瑚枝杈间，栖息深度为 1~35 米。

生活习性：很常见。体表和鱼鳍都是浅银粉色，有多条金橘色细纹。吻的上半部分通常比其他地方颜色更深。有几个相似物种，很容易和该物种混淆。

裂带天竺鲷

BLUE-EYED CARDINALFISH
Ostorhinchus compressus

分布：从马来西亚到大堡礁的印度洋-太平洋中海区。

大小：最长达 12 厘米。

栖息地：浅水区的枝杈状珊瑚群，栖息深度为 1~20 米。

生活习性：成鱼通常单独活动或结成松散的小群聚集于悬垂物下面或者珊瑚枝杈间。比该科大多数物种都大，身体健壮，体表为铜色或浅粉色，大眼睛为铁蓝色。和大多数天竺鲷一样，夜间捕食。

单线天竺鲷

NARROWSTRIPE CARDINALFISH
Pristiapogon exostigma

分布：从红海到法属波利尼西亚，从日本南部到澳大利亚的印度洋-太平洋热带海域。

大小：最长达 12 厘米。

栖息地：潟湖和隐蔽的海湾，常在浅水区靠近珊瑚头的沙质海底，栖息深度为 1~10 米。

生活习性：分布区内有许多相似物种，大多数物种的浅粉色身体上都有一道深色细条纹。然而所有天竺鲷在夜间觅食浮游生物时体色都会变浅（如图）。

霍氏天竺鲷

FROSTFIN CARDINALFISH
Ostorhinchus hoeveni

分布：从马来西亚到密克罗尼西亚和日本的印度洋-太平洋中海区。

大小：最长达 5 厘米。

栖息地：淤泥质海底，经常栖息在碎石片、植物残渣和海胆中，栖息深度为 3~30 米。

生活习性：在分布区非常常见，很容易从侧扁的具有金属光泽的铜橙色身体和第一背鳍后部的亮白色边缘辨认出它们。经常能看到它们成群聚集在一起。

西尔天竺鲷

SEALE'S CARDINALFISH
Ostorhinchus sealei

分布：从马来西亚到澳大利亚西北部的印度洋-太平洋中海区。

大小：最长达 9 厘米。

栖息地：隐蔽的有泥沙的浅水区中的沿海礁石，栖息深度为 2~25 米。

生活习性：常聚成小群活动于鹿角状珊瑚的枝杈间或长刺海胆中。体表为浅黄色，尾巴根部有一个小黑点，身体两侧有两条浅褐色细纹和一条由橘黄色点连成的线，面部有条纹或斑点。

横纹天竺鲷

RED-STRIPED CARDINALFISH
Ostorhinchus margaritophorus

分布：从印度尼西亚到所罗门群岛的印度洋-太平洋中海区。

大小：最长达 5 厘米。

栖息地：浅水区的淤泥质海底，常在碎石片中。栖息深度为 1~5 米。

生活习性：不常见，偶尔能看到它们聚成小群在珊瑚头或者海草和植物残渣上活动。体表为浅红色，有明显的红铜色泽；身体侧面下方的珍珠项链式斑点是其显著特征。图中的雄鱼把喉部鼓得很大，正在孵卵。

哈茨天竺鲷

HARTZFELD'S CARDINALFISH
Ostorhinchus hartzfeldii

分布：从马来西亚到巴布亚新几内亚和澳大利亚大堡礁的太平洋西部热带海域。

大小：最长达 10 厘米。

栖息地：沿海礁石和隐蔽的潟湖，栖息深度为 1~10 米。

生活习性：不常见，体形大，通常单独活动，或者与其他天竺鲷混居。身体健壮，呈青铜色或者银褐色，有大而清晰的鱼鳞，尾巴根部有黑斑，背部和眼睛周围有亮白色条纹。夜间更活跃。

丽鳍天竺鲷

SPINYHEAD CARDINALFISH
Pristiapogon kallopterus

分布：从红海到法属波利尼西亚，从日本南部到澳大利亚的印度洋－太平洋热带海域。

大小：最长达 15 厘米。

栖息地：波浪大的浅水区的隐蔽水域，栖息于沿海礁石和外围礁石上，栖息深度为 3~45 米。

生活习性：体表为浅粉褐色，身体中间有横纹，尾鳍根部有明显的黑斑。显著特征是第一背鳍前部的边缘为亮黄色。常松散地聚成小群。图中的鱼的身体上寄居着一个大型等足类动物。

原长鳍天竺鲷

SHIMMERING CARDINAL
Taeniamia lineolata

分布：印度洋－太平洋热带海域。

大小：最长达 10 厘米。

栖息地：珊瑚密集的潟湖和隐蔽水域，栖息深度为 2~60 米。

生活习性：最漂亮的天竺鲷之一，常小群聚集在密集的珊瑚枝杈间。体表呈亮铜粉色，有许多细细的橘黄色条纹；头部为金黄色，眼睛周围有两条蓝色横条纹；尾巴根部有黑斑。

黑带长鳍天竺鲷

BLACKBELTED CARDINALFISH
Archamia zosterophora

分布：从马来西亚到菲律宾的印度洋－太平洋中海区。

大小：最长达 10 厘米。

栖息地：清澈的浅水区和隐蔽水域中密集的珊瑚枝杈间，栖息深度为 1~10 米。

生活习性：非常漂亮，很容易从面颊上的两条亮橘黄色斜纹和铬银色身体中间宽宽的深色带状图案辨认出它们。聚成大群，常见于密集的珊瑚枝杈间。

丝鳍圆天竺鲷

PAJAMA CARDINALFISH
Sphaeramia nematoptera

分布：从印度尼西亚到大堡礁的印度洋－太平洋中海区。

大小：最长达 8.5 厘米。

栖息地：清澈浅水区和隐蔽水域中密集的枝杈状珊瑚，栖息深度为 1~25 米。

生活习性：非常漂亮，但是很害羞，偶尔在鹿角状或枝杈状珊瑚群中聚成松散的一群。幼鱼通常两三条聚在一起。不易接近，特征非常明显。

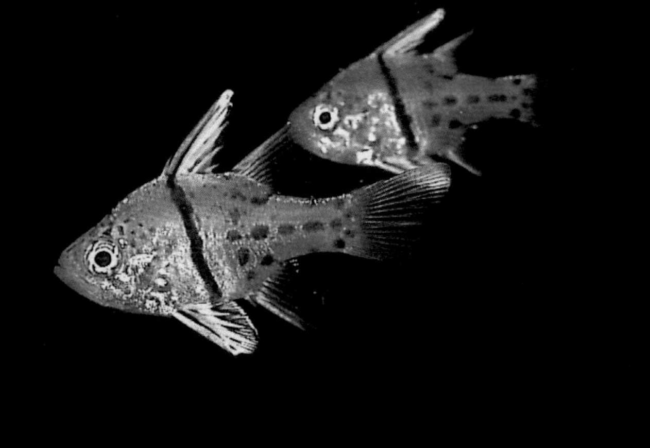

环纹圆天竺鲷

POLKA-DOT CARDINALFISH *Sphaeramia orbicularis*

分布：从东非到基里巴斯，从日本南部到新喀里多尼亚的印度洋－太平洋热带海域。

大小：最长达 10 厘米。

栖息地：红树林、潟湖，突堤下方靠近海面处，深度不超过 3 米。

生活习性：体表为银灰色，身体中间有一道很窄的深色条纹，后半部分有许多浅褐色斑点。常在突堤下面或者突堤桥塔附近静止地聚成松散的一群，常在浅水区活动。非常害羞，白天不易接近。

菲律宾腭竺鱼

WEEDY CARDINALFISH *Foa fo*

分布：从马尔代夫到法属波利尼西亚，从日本南部到澳大利亚的印度洋－太平洋热带海域。

大小：最长达 5 厘米。

栖息地：有沙质或淤泥质海底的隐蔽水域，栖息于海草中和软珊瑚间，栖息深度为 5~50 米。

生活习性：不常见，很少被潜水员发现，常伪装得非常好。体表为浅褐色，有许多不规则的白色斑点。图中的两条雄鱼正在用扩大的口腔孵卵。

考氏鳍竺鲷

BANGGAI CARDINALFISH *Pterapogon kauderni*

分布：仅分布于印度尼西亚中苏拉威西省的邦盖岛；印度尼西亚北苏拉威西省蓝碧海峡的该物种为引入物种。

大小：最长达 6.5 厘米。

栖息地：隐蔽海湾的碎石滩，栖息深度为 2~16 米。

生活习性：特征明显，可能是最漂亮的天竺鲷。所在分布区的特有物种，在分布区常见。常栖息于长刺海胆中或海葵触手间，对它们有免疫力。

变色管竺鲷

URCHIN CARDINALFISH *Siphamia tubifer*

分布：从印度尼西亚到巴布亚新几内亚的印度洋－太平洋中海区。

大小：最长达 4 厘米。

栖息地：隐蔽的沿海礁石，栖息深度为 1~20 米。

生活习性：常栖息于长刺海胆或火顽童海胆中。体表一般为银色，有深色细条纹，体表颜色能在几秒内变深。

鲛科 LONGFINS *Plesiopidae*

该科较小，只有6属，大约有20种。大多数物种都非常小，行动隐秘。该科最常见、最有名的物种当属丽鲛，它们非常害羞，非常漂亮，栖息于洞穴内，常见于热带咸水水族馆。人们对该科其他物种所知甚少，普通潜水员也对其不感兴趣。

水下摄影提示：丽鲛非常难拍，非常机警，常见于昏暗深邃的洞穴中。当被灯光照到或者被摄影师靠近时，它们常常退缩到洞穴的更深处，消失在黑暗中。拍摄时应该使用长焦微距镜头（105毫米）的远摄功能。丽鲛消失后，不久就会再次出现，并逐渐习惯潜水员的存在，所以你需要有时间和耐心。

丽鲛

COMET *Calloplesiops altivelis*

分布：从红海到澳大利亚和日本的印度洋－太平洋热带海域。
大小：最长达20厘米。
栖息地：沿海礁石和外围礁石的断层上的洞穴和缝隙，栖息深度为3~50米。
生活习性：非常机警，通常会被忽视，偶尔悬停在洞口，被接近时会慢慢往后退。单独活动，也栖息于死珊瑚礁的淤泥质区域。成鱼的白色斑点会变大，数量也会增多。其外表明显是在模仿海鳝的头部。

弱棘鱼科 TILEFISHES *Malacanthidae*

该科很小，只有2属、11种，都分布于热带或亚热带海域。体形一般都很小，非常纤细，以浮游生物为食，偶尔在口中过滤沙子获取食物，常单独或成对在沙质和泥质海底活动，悬停于海底附近，随时准备在受到威胁时以闪电般的速度钻进洞穴中。

水下摄影提示：它们生性羞涩，常被潜水员和摄影师忽视。一旦感觉自己被接近，它们就会钻进洞穴中。偶尔会让潜水员靠近，但是要想拍出好照片，你需要有时间和耐心。因为它们体形很小，所以你必须使用微距镜头。

短吻弱棘鱼

FLAGTAIL BLANQUILLO *Malacanthus brevirostris*

分布：从红海到巴拿马，从日本南部到澳大利亚的印度洋－太平洋热带海域。
大小：最长达30厘米。
栖息地：隐蔽水域沙质或淤泥质海底的沿海礁石，栖息深度为6~50米。
生活习性：体表颜色浅，有带状图案，尾部有两道明显的黑色条纹。常悬停于海底附近，单独或成对活动。有领地意识，全世界有许多相似物种。以浮游动物和底栖无脊椎动物为食。

侧条弱棘鱼

BLUE BLANQUILLO *Malacanthus latovittatus*

分布：从红海和东非到法属波利尼西亚、日本南部和澳大利亚的印度洋－太平洋热带海域。

大小：最长达 35 厘米。

栖息地：沙质和珊瑚碎石海底的沿海礁石，栖息深度为 5~30 米。

生活习性：体形细长，常蜿蜒而行。头部为蓝色，背部为蓝绿色，身体侧面中央的黑色条纹从鳃延伸到尾部。单独或成对活动，和该科其他物种一样，不太害羞。被接近时会游开，与人类保持距离，不会钻到洞穴里。

斯氏弱棘鱼

BLUEHEAD TILEFISH *Hoplolatilus starcki*

分布：从印度尼西亚到澳大利亚和斐济的印度洋－太平洋中海区。

大小：最长达 15 厘米。

栖息地：沙质、淤泥质海底的礁坪和礁坡，栖息深度为 20~100 米。

生活习性：可能是最有特点的弱棘鱼，常见于深水区。体表呈黄色，尾巴呈亮黄色，头部呈亮蓝色。常成对活动。以浮游动物和小型底栖无脊椎动物为食。

军曹鱼科 COBIAS *Rachycentridae*

该科只有 1 个单种属，即军曹鱼属。在大西洋和印度洋－太平洋海域，潜水员、船夫和垂钓者经常能见到军曹鱼。军曹鱼体形细长，头部扁平，长长的背鳍上有 6~9 根很短的鳍棘。表面看起来很像鲨鱼——尤其是从前面看的时候——以甲壳动物、鱼类和鱿鱼为食。普遍被认为是理想的食物和供垂钓的鱼类。

水下摄影提示：军曹鱼有个令人不安的习性，就是它们会突然出现，然后径直向潜水员冲过去，特别像行事果断的锥齿鲨。事实上，从侧面看时你就会发现它们是硬骨鱼。它们并不是有趣的拍摄对象，没有靓丽的颜色，外观缺乏吸引力。

军曹鱼

COBIA *Rachycentron canadum*

分布：环热带海域。

大小：最长达 2 米。

栖息地：远洋，偶尔进入沿海珊瑚礁中。

生活习性：军曹鱼科唯一的物种，幼鱼有条纹，成鱼为不干净的灰褐色，偶尔在开阔水域或者沿海礁石发出“嗡嗡”声。体形大，游得非常快，令人印象深刻，从前面看非常像鲨鱼。成鱼偶尔会小群（2~6 条）聚居在沿海浅水区。

鲫科 REMORAS
Echeneidae

该科规模很小，但是非常古怪、有趣，有4属、8种。显著特征是头部和颈部上面有个很大的背吸盘，该吸盘由第一背鳍高度进化而来，是一个来回移动的薄膜，它们利用吸盘附着到较大的运动物体上，如鲨鱼、鳐鱼，有时甚至附着在船上。以寄主掉下的碎屑和残羹为食，偶尔会清理寄主身体外面的寄生虫等足类动物。

水下摄影提示：很容易拍摄，但是不太有趣。体形更大、色彩更暗淡的鲫鱼常被发现附着在游得更快的大型物种身上，如鲸鲨，这种情况下较难拍摄。拍摄鲫鱼用中焦镜头（28~50毫米）就够了。

SHARKSUCKER *Echeneis naucrates*

长印鱼

分布：环热带海域。
大小：最长达1米。
栖息地：沿海或远洋，栖息深度取决于寄主。
生活习性：通常能看到它们附着在鲨鱼、体形大的鳐鱼、魟鱼和海龟身上。背部和腹部为灰绿色。有细长的黑色和黄色细纹，鳞片小，有明显突出的下颌、会动的大眼睛。一定要记住，因为长印鱼的背部附着在寄主身上，所以你看到的总是它们朝上的腹部。

鲹科 JACKS AND TREVALLIES
Carangidae

该科很大，分布于环热带海域，有25属、140多种。所有物种都完全适应了海洋广阔的栖居环境，大多数物种都在远洋活动。身体呈流线型，非常强壮，都是游速快的捕食者，常成群地聚集在礁壁附近或者礁顶上捕食，有些鲹鱼非常大，也非常重。大多数体表为银色或者钢灰色，许多鲹鱼都被定期捕捞。

水下摄影提示：和大多数生活在远洋中的鱼一样，鲹鱼游得非常快，不易接近。常见于开阔水域，你只有短暂的拍摄时间，它们很快就会游开，因此反应快的广角镜头（20毫米）是必备的。可以用鱼眼镜头（15毫米或16毫米）拍摄大的鱼群，能拍出令人印象深刻的照片。

AFRICAN POMPANO *Alectis ciliaris*

丝鲹（又名：短吻丝鲹）

分布：环热带海域。
大小：最长达1.3米。
栖息地：远洋，常靠近深水区的断层，栖息深度达100米。
生活习性：体表像镀了铬，常呈浅绿色或浅蓝色。体形很宽，非常健壮，额部高，尾鳍呈深叉状。幼鱼形似钻石，背部至臀鳍之间有长线般的细丝。成鱼常单独或聚成小群自由活动。

黄点若鲹

GOLD-SPOTTED TREVALLY *Carangoides fulvoguttatus*

分布：从红海到澳大利亚北部的印度洋-太平洋热带海域。

大小：最长达 1.3 米。

栖息地：远洋，常靠近沿海礁石和潟湖，栖息深度达 100 米。

生活习性：单独或聚成小群活动。体表为银色，有金属光泽，体侧有许多金黄色或黄铜色斑点。成鱼的侧线上有三四个深色斑点。

横带若鲹

BARCHEEK TREVALLY *Carangoides plagiotaenia*

分布：从红海到密克罗尼西亚和澳大利亚的印度洋-太平洋热带海域。

大小：最长达 42 厘米。

栖息地：远洋，常靠近断层，栖息深度为 2~200 米。

生活习性：体表为银色，有金属光泽，体形细长，鳃盖上有很窄的深色条纹。常单独或聚成小群活动。和该科其他物种一样，是游速非常快的捕食者。

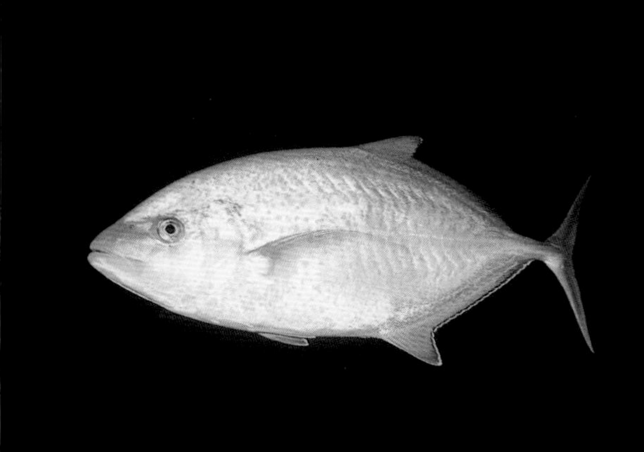

橙点若鲹

ORANGE-SPOTTED TREVALLY *Carangoides bajad*

分布：从红海到巴布亚新几内亚的印度洋-太平洋热带海域。

大小：最长达 60 厘米。

栖息地：远洋，常栖息于沿海礁石和岩壁，栖息深度为 2~70 米。

生活习性：特征明显，身体呈椭圆形，尾鳍为深叉状，体表为铜银色或有金属光泽的黄橙色，体侧有许多橘黄色斑点。常单独或结成松散的小群活动。

卵圆若鲹

COACHWHIP TREVALLY *Carangoides oblongus*

分布：从东非到斐济和澳大利亚的印度洋-太平洋热带海域。

大小：最长达 45 厘米。

栖息地：沿海礁石、海湾和潟湖，常在沙质海底活动，栖息深度为 2~50 米。

生活习性：单独或成小群活动。体表呈银色，尾鳍下叶较宽，臀鳍和胸鳍偶尔呈浅黄色，后背鳍一般比较细长。常聚成小群活动，在海底巡游捕食。

平线若鲹

BLUE TREVALLY *Carangoides ferdau*

分布：从红海到新喀里多尼亚的印度洋–太平洋热带海域。

大小：最长达 70 厘米。

栖息地：外围礁石和潟湖，常栖息于沙质海底，栖息深度为 2~60 米。

生活习性：体表为银色，后背鳍、臀鳍和尾鳍常呈浅黄色。是该科唯一一个体侧有 5~7 道深色竖条纹的物种。经常能见到快速游动的平线若鲹大鱼群。

阔步鲹

BLACK JACK *Caranx lugubris*

分布：环热带海域。

大小：最长达 75 厘米。

栖息地：远洋，常栖息于近海礁石和深水区，栖息深度为 20~70 米。

生活习性：体形大，令人印象深刻，常单独或成小群活动。体表呈银色、钢灰色或浅黑褐色；后背鳍、臀鳍和尾鳍后部颜色暗淡。游速快，和该科其他物种一样，是有攻击性的珊瑚礁捕食者。

黑尻鲹

BLUEFIN TREVALLY *Caranx melampygus*

分布：从红海到澳大利亚和日本的印度洋–太平洋热带海域。

大小：最长达 1 米。

栖息地：外围礁石，从海面到 200 米深处，常在断层上。

生活习性：可能是印度洋–太平洋海域最常见的鲹科物种，分布区数量丰富，潜水员能够很容易地辨认出它们。体表呈银蓝色，带有浅绿色泽，身体上部有色彩斑斓的密集斑点；鱼鳍为浅色或深蓝色。常被发现聚成松散的小群活动，在礁石表面以偷袭的方式捕食弱小的或受伤的鱼。

六带鲹

BIGEYE TREVALLY *Caranx sexfasciatus*

分布：从红海到澳大利亚和日本的印度洋–太平洋热带海域。

大小：最长达 1 米。

栖息地：远洋，清澈水域的外围礁石和断层，栖息深度为 2~50 米。

生活习性：常见物种，常聚成大群，形似闪闪发光的鱼雷状漩涡。体表呈闪亮的银色，后背鳍的尖端为白色；雄鱼在求偶和交配期几乎会变成黑色（如图）。

珍鲹

GIANT TREVALLY
Caranx ignobilis

分布：从红海到日本和澳大利亚的印度洋–太平洋热带海域。

大小：最长达 1.65 米。

栖息地：远洋，外围礁石的岩壁和断层，栖息深度为 2~80 米。

生活习性：体形很大，强壮有力，令人印象深刻。体表为银色，带有钢铁的色泽，上面有许多深色斑点。显著特征是体形大、额部高。常单独活动于深水区，常见于近海礁石附近。

黄尾鲹

ALMACO JACK
Seriola rivoliana

分布：环热带和亚热带海域。

大小：最长达 90 厘米。

栖息地：远洋，偶尔栖息于近海礁石；常见于漂浮物下面。

生活习性：体表为银色，体形细长，背部很高，从上唇到眼睛再到背鳍根部有一条明显的深色条纹。单独或成小群活动。

黄腊鲹

SNUBNOSE POMPANO
Trachinotus blochii

分布：从红海到日本和澳大利亚的印度洋–太平洋热带海域。

大小：最长达 65 厘米。

栖息地：沿海礁石和外围礁石，栖息深度为 10~50 米，常在浅水区波涛汹涌的水域。

生活习性：很容易从宽而钝的圆吻、细长的后背鳍和臀鳍以及深叉状尾鳍辨认出它们。体表为银色，鱼鳍偶尔呈黄色或橘黄色。单独或成小群活动。

无齿鲹

GOLDEN TREVALLY
Gnathanodon speciosus

分布：印度洋–太平洋热带海域。

大小：最长达 1.4 米。

栖息地：浑浊水域的沿海礁石、潟湖，栖息深度为 2~20 米。

生活习性：很容易从大体形、低垂的额部、黄色嘴唇和体侧的黑色条纹辨认出它们。大的成鱼（如图）很少见；幼鱼呈亮银黄色，有 7~11 道黑色竖条纹，常被发现与大型鱼类（魟鱼、鲸鲨）相伴，或在水母附近活动。

领航鱼（又名：舟鰤）

PILOTFISH *Naucrates ductor*

分布：环热带海域。

大小：最长达 75 厘米。

栖息地：远洋，常与大型鲨鱼或魟鱼相伴。

生活习性：体表为银色，有 5~7 道黑色条纹，常聚成小群，与鲨鱼等自由活动的大型大洋鱼类“乘”压力波前行。偶尔能见到幼鱼在水母附近游动，在水母有毒的触须中寻求庇护，这种有趣的行为在几种鲹科幼鱼身上很常见。

游鳍叶鲹

YELLOWTAIL SCAD *Atule mate*

分布：印度洋-太平洋热带海域。

大小：最长达 30 厘米。

栖息地：沿海礁石、海湾、红树林，栖息深度为 2~30 米。

生活习性：常见，常结成小群活动，在沙质或泥质海底快速游动、捕食。体形细长，体表为银色，尾部为黄色。有许多相似物种，都栖息于沿海浅水区的浑浊水域。经常被捕捉食用。

聚焦——群居生活

为了避开巡游的捕食者，有更好的交配机会，更容易地找到食物，有 1/4 的海洋鱼类群居生活。但是，成功的群居生活需要特殊的策略。

潜水员经常遇到由几千条鱼组成的鱼群，这么多鱼聚集在一起的场面震撼、壮观，世界上的其他自然奇观很少能有如此强烈的视觉冲击力。如今，地球上能欣赏单一物种聚集在一起的盛况的地方只剩海洋了。但是，人们还能欣赏多久呢？鱼类为了不同的目的——捕食、逃避捕食者、繁殖或者迁徙——而群居生活。它们聚集在一起时非常壮观，但是如今这种生活方式对鱼类来说通常也非常危险：随着超声波探深装置的出现，商业捕鱼船队一网就能捕捞数千条鱼。不过，这种群居策略仍然提高了个体在自然界中以及在竞争激烈的珊瑚礁中的存活几率。弱小的物种会采用这种策略，大体形的高效捕食者也会采用这种策略。一半以上的海洋鱼类的幼鱼群居生活，至少有 1/4 的成鱼仍然采用这种方式生活，这绝不是偶然现象。在向海礁石间巡游的远洋捕食者——尤其是海豚、鲹鱼、金枪鱼和魣鱼，以及（偶尔）许多种鲨鱼也经常采用群体策略捕食猎物。有条不紊地围住猎物之后，它们协调而精准地发起攻击。然而，一个大型捕食者集中精力攻击由数以千计的个体构成的“活墙”中的一个猎物可不是件简单的事，在运动的瞬间，“活墙”中的个体配合得天衣无缝。事实上，大鱼群最令人惊诧的就是个体与个体之间的动作配合得异常默契，在某种程度上鱼群就是一条巨大无比的“超级鱼”。最新的研究表明，鱼身上的“侧线”发挥着重要作用：这条气孔线沿着鱼的身体两侧水平分布，能够感知周围环境的压力的微妙变化。群居鱼类的另一特征是体色为反光的金属色。在水下看时，这种色调会随着鱼与环境光影响范围的位置关系的变化发生偏振。

六带鲹常在安静的水域聚居

多棘马夫鱼鱼群是印度洋海域的常见景观

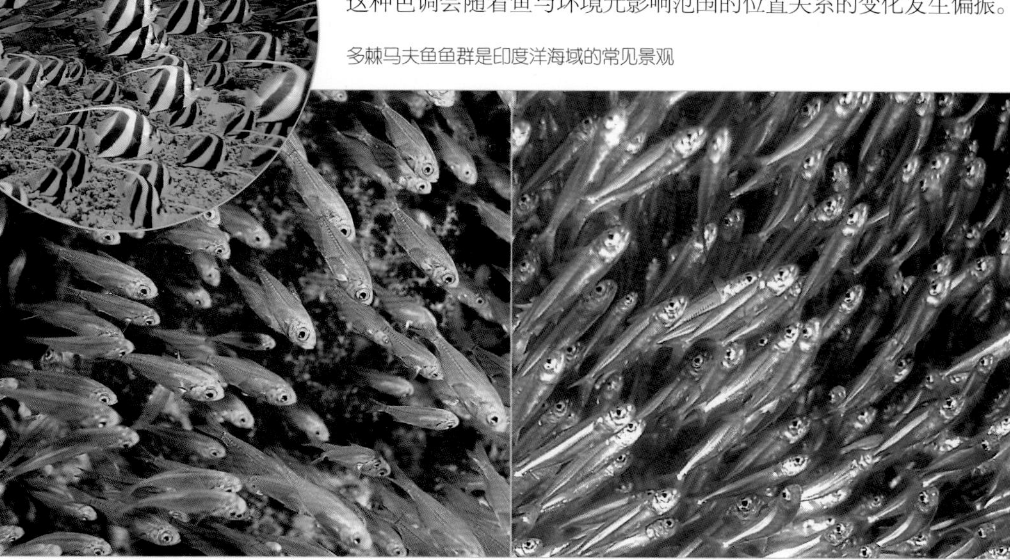

密集地聚集在一起的玻璃鱼常见于洞穴内

上千条银汉鱼聚集在一起避免被捕食

大群竹夹鱼和银汉鱼常被发现栖居于突堤下的阴暗水域

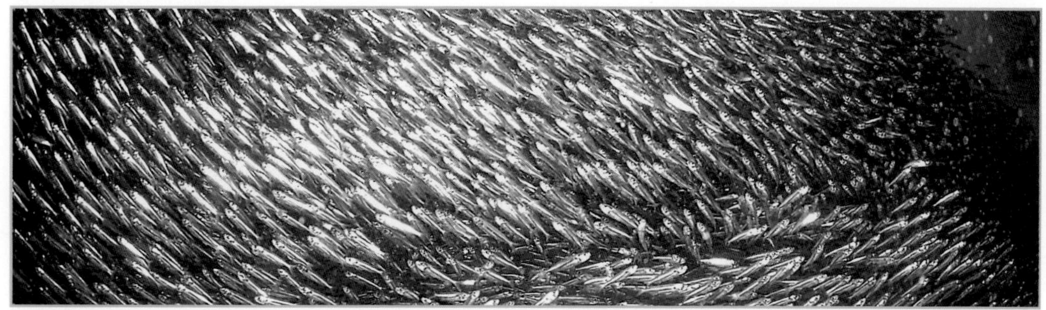
光的偏振帮助鱼群迷惑捕食者

一群鲹鱼在攻击密集的银汉鱼鱼群

转瞬之间，鱼群的银色光帘会变成令人迷惑、模糊不清的光雾。因此，受到一个或者更多捕食者攻击的鱼群会快速地斜向运动，猛然改变路线来迷惑捕食者。鱼群在捕食者周围被打开一个缺口时，保持密集队形的方法是在另一侧立即聚合。捕食者为了捕获猎物必须集中精力盯住行动最慢的个体，最慢者通常被甩到群体的边缘，或者捕食者必须以闪电般的速度钻进鱼群，单纯用冲击力震慑鱼群，选择受伤的或眩晕的个体下手。人们认为长尾鲨用细长的尾鳍上叶当鞭子，先把猎物驱赶到一起，然后用上叶猛力抽击密集的鱼群，以杀死猎物或使猎物受伤（但是必须说明的是这种行为尚无文献记载）。有一些物种只在白天休息时聚集在一起，夜间捕食时就会散开。

六带鲹常聚成有急弯的龙卷风状队形

笛鲷科 SNAPPERS *Lutjanidae*

该科很大，非常重要，全世界共有 17 属、100 多种，包括一些最常见的热带珊瑚礁鱼类。可见于各种栖息地——幼鱼似乎喜欢微咸水，甚至淡水——常单独或者聚成大群活动，通常在海底附近。该科鱼类是非常活跃的捕食者，以各种底栖生物为食。因肉质坚实、味道可口而被人类捕食，然而，体形较大、年龄较大的物种常导致人类发生肉毒鱼类中毒现象，因为它们的食物链中有栖息在死珊瑚上的有毒涡鞭毛藻（毒性甘比尔鞭毛虫）。

水下摄影提示：很常见，不难拍。如果慢一点儿，小心一些，你通常可以跟它们靠得很近，它们常聚成一群。中焦镜头（24~50 毫米）或者广角镜头（20 毫米）均可。

SMALLTOOTH JOBFISH *Aphareus furca*

叉尾鲷

分布：从印度尼西亚到澳大利亚大堡礁的印度洋-太平洋中海区热带海域。

大小：最长达 80 厘米。

栖息地：礁石和岩石质海底，栖息深度为 10~100 米。

生活习性：可以从细长的体形、鳃盖上的深色条纹和深叉状尾鳍辨认出它们。游速快，食量大，非常害羞，潜水员很难接近。

DOG SNAPPER *Lutjanus jocu*

白纹笛鲷

分布：从美国马萨诸塞州到佛罗里达州、加勒比海、百慕大群岛和巴西的大西洋海域。

大小：最长达 90 厘米。

栖息地：岩石海底、沉船残骸，栖息深度为 10~30 米。

生活习性：偶见于阴暗水域，在悬垂物下面或沉船残骸里面。可以从眼睛下面浅色的三角区域辨认出它们。非常机警，被接近时，总是与潜水员保持距离。

SCHOOLMASTER *Lutjanus apodus*

八带笛鲷

分布：从美国马萨诸塞州到百慕大群岛、加勒比海、墨西哥湾和巴西南部的大西洋西部热带海域，大西洋东部。

大小：最长达 60 厘米。

栖息地：浅水区的礁顶，栖息深度为 3~25 米。

生活习性：常被发现聚成小群栖息于大的珊瑚枝杈间或者大海扇中。体表为银色或红铜色，眼睛为红铜色，鱼鳍为亮黄色。通常很机警。

隆背笛鲷

HUMPBACK SNAPPER *Lutjanus gibbus*

分布：从红海到新喀里多尼亚的印度洋－太平洋热带海域。

大小：最长达 50 厘米。

栖息地：潟湖、河口或者礁坡，栖息深度为 1~150 米。

生活习性：单独活动（通常为鱼龄大的成鱼）或者大群静止不动地聚集在一起。体色多变，通常为灰色或红色；尾巴为红褐色，尾叶为圆形，背部呈明显的拱形；胸鳍根部有一个亮橘黄色斑点。

千年笛鲷

RED EMPEROR SNAPPER *Lutjanus sebae*

分布：印度洋－太平洋热带海域。

大小：最长达 1 米。

栖息地：深水区的沙质海底，栖息深度为 30~100 米。

生活习性：单独活动，很容易从体表红褐色和白色相间的鲜艳条纹辨认出它们，生活在极深水域的年龄较大的鱼会变成深红色。幼鱼有非常清晰的斑点，常见于沙质或泥质海底的长刺海胆中。

四带笛鲷

BLUESTRIPE SNAPPER *Lutjanus kasmira*

分布：印度洋－太平洋热带海域。

大小：最长达 35 厘米。

栖息地：各种栖息地均有发现，从沿海礁石、外围礁石的礁顶到深水区，栖息深度为 5~265 米。

生活习性：通常被观察到在珊瑚头静止聚成壮观的大鱼群，面向洋流。体表为亮黄色，有四条霓虹蓝细条纹；腹部为白色。夜间捕食时，鱼群会散开。

胸斑笛鲷

SPANISH FLAG SNAPPER *Lutjanus carponotatus*

分布：从印度到巴布亚新几内亚，从中国南部到大堡礁的印度洋－太平洋中海区海域。

大小：最长达 40 厘米。

栖息地：沿海礁石和潟湖，栖息深度为 1~35 米。

生活习性：单独活动，或松散地聚集在礁顶，常靠近遮蔽物。体表为白色，有 5~9 道黄色或褐色的细条纹；胸鳍根部有黑斑。

双斑笛鲷

TWO-SPOT SNAPPER
Lutjanus biguttatus

分布：从马尔代夫到澳大利亚大堡礁和斐济的印度洋-太平洋热带海域。

大小：最长达 20 厘米。

栖息地：沿海礁石、斜坡和潟湖，栖息深度为 5~30 米。

生活习性：通常被观察到聚成小群活动，偶尔在台面珊瑚间聚成大群。体形细长，背部为灰色，体侧为浅红色；背部有两三个白点，体侧有一道很宽的亮白色条纹；鱼鳍为亮黄色。

画眉笛鲷

BROWNSTRIPE SNAPPER
Lutjanus vitta

分布：印度洋-太平洋热带海域。

大小：最长达 40 厘米。

栖息地：潟湖、沿海礁石或珊瑚群之间的沙质区域，栖息深度为 10~40 米。

生活习性：通常单独或聚成小群活动。体表泛白或为银色，背部为黄色，从眼睛到尾巴根部有褐色或浅黑色细条纹。幼鱼偶见于海葵附近。

单斑笛鲷

ONESPOT SNAPPER
Lutjanus monostigma

分布：从红海到法属波利尼西亚和新喀里多尼亚的印度洋-太平洋热带海域。

大小：最长达 60 厘米。

栖息地：隐蔽水域的外围礁石，栖息深度为 5~60 米。

生活习性：体形大，体表为银色，通常特征不明显，有黄色的鱼鳍。单独或松散地聚成小群活动。体形大而强壮的珊瑚礁捕食者，常见于洞穴或沉船内。和大多数大型笛鲷一样，非常机警，在水下不易接近。

蓝带笛鲷

BUTTON SNAPPER
Lutjanus boutton

分布：从印度尼西亚到菲律宾和巴布亚新几内亚的印度洋-太平洋中海区。

大小：最长达 30 厘米。

栖息地：沿海礁石和潟湖，栖息深度为 5~50 米。

生活习性：单独活动或静止聚成一大群，夜间散开。体表为黄色或浅褐色，鱼鳍为红褐色，但是和许多其他物种一样，颜色能在几秒内变浅或变深。通常没有任何特殊标记。

焦黄笛鲷

分布：从红海到法属波利尼西亚和澳大利亚东南部的印度洋－太平洋热带海域。

大小：最长达 40 厘米。

栖息地：沿海礁石、潟湖和外围斜坡，栖息深度为 6~40 米。

生活习性：体表从银色渐变到浅黄色，尾鳍和第二背鳍为黑色，有浅蓝色边缘，胸鳍、腹鳍和臀鳍呈黄色。该物种分布广泛，偶见于深水区的洞穴中和隐蔽的礁石附近。幼鱼生活在微咸水中或河口。

白斑笛鲷

分布：从红海到澳大利亚和法属波利尼西亚的印度洋－太平洋热带海域。

大小：最长达 75 厘米。

栖息地：潟湖和外围礁石，栖息深度为 5~150 米。

生活习性：体形大、特征明显、令人印象深刻的捕食者。体表为红色或浅红灰色，非常健壮，有黄色的大眼睛。硕大的口中有坚固的犬齿状牙齿。常见于深水区，单独或聚成大群活动。经常被人类捕食，但是体形和年龄较大的个体可能有毒。

斜带笛鲷

分布：从印度到印度尼西亚西巴布亚省的印度洋－太平洋中海区热带海域。

大小：最长达 30 厘米。

栖息地：沿海礁石和外围礁石的礁顶，栖息深度为 3~30 米。

生活习性：体表有特征明显的格状花纹，白底上有许多互相交叉的黑褐色条纹；尾巴根部有一个黑色斑点。单独或小群活动于礁顶，栖息于台面珊瑚间。

星点笛鲷

分布：从日本南部到中国香港的太平洋亚洲亚热带海域。

大小：最长达 55 厘米。

栖息地：沿海珊瑚礁和岩礁中，栖息深度为 5~50 米。

生活习性：在分布区很常见，但是仅限于分布区的局部地区。体表为银色或红铜色，鱼鳍为黄色，侧线以上、背鳍第一根软鳍条以下通常可见一个白点。单独或小群活动，潜水员和摄影师一般对其不太感兴趣。

FIVE-LINE SNAPPER *Lutjanus quinquelineatus*

五带笛鲷

分布：从波斯湾到澳大利亚的印度洋-太平洋热带海域。

大小：最长达 40 厘米。

栖息地：沿海礁石、潟湖和外围礁石斜坡，栖息深度为 2~40 米。

生活习性：通常能看到几百条鱼聚集在珊瑚礁顶部，成群旋转。体表为黄色，有五条霓虹蓝细条纹，后背通常有黑斑。在水下易与四带笛鲷混淆，四带笛鲷的身体两侧有四道蓝色条纹，而不是五条。

BIGEYE SNAPPER *Lutjanus lutjanus*

带纹笛鲷

分布：从红海和东非到所罗门群岛，从日本南部到澳大利亚的印度洋-太平洋热带海域。

大小：最长达 30 厘米。

栖息地：沿海礁石和斜坡，栖息深度为 10~90 米。

生活习性：体表为银色，从眼睛到黄色的尾巴处有黄色或橘黄色条纹；条纹下方有几道黄色细线。通常能见到几百条鱼聚成大群活动，偶尔（如图）与其他常见笛鲷混杂在一起。

MIDNIGHT SNAPPER *Macolor macularis*

斑点羽鳃笛鲷

分布：从马尔代夫到新喀里多尼亚的印度洋-太平洋热带海域。

大小：最长达 60 厘米。

栖息地：外围礁石的岩壁、断层，栖息深度为 5~50 米。

生活习性：常被发现聚成大群活动，很少单独活动，通常白天不活动。体表颜色较浅，为浅灰黄色，斑点杂乱；大眼睛为金黄色。幼鱼有较宽的黑白相间的条纹和细长的腹鳍。

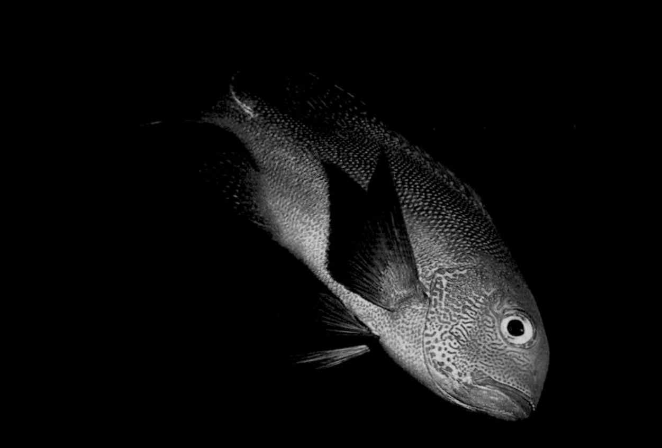

CHINAMANFISH *Symphorus nematophorus*

丝条长鳍笛鲷

分布：从日本南部到澳大利亚北部和新喀里多尼亚的印度洋-太平洋中海区。

大小：最长达 80 厘米。

栖息地：沿海礁石，栖息深度为 5~50 米。

生活习性：体表为浅褐色或橄榄色，有许多不规则的蓝色细条纹。背鳍通常呈须状。颜色能在几秒内变浅或变深。单独或小群活动，被捕捞食用，但是通常有毒。

帆鳍笛鲷

分布：从印度尼西亚到新喀里多尼亚的印度洋–太平洋中海区热带海域。

大小：最长达 60 厘米。

栖息地：开阔的沙质海底的外围礁石，常靠近珊瑚丛，栖息深度为 5~60 米。

生活习性：外表漂亮，容易辨认。体表由浅黄色渐变到亮黄色，上面有许多不规则的浅蓝色细条纹。成鱼的额头轮廓几乎垂直。亚成鱼、幼鱼的背鳍尖端拖着很长的细丝。

飞鱼科 FLYING FISHES *Exocoetidae*

该科非常有趣，约有 7 属，多生活在浅海和环热带海域。该科鱼类体表为银色，有鱼雷状体形、较大的尾鳍下叶和极长的翅膀状胸鳍，这些使它们能跳出水面，在海面上滑翔很远，逃避捕食者的袭击。

水下摄影提示：经常能在潜水船船首看到在海面巡游的成鱼，但是如果运气不好是拍不到的。热带风暴结束后，偶尔能见到很小的幼鱼（如下图中的物种）小群聚集在沿海海面上活动，它们看起来像热带蝴蝶，异常有趣，但很难拍摄。

燕鳐鱼

分布：环热带海域。

大小：最长达 27 厘米。

栖息地：海面以下，通常在近海。

生活习性：成鱼为鱼雷状、银色，胸鳍为银蓝色。幼鱼有四个非常大的色彩艳丽的胸鳍和腹鳍，使它们从上面看起来很像热带蝴蝶。常见于潜水船附近，在海面“飞跃”巡游，水下很少见到。

金线鱼科 CORAL BREAMS *Nemipteridae*

该科很小，约有 5 属、65 种，有几个物种只栖息于深水区。金线鱼体形都很小，它们是很普通的底栖鱼类，习惯夜间活动，白天通常被观察到在沙滩或珊瑚间休息，不太活动，靠近海底，常松散地聚集在一起。很常见，但因其色彩不艳丽、外形不怪诞，常被潜水员或摄影师忽视。

水下摄影提示：很常见，易接近，但因其色彩柔和、外观普通，常被潜水员或摄影师忽视。拍摄该科鱼类时，使用 105 毫米或 60 毫米的镜头能拍出理想效果。注意，人造光会使它们原本就很浅的体色变得更浅。

DOUBLE WHIPTAIL
Pentapodus emeryii

艾氏锥齿鲷

分布：从印度尼西亚到菲律宾和澳大利亚的印度洋-太平洋中海区。

大小：最长达 35 厘米。

栖息地：基底为淤泥质的沿海礁石，栖息深度为 2~35 米。

生活习性：体形细长，体表为蓝色或浅紫色，背部或体侧有黄色细条纹。吻部尖，尾巴呈半月形，有细长的尾叶。常在沙质或泥质海底上方游动，在开阔水域觅食。该物种可能是该科最漂亮的。

BRIDLED MONOCLE BREAM
Scolopsis bilineata

双线眶棘鲈

分布：从马尔代夫到新喀里多尼亚的印度洋-太平洋热带海域。

大小：最长达 25 厘米。

栖息地：沙质和碎石海底，栖息深度为 5~25 米。

生活习性：深灰色背部和白色肚皮被黑边白色的新月形花纹分隔开；头上有黄色条纹。单独或聚成松散的小群在海底附近活动；白天不爱活动，偶尔含一口沙子，滤食小的底栖无脊椎动物。在分布区很常见。

PEARLY MONOCLE BREAM
Scolopsis margaritifera

珠斑眶棘鲈

分布：从印度尼西亚苏门答腊岛到密克罗尼西亚和澳大利亚北部的太平洋西部海域。

大小：最长达 25 厘米。

栖息地：沙质和碎石海底，栖息深度为 2~25 米。

生活习性：体表呈珍珠灰色，体侧下部通常有成排的小黄点；单独或小群活动，总是悬停在海底和藏匿处附近。以各种小型底栖无脊椎动物为食。

MONOGRAM MONOCLE BREAM
Scolopsis monogramma

单带眶棘鲈

分布：从苏门答腊岛到巴布亚新几内亚和澳大利亚的太平洋西部海域。

大小：最长达 38 厘米。

栖息地：潟湖的沙质和碎石底部，栖息深度为 2~50 米。

生活习性：体表为浅灰色，两眼之间有一道浅蓝色条纹；尾巴为黄色，边缘为浅蓝色；体侧通常有细长的褐色斑点。偶见于海底附近隐蔽的安静水域。以底栖无脊椎动物为食。

潜水员和尖翅燕鱼，印度尼西亚，西巴布亚省，拉贾安帕群岛

大眼鲳科 SILVER BATFISHES *Monodactylidae*

该科很小，分布于热带海域，有 3 属，仅有 5 种。大眼鲳——英文通用名为“Silver Batfishes、Diamondfish 或 Fingerfish”——通常栖息于微咸水河口，常冒险进入淡水和海洋。大眼鲳为群居鱼类，栖息于非洲、东南亚和澳大利亚的沿海水域。体色均为银色，体高，为圆盘状，体形侧扁，头和嘴都很小；眼睛大，眼睛上有一条黑带。背鳍和臀鳍为绿色和橘黄色，两者的颜色几乎为互补色。

水下摄影提示：大眼鲳常密集地成群聚集在突堤附近，虽然它们的颜色不是很艳丽，但是强烈的阳光照在鱼背上的场景也非常赏心悦目，因为它们的外形和反光的银色体表能构成有趣的图案。

SILVER BATFISH *Monodactylus argenteus*

银大眼鲳

分布：从红海和东非到密克罗尼西亚，从日本南部到澳大利亚的印度洋-太平洋热带海域。

大小：最长达 27 厘米。

栖息地：基底为淤泥质的沿海礁石、河口和微咸水，栖息深度为 1~10 米。

生活习性：单独活动，体形似钻石，侧扁，有浅绿色背鳍、黄色腹鳍，或者有黄色背鳍、浅绿色腹鳍。常被发现密集地聚集在突堤或海港附近，以漂浮的藻类和浮游动物为食。

裸颊鲷科 EMPERORS *Lethrinidae*

中等规模，分布于热带海域，约有 5 属、39 种。体形为中型至大型，是颜色单调的海底捕食者，常悬停在海底附近或者开阔水域中，白天多静止不动。单独或小群活动，经常被人类捕捞，但像食物链顶端的大多数礁石中的捕食者一样，该科物种通常有毒（和它们的近亲鲷鱼一样）。

水下摄影提示：大多数时间很机警，体表为朴素的银色，有着这种外观的鱼类并不是受欢迎的拍摄对象。它们不允许被靠得太近，中焦镜头（24~50 毫米）是最佳选择。

STRIPED LARGE-EYE BREAM *Gnathodentex aureolineatus*

金带齿颌鲷

分布：从东非到日本和澳大利亚的印度洋-太平洋热带海域。

大小：最长达 30 厘米。

栖息地：沿海礁石、潟湖和外围礁石的断层，栖息深度为 3~20 米。

生活习性：体表为银灰色或浅褐色，体侧有一排小黄点，后背部靠近第二背鳍根部的地方有鲜艳的聚光灯状的黄色斑点。常大群静止聚集在礁顶上，多和其他物种混杂在一起。

单列齿鲷

分布：从红海到法属波利尼西亚、澳大利亚和新喀里多尼亚的印度洋–太平洋热带海域。

大小：最长达 60 厘米。

栖息地：断层附近的沿海礁石和外围礁石，栖息深度为 1~60 米。

生活习性：体形粗短，体表为银色或浅灰色，头部略带黄色。白天常聚成大群，夜间散开，到更深的水域捕食。

灰裸顶鲷

分布：从安达曼群岛到日本南部的印度洋–太平洋东部海域。

大小：最长达 35 厘米。

栖息地：沙质和珊瑚碎石海底，栖息深度为 15~80 米。

生活习性：体形侧扁，体表为银灰色，有许多不规则的浅褐色条纹。单独或小群活动，常被潜水员忽视。夜间捕食，以底栖无脊椎动物为食。

桔带裸颊鲷

分布：从红海到日本、密克罗尼西亚和新喀里多尼亚的印度洋–太平洋西海区。

大小：最长达 50 厘米。

栖息地：海草床，碎石海底的沿海礁石，栖息深度为 2~30 米。

生活习性：体表为浅灰色，胸鳍根部至尾部有黄色条纹；其他特征无描述。单独或小群活动于海草之间。和大多数裸颊鲷一样，以底栖无脊椎动物和小鱼为食。

小齿裸颊鲷

分布：从红海到巴布亚新几内亚的印度洋–太平洋热带海域。

大小：最长达 70 厘米。

栖息地：靠近断层的沿海沙质斜坡和礁块，栖息深度为 5~30 米。

生活习性：体形细长，吻长而尖。从眼睛到嘴有深色放射形条纹。体表一般为浅色，但是能在觅食或害怕时迅速变出斑点图案。以各种底栖无脊椎动物为食。通常非常机警，人类难以靠得很近。

丽鳍裸颊鲷

分布：从东非到法属波利尼西亚和澳大利亚大堡礁的印度洋－太平洋热带海域。

大小：最长达 70 厘米。

栖息地：深潟湖和外围礁石的断层，栖息深度为 15~120 米。

生活习性：体形大，短胖；头部为灰色或浅蓝色，身体为暗灰色，鱼鳍为浅黄色。单独活动，不常见；偶见靠近断层，很容易从硕大的体形辨认出它们。非常害羞，不易接近。

长鳍裸颊鲷

分布：从东非到巴布亚新几内亚的印度洋－太平洋热带海域。

大小：最长达 50 厘米。

栖息地：礁顶、潟湖和珊瑚碎石坪，栖息深度为 2~25 米。

生活习性：可能是色彩最艳丽的裸颊鲷，很容易从锈红色或橄榄色的体表、尾巴根部的浅色条纹辨认出它们。头部有红色和黄色斑点，但是颜色多变，短时间内能变浅或变深。单独活动于海底，以各种底栖无脊椎动物和小鱼为食。

尖吻裸颊鲷

分布：从红海到密克罗尼西亚、澳大利亚和新喀里多尼亚的印度洋－太平洋西海区热带海域。

大小：最长达 1 米。

栖息地：潟湖和外围礁石，栖息深度为 1~190 米。

生活习性：体形细长，体表为灰色或橄榄色，常带有浅色斑点，吻尖而长；是该科最大的物种。常单独活动，在海底附近活跃地游动，巡游觅食。体形大，在水下没有可供辨认的明显标记。

梅鲷科 FUSILIERS *Caesionidae*

该科有 4 属，约有 20 种，主要栖息于印度洋－太平洋热带海域，被商业船队捕捞了成千上万条。该科与笛鲷科关系密切。游速快，体形很小，为鱼雷状，常聚集成大群快速游动，以浮游生物为食。通常色彩很艳丽，在水下不太容易辨认，但是非常漂亮。

水下摄影提示：因为梅鲷具有群居、游速快的习性，所以要用广角镜头拍摄鱼群，而不是拍摄个体。拍摄的最佳时机是捕食者（如鲹鱼）发动攻击穿进庞大的鱼群时。

六孔胡椒鲷，印度尼西亚，西巴布亚省，拉贾安帕群岛

黑带鳞鳍梅鲷

BLUESTREAK FUSILIER
Pterocaesio tile

分布：从东非到法属波利尼西亚和新喀里多尼亚的印度洋－太平洋热带海域。

大小：最长达 25 厘米。

栖息地：清澈水域的沿海礁石和外围礁石的礁坡、礁壁，栖息深度为 2~60 米。

生活习性：最常见的梅鲷科物种之一，很容易从银蓝色体表、体侧宽宽的色彩斑斓的蓝色条纹辨认出它们。夜间藏在珊瑚间睡觉时，身体的下半部会变成亮红色。

伦氏鳞鳍梅鲷

RANDALL'S FUSILIER
Pterocaesio randalli

分布：从安达曼群岛到菲律宾的印度洋－太平洋中海区。

大小：最长达 25 厘米。

栖息地：清澈水域的沿海礁石和外围礁石的礁坡、断层，从海面至 30 米深处。

生活习性：体表为银色或浅蓝色；身体前部有细长的亮黄色斑点，在水下容易辨认。常聚集成大群，与其他梅鲷混杂在一起。以浮游生物为食。

蓝黄梅鲷

YELLOW AND BLUEBACK FUSILIER
Caesio teres

分布：从东非到密克罗尼西亚和澳大利亚大堡礁的印度洋－太平洋热带海域。

大小：最长达 40 厘米。

栖息地：沿海礁石和外围礁石的礁坡、礁壁，从海面至 30 米深处。

生活习性：最大的梅鲷科物种之一，常与该科其他物种混居，聚集成大群。体表为银蓝色，背部到尾部为黄色，胸鳍根部为黑色。以浮游生物为食。

新月梅鲷

LUNAR FUSILIER
Caesio lunaris

分布：从红海到澳大利亚和斐济的印度洋－太平洋热带海域。

大小：最长达 40 厘米。

栖息地：沿海礁石和外围礁石的礁坡、礁壁，从海面至 30 米深处。

生活习性：体形大，常与该科其他物种混居，聚集成大群。体表为银蓝色，尾巴边缘有明显的黑边，在水下容易辨认。被商业船队大量捕捞，可能和其他梅鲷科物种一样，处于严重濒危状态。

褐梅鲷

分布：从红海到密克罗尼西亚和澳大利亚大堡礁的印度洋–太平洋热带海域。

大小：最长达 35 厘米。

栖息地：清澈水域的沿海礁石和外围礁石的礁坡、礁壁，从海面至 30 米深处。

生活习性：体表为银蓝色，头部至尾部有一道明显的黄色条纹。常聚集成大群，与其他梅鲷科物种混杂在一起。可供人类食用，被大量捕捞，可能处于濒危状态。

SCISSORTAIL FUSILIER
Caesio caerulaurea

松鲷科 TRIPLETAILS *Lobotidae*

该科分布于环热带海域，仅有 1 个单种属。目前关于松鲷科的研究很少，可以从圆形的尾鳍和三角形的头部辨认出它们。臀鳍和柔软的背鳍的末端为圆形，使它们看起来好像有 3 条尾巴。幼鱼侧身漂浮——经常在马尾藻海草中——伪装得像一片叶子。成鱼体长可达 1 米。

水下摄影提示：成鱼没有什么奇特之处，不常见。幼鱼是非常有趣的拍摄对象，尤其是当它们侧身漂浮时——特别像叶子——但几乎从未被潜水员发现过。

松鲷

分布：环热带海域。

大小：最长达 1 米。

栖息地：远洋，经常在漂浮物或马尾藻海草下面。

生活习性：行动迟缓，幼鱼通常在海面侧身漂浮。成鱼有鲜艳的浅褐色或浅绿色斑点，幼鱼伪装得特别像枯叶。松鲷是该单种属的唯一物种；有人在从马达加斯加到秘鲁的太平洋东部海域发现了太平洋松鲷。

TRIPLETAIL
Lobotes surinamensis

仿石鲈科 SWEETLIPS *Haemulidae*

该科很大，大约有 18 属、120 多种。大多数物种都是不太活跃的珊瑚礁鱼类，白天常单独或聚集成小群栖息于岩石突出部分下面和悬垂物下面。很容易从大嘴和厚而多肉的嘴唇辨认出成鱼，但是，所有幼鱼与成鱼完全不同，它们以一种疯狂而夸张的波浪式方式游动。

水下摄影提示：色彩艳丽，是非常漂亮的拍摄对象。非常容易接近，单独活动或成群聚集。从侧面能拍到斑斓的色彩和清晰的花纹，但是从正面拍特写或者拍摄 3/4 的头部特写也非常有趣，特别是当它们成群聚集在一起时。

DIAGONAL-BANDED SWEETLIPS *Plectorhinchus lineatus*

条纹胡椒鲷

分布：从印度尼西亚到大堡礁的太平洋西部热带海域。

大小：最长达 60 厘米。

栖息地：外围礁坡和礁坪上的珊瑚密集区，栖息深度为 3~50 米。

生活习性：体表为银白色，有许多黑色斜纹；嘴唇为黄色，背鳍、臀鳍和尾鳍为黄色，上面有黑色斑点。白天常聚成小群悬停在岩石突出部分下面；夜间更活跃，在开阔水域巡游捕食。

ORIENTAL SWEETLIPS *Plectorhinchus vittatus*

东方胡椒鲷

分布：从东非到澳大利亚的印度洋-太平洋中海区。

大小：最长达 85 厘米。

栖息地：洋流充沛的水域的沿海礁石和外围礁石，珊瑚密集的斜坡，栖息深度为 3~50 米。

生活习性：体表为亮白色，有黑色条纹，嘴唇和鱼鳍呈亮黄色；背鳍、臀鳍和尾鳍有斑点。常见于外围礁石，白天经常聚成大群悬停在水中，常面向较强的洋流。夜间鱼群散开，单独捕食。

STRIPED SWEETLIPS *Plectorhinchus lessonii*

少耙胡椒鲷

分布：从马来西亚到新喀里多尼亚的印度洋-太平洋中海区热带海域。

大小：最长达 48 厘米。

栖息地：沿海礁石和外围礁石、潟湖，栖息深度为 1~50 米。

生活习性：体表为白色，背部和体侧有四五道较深的浅褐色条纹。嘴唇为黄色，背鳍、臀鳍和尾鳍为浅黄色，有斑点。不像其他相似物种那么常见，常单独或聚成松散的小群活动。

RIBBON SWEETLIPS *Plectorhinchus polytaenia*

六孔胡椒鲷

分布：从印度尼西亚到巴布亚新几内亚的印度洋-太平洋中海区。

大小：最长达 40 厘米。

栖息地：洋流充沛的水域的沿海礁石，栖息深度为 3~50 米。

生活习性：体表为黄色，有许多白色或浅蓝色黑边细条纹。特征明显，可能是该科最漂亮的物种。常单独或聚成小群活动于岩石突出部分下面或深水区通透的小通道中。

黄斑胡椒鲷

GOLD-SPOTTED SWEETLIPS
Plectorhinchus flavomaculatus

分布：从红海到巴布亚新几内亚的印度洋-太平洋热带海域。

大小：最长达 60 厘米。

栖息地：隐蔽水域基底为淤泥质的沿海礁石，栖息深度为 2~25 米。

生活习性：体表为红铜色或灰色，全身有橘黄色小点，头部有亮蓝色条纹。单独或聚成小群活动，但是在分布区内没有该科其他物种那么常见。

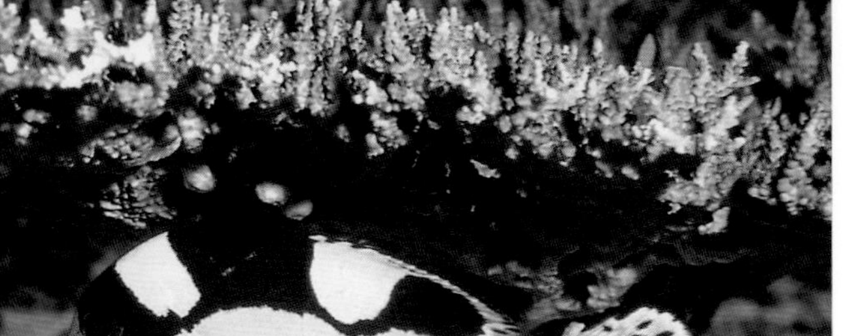

暗点胡椒鲷

MAGPIE SWEETLIPS
Plectorhinchus picus

分布：从塞舌尔到法属波利尼西亚的印度洋-太平洋热带海域。

大小：最长达 85 厘米。

栖息地：沙质海底的外围礁石，珊瑚头间，栖息深度为 10~30 米。

生活习性：成鱼略带白色或呈浅灰色，上面点缀着许多小黑点；亚成鱼（如图）的背部为黑色，肚皮为白色，背部有两个亮白色的鞍状斑，尾巴根部有一个白色的圆圈。常单独活动，罕见。

斑胡椒鲷

MANY-SPOTTED SWEETLIPS
Plectorhinchus chaetodonoides

分布：从马尔代夫到斐济和澳大利亚的印度洋-太平洋热带海域。

大小：最长达 70 厘米。

栖息地：靠近断层的沿海礁石和外围礁石，栖息深度为 10~30 米。

生活习性：最常见的胡椒鲷之一，常单独或小群静止聚集在深水区外围礁石的断层上、岩石突出部分下面或悬垂物下面。体表为浅绿色，白色肚皮上无显著特征，浑身布满许多黑色或黑褐色圆形斑点。

密点胡椒鲷

RED SEA SWEETLIPS
Plectorhinchus gaterinus

分布：从红海到纳塔尔和马达加斯加的印度洋西部海域。

大小：最长达 50 厘米。

栖息地：清澈水域的珊瑚密集的外围礁坡，栖息深度为 3~30 米。

生活习性：体表为银色，有许多小黑斑；尾巴和鳍呈黄色，有黑斑。白天常聚成小群，悬停在鹿角台面珊瑚下。夜间鱼群散开，个体单独捕食。

GIANT SWEETLIPS
Plectorhinchus obscurus

暗色胡椒鲷

分布：从红海到澳大利亚和斐济的印度洋-太平洋热带海域。

大小：最长达 1 米。

栖息地：深水区的沿海礁石和外围礁石，近海礁石，常栖息于沉船残骸中，栖息深度为 20~60 米。

生活习性：最大的胡椒鲷，全身为浅灰色，鳍的尖端颜色略深。常单独活动，偶见于深水区的沉船残骸附近或断层底部。不常见，一般的潜水员很少见到它们。

GOLDSTRIPED SWEETLIPS
Plectorhinchus chrysotaenia

黄纹胡椒鲷

分布：从印度尼西亚到新喀里多尼亚，从日本南部到大堡礁的印度洋-太平洋热带海域。

大小：最长达 50 厘米。

栖息地：珊瑚密集区的沿海礁石，栖息深度为 5~60 米。

生活习性：体表为银蓝色，有许多亮黄色条纹，鱼鳍为亮蓝色。白天单独或小群活动，原来被归类为西里伯斯胡椒鲷。外表相当漂亮，分布局限于分布区，是不常见的胡椒鲷之一。

BLACKTIP SWEETLIPS
Diagramma melanacrum

黑鳍少棘胡椒鲷

分布：印度洋-太平洋中海区，但仅分布于马来西亚、印度尼西亚和菲律宾周边。

大小：最长达 50 厘米。

栖息地：潟湖的沙质底部或者沿海礁石周围，栖息深度为 3~40 米。

生活习性：体表为浅灰色，全身有黑色小点；背鳍和尾鳍为黄色，腹鳍和臀鳍为黑色。在水下很容易辨认，但是文献中尚无描述。

PAINTED SWEETLIPS
Diagramma pictum

密点少棘胡椒鲷

分布：从红海到新喀里多尼亚，从日本南部到澳大利亚的印度洋-太平洋热带海域。

大小：最长达 95 厘米。

栖息地：沿海礁石和潟湖的沙质底部，栖息深度为 5~40 米。

生活习性：体表为钢灰色，有许多橘黄色小点；年龄大的个体几乎为灰色。在有孤立的珊瑚丛的沙质或泥质海底单独或聚成小群活动。

羊鱼科 GOATFISHES *Mullidae*

该科较小，分布于热带、温带海域，有 6 属、35 种，下颌上有一对触须，很容易辨认。体形细长，鳞片很大，鱼鳍呈三角形，尾鳍分叉。单独活动，或聚成“散乱”的鱼群快速游动，用下颌上的触须在海底疯狂地挖掘，觅食小型无脊椎动物。隆头鱼常跟它们在一起，有时体形小的鲹鱼甚至也会趁机跟着它们捕食。

水下摄影提示：总是在海底附近活动，不易拍摄。必须充分利用它们在捕食过程中的频繁短暂停顿来拍照（出现极好的拍摄机会时，总有一些隆头鱼抢镜）。夜间更容易接近，但是注意，它们在睡觉时颜色甚至图案都会发生巨大变化。

无斑拟羊鱼

YELLOWFIN GOATFISH *Mulloidichthys vanicolensis*

分布：从红海到夏威夷和复活节岛的印度洋－太平洋热带海域。

大小：最长达 38 厘米。

栖息地：沿海礁石、潟湖、外围礁坡，栖息深度为 5~100 米。

生活习性：体表为青白色，鱼鳍和背部为黄色，眼睛至尾巴根部有一条黄色细条纹。白天通常被观察到聚集成大群，静止不动，常与笛鲷混杂在一起，夜间觅食时鱼群会散开。

三带副绯鲤

DOUBLEBAR GOATFISH *Parupeneus trifasciatus*

分布：从印度尼西亚到日本和澳大利亚的印度洋－太平洋中海区。

大小：最长达 35 厘米。

栖息地：外围礁石和沿海礁石、斜坡、潟湖，栖息深度为 1~140 米。

生活习性：颜色多变，能快速从白色变为紫色。第二背鳍根部和尾柄上总是有橘黄色斑点和黑色短条纹。常单独或小群活动，在海底休息。

圆口副绯鲤

GOLDSADDLE GOATFISH *Parupeneus cyclostomus*

分布：从红海到法属波利尼西亚的印度洋－太平洋热带海域。

大小：最长达 50 厘米。

栖息地：沿海礁石和外围礁石、潟湖、斜坡，栖息深度为 1~100 米。

生活习性：颜色非常多变，通常有浅紫色、灰色或黄色（图中为黄色）。眼睛周围有放射状条纹，紫色物种的尾柄上有黄色鞍状斑。体形大，偶尔被观察到聚成大群快速游动。

MANYBAR GOATFISH *Parupeneus multifasciatus*

多带副绯鲤

分布：从印度尼西亚到夏威夷和澳大利亚的印度洋－太平洋中海区。

大小：最长达 30 厘米。

栖息地：珊瑚礁底部附近的珊瑚碎石区和沙质海底，栖息深度为 1~140 米。

生活习性：体表为浅灰色、浅黄色或浅紫色，身体的后半部有两道黑条纹，偶尔有白色条纹。常单独活动，白天捕食活跃，以小型底栖无脊椎动物为食。

DASH-DOT GOATFISH *Parupeneus barberinus*

条斑副绯鲤

分布：从东非到波利尼西亚、日本和澳大利亚的印度洋－太平洋热带海域。

大小：最长达 50 厘米。

栖息地：沙质、碎石海底的沿海礁石和潟湖，栖息深度为 5~100 米。

生活习性：体表为白色，背部为灰色或黄色，眼睛至第二背鳍处有一道黑色条纹，尾巴根部有一个圆点。常单独或小群活动，捕食活动活跃，以底栖无脊椎动物为食，在把它们驱赶得到处逃窜时捕食。

FRECKLED GOATFISH *Upeneus tragula*

黑斑绯鲤

分布：从东非到日本和新喀里多尼亚的印度洋－太平洋热带海域。

大小：最长达 30 厘米。

栖息地：沿海礁石的沙质和碎石底部，栖息深度为 1~30 米。

生活习性：体表为黄褐色或发白，有深褐色花纹，能迅速变成亮红色；背鳍尖端有亮砖红色斑点，身体中间有一道深色条纹。常聚成小群活动，在海底休息或觅食。

大海鲢科 TARPONS *Elopidae*

该科很小，只有 1 属、5 种，下图中的物种与潜水员关系最密切。该科物种主要是大洋鱼类，但是常进入河口和淡水区域，尤其是幼鱼。大多数物种在全世界的热带和亚热带海域都出现过。身体为纺锤状，呈椭圆形，稍微侧扁。眼睛很大，部分被多脂肪的眼皮覆盖着。嘴长得很奇怪，上颌翘到眼睛的上边缘，下颌突出。

水下摄影提示：体形大，很容易拍摄。游动慢，小心谨慎的游泳者可以游到鱼群内部，与单条鱼靠得很近。然而，拍好它们反光强烈的片状鱼鳞需要小心地平衡人造光和自然光。

大西洋大海鲢

分布：从美国弗吉尼亚州到佛罗里达州、百慕大群岛、加勒比海和巴西的大西洋海域。

大小：最长达 2.4 米。

栖息地：清澈水域中沿海礁石的峡谷和裂缝，海面至 12 米深处。

生活习性：特征明显，体形很大，细长，体表像镀了铬，尾巴为镰刀状，嘴向上翘起。白天常在洞穴里聚成大群。不害怕人，在不被打扰的情况下，允许人们靠得很近。

单鳍鱼科 SWEEPERS *Pempheridae*

该科非常小，有 2 属，大约有 20 种，分布于热带至温带海域。常单独（一般为单鳍鱼属物种）或大群——数千条半透明的鱼——栖息于洞穴中或悬垂物下，同步游动时产生的声音清晰可辨。夜间鱼群散开，个体单独到开阔水域活动。

水下摄影提示：在水下，单鳍鱼非常适合用广角镜头拍摄，密集的大鱼群非常壮观。拍摄单一个体也同样有趣，用微距镜头拍摄时很容易接近它们。但是，一定要注意，它们的身体发亮且会反光。

黑缘单鳍鱼

分布：从红海到菲律宾、瓦努阿图和萨摩亚的印度洋-太平洋热带海域。

大小：最长达 20 厘米。

栖息地：沿海礁石的洞穴中和悬垂物下，栖息深度为 2~30 米。

生活习性：体形侧扁，形似斧头，体表为红铜色，腹部突出，臀鳍边缘为黑色。常单独或结成松散的小群聚集在岩石突出部分下面和悬垂物下，被接近时会躲进阴影中。有好几个相似物种，在水下难以区分。

黑梢单鳍鱼

分布：从东非到菲律宾和澳大利亚大堡礁的印度洋-太平洋热带海域。

大小：最长达 15 厘米。

栖息地：沿海礁石的岩石突出部分下面和悬垂物下，栖息深度为 3~40 米。

生活习性：体表为银色或红铜色，常带有浅绿色和鲜艳的彩虹色色泽。常在悬垂物下聚成松散地小群，被靠近时会躲进阴影中。有好几个相似物种，在水下难以区分。

GOLDEN SWEEPER *Parapriacanthus ransonneti*

副单鳍鱼

分布：从印度尼西亚到新喀里多尼亚的印度洋-太平洋热带海域。红海中有一个非常相像的物种。

大小：最长达 10 厘米。

栖息地：沿海礁石和外围礁石的洞穴中、台面珊瑚下、岩石突出部分下面和悬垂物下，栖息深度为 3~30 米。

生活习性：通常被观察到几千条鱼密集地聚成云状鱼群，在洞穴中或岩石突出部分下面同步游动。身体半透明，有金黄色泽。夜间捕食时，鱼群分散开。

舵鱼科 DRUMMERS *Kyphosidae*

该科很小，有 3 属、10 种。在大西洋沿岸也被称为"雪鲦"，属于沿海浅水区中很普通的珊瑚礁鱼类，主要以漂浮的海藻和无脊椎小动物为食。常聚成大群，当地渔民偶尔会捕捞到它们，但因其味道不好、食用后会产生幻觉，所以会将其扔掉。

水下摄影提示：拍起来不好看，因此不被重视。颜色都很单调，栖息于沿海浅水区，外表平庸。

SNUBNOSE DRUMMER *Kyphosus cinerascens*

天竺舵鱼

分布：从红海和东非到法属波利尼西亚，从日本南部到澳大利亚的印度洋-太平洋热带海域。

大小：最长达 45 厘米。

栖息地：浅水区的沿海珊瑚礁、岩礁，潟湖和礁坪，栖息深度为 1~25 米。

生活习性：体表为灰色或银灰色，后背鳍很圆。常群居于沿海礁石的高能量区，以水中漂浮的海藻为食。

白鲳科 BATFISHES *Ephippidae*

该科很小，但很重要，潜水员最常见到的是燕鱼属物种（有 5 种）。白鲳科鱼类的体形都比较大，高度侧扁，游速很慢，体表为银色，闪闪发光，有黑色条纹。安静，它们聚成大群出现在远洋，令人印象深刻。以海藻、植物和各种小型无脊椎动物为食。

水下摄影提示：非常漂亮，容易接近。它们既单独活动，也成群聚集在一起。充分利用它们的非凡体态和银色体表，在蔚蓝大海的映衬下可以拍出漂亮的照片。但是别忘了环顾四周，看看有没有幼鱼，幼鱼与成鱼截然不同，第 153 页上有该科幼鱼的照片。

圆燕鱼

ROUND BATFISH *Platax orbicularis*

分布：从红海到澳大利亚、日本和新喀里多尼亚的印度洋–太平洋热带海域。

大小：最长达 30 厘米。

栖息地：岩壁和斜坡上的外围礁石，栖息深度为 2~40 米。

生活习性：体形大，高度侧扁，体表为银色，身体前部有两道黑色条纹——一条穿过眼睛，另一条穿过胸鳍。游速慢，安静。从体侧的小黑点就能将其与相似物种区分开。请在第 153 页查看幼鱼照片。

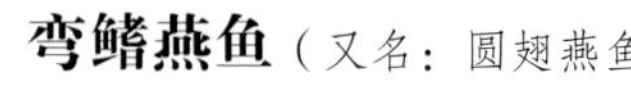

弯鳍燕鱼（又名：圆翅燕鱼）

PINNATE BATFISH *Platax pinnatus*

分布：从苏门答腊岛到所罗门群岛、澳大利亚和新喀里多尼亚的太平洋西部海域。

大小：最长达 37 厘米。

栖息地：沿海礁石和外围礁石，常栖息于沉船残骸中，栖息深度为 2~25 米。

生活习性：没有其他相似物种那么常见。体表为银色，高度侧扁，背鳍和腹鳍比白鲳科其他物种的更细长。吻略微突出，但是很明显。请在第 153 页查看幼鱼照片。

印尼燕鱼

HUMPBACK BATFISH *Platax batavianus*

分布：从马来西亚到巴布亚新几内亚的太平洋西部海域。

大小：最长达 50 厘米。

栖息地：沿海礁石、近海礁石，栖息深度为 15~60 米。

生活习性：不如该科其他物种那么常见。体形很大，外表令人印象深刻。体表为银色，眼睛上有一道黑色条纹，眼睛后面还有一道更淡的条纹，浑身有许多黑点。常单独或结成松散的小群在沿海活动，通常活动于浑浊水域。年龄大的成鱼前额隆起。请在第 153 页查看其幼鱼照片。

尖翅燕鱼

TEIRA BATFISH *Platax teira*

分布：从红海到澳大利亚大堡礁的印度洋–太平洋热带海域。

大小：最长达 40 厘米。

栖息地：外围礁石断层附近的清澈水域，栖息深度为 2~30 米。

生活习性：经常被潜水员见到，通常聚成大群自由游动。体形高度侧扁，体表为银色，鱼鳍为浅黄色，身体前部有两道黑色条纹。在水下可从突出的前额、腹鳍根部后方和上方的明显黑点辨认出它们。

波氏燕鱼

分布：从红海到巴布亚新几内亚的印度洋-太平洋热带海域。

大小：最长达 45 厘米。

栖息地：沿海礁石和外围礁石断层附近的清澈水域，栖息深度为 3~30 米。

生活习性：体表为银色，常带有浅黄色色泽，深色斑纹通常比该科其他物种的颜色更浅些。常密集地聚成大群在断层附近的清澈水域中快速游动。潜水员在水下很容易把该物种与尖翅燕鱼混淆。

画廊——幼鱼

成鱼和幼鱼在体形、花纹和颜色上有很大的不同，这是珊瑚礁鱼类最有趣的现象之一。在许多情况下，两者看起来非常不同，以至于被当成了不同物种（这种情况在科学描述中出现过许多次），好几种有照片记载的小幼鱼还属于未定种——没有人知道其成鱼长什么样，目前还没有它们中间发育阶段的照片或者记载。因为幼鱼非常小，无法保护自己使自己完全避开捕食者，所以它们通常模仿有毒生物（如小石斑鱼、躄鱼，海参会模仿有毒的海蛞蝓）；在其他情况下，它们伪装起来，使自己消失在周围的环境中（如下图中伪装成漂浮的叶片的虾鱼）。

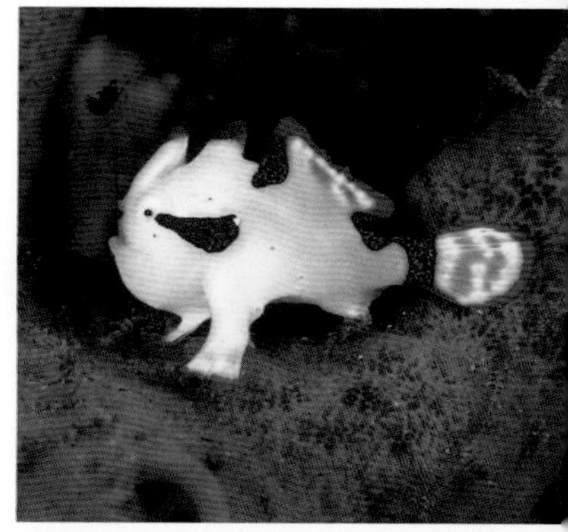

大斑躄鱼（Clown Frogfish），2 厘米，见第 62 页

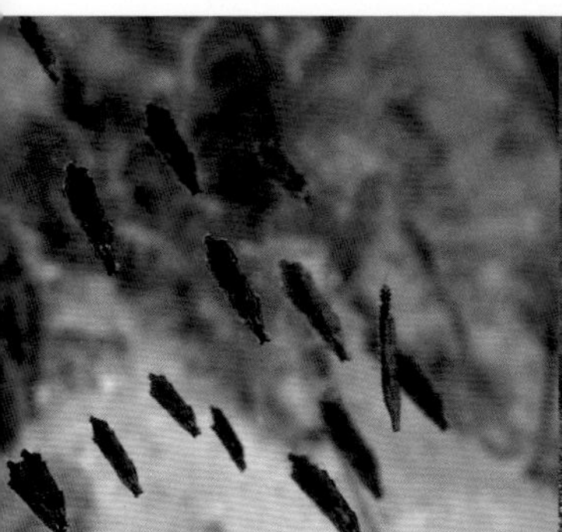

条纹虾鱼（Coral Shrimpfish），0.5 厘米，见第 72 页

长须狮子鱼（Red Lionfish），4 厘米，见第 85 页

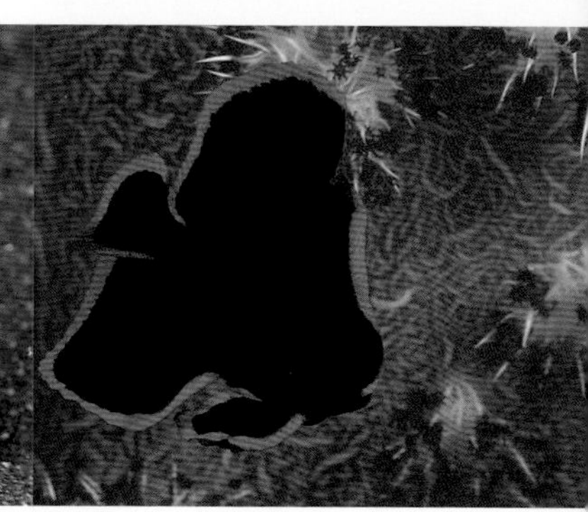

弯鳍燕鱼（Pinnate Batfish），4 厘米，见第 151 页

印尼燕鱼（Humpback Batfish），10 厘米，见第 151 页

圆燕鱼（Round Batfish），20 厘米，见第 151 页

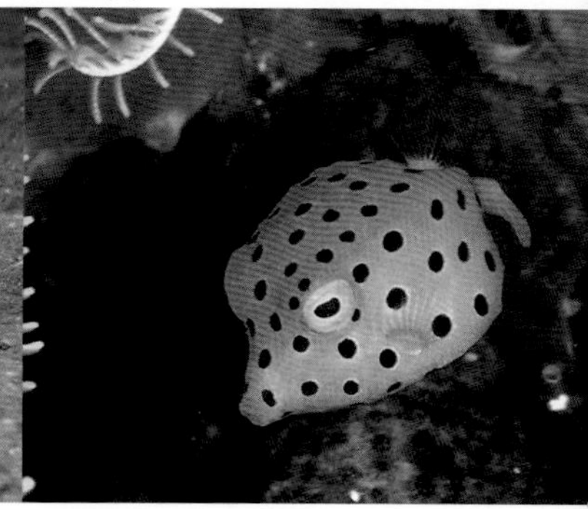

点斑箱鲀（Cube Boxfish），2.5 厘米，见第 267 页

物种不明的箱鲀（Unidentified Boxfish），2.5 厘米，见第 266 页

鳗鲇（Striped Eel Catfish），4 厘米，见第 58 页

帆鳍鲉（Cockatoo Waspfish），2 厘米，见第 91 页

前鳍吻鲉（Weedy Scorpionfish），5 厘米，见第 87 页

细吻剃刀鱼（Ornate Ghost Pipefish），4 厘米，见第 73 页

白尼参（*Bohadschia graeffei*），4 厘米，模仿腔纹叶海蛞蝓，见第 298 页

蓝纹炮弹（Blue Triggerfish），6 厘米，见第 260 页

小丑炮弹（Clown Triggerfish），4 厘米，见第 259 页

黄边炮弹（Yellow-margin Triggerfish），4 厘米见第 260 页

星斑鲀（Starry Pufferfish），6 厘米，见第 269 页

斑高鳍鰔（Spotted Drum），5 厘米，见第 156 页

驼背鲈（Barramundi Cod），4 厘米，见第 105 页

皇后神仙（Emperor Angelfish），9 厘米，见第 172 页

黑褐新箭齿雀鲷（Yellowfin Damsel），4 厘米，见第 179 页

博氏孔鲬（Crocodile Fish），1.3 厘米，见第 94 页

花尾连鳍鱼（Rockmover Wrasse），3 厘米，见第 205 页

露珠盔鱼（Yellowtail Coris），3 厘米，见第 193 页

物种不明的栉鳞鳎（*Aseraggodes* sp.），3 厘米，见第 258 页

物种不明的长鼻鳎（*Soleichthys* sp.），3 厘米，见第 258 页

花点石斑鱼（Highfin Grouper），3.5 厘米，见第 103 页

纹波石斑鱼（Whitestreaked Grouper），6 厘米，见第 103 页

皮屑躄鱼（Painted Frogfish），4 厘米，见第 62 页

指脚䲗（Fingered Dragonet），1.5 厘米，见第 224 页

基氏连鳍䲗（Kuiter's Dragonet），1.3 厘米，见第 225 页

斑胡椒鲷（Many-spotted Sweetlips），5 厘米，见第 145 页

红点绿鹦嘴鱼（Bicolor Parrotfish），4 厘米，见第 210 页

真皂鲈（Greater Soapfish），5 厘米，见第 111 页

石首鱼科 DRUMS *Sciaenidae*

该科很小，但是非常有趣，其中高鳍石首鱼属最有名。石首鱼亦称“鼓鱼”，因为它们能在水中通过震动鱼鳔发出频率低的清晰的声音，在加勒比海很常见，不怕人，很容易接近。高鳍石首鱼属物种外表艳丽、布满条纹，幼鱼及亚成鱼有细长的鱼鳍，该属因此而闻名。

水下摄影提示：一般来说石首鱼并不是很艳丽，但是高鳍石首鱼属物种的幼鱼和亚成鱼是非常有趣而理想的拍摄对象。它们一般不怕人，容易接近，你需要用微距镜头（60~105 毫米）来拍特写。

SPOTTED DRUM *Equetus punctatus*

斑高鳍鯻

分布：从美国佛罗里达州南部到加勒比海的大西洋海域。

大小：最长达 30 厘米。

栖息地：岩石突出部分下面和悬垂物下，栖息深度为 3~30 米。

生活习性：很容易从黑白相间的靓丽花纹、身体前部的条纹和背部的斑点辨认出它们。常在岩石突出部分下面和悬垂物下，按照既定的环形路线一圈一圈地游动，与矛高鳍鯻很像，但是没有那么靓丽。幼鱼照片见第 154 页。

蝴蝶鱼科 BUTTERFLYFISHES *Chaetodontidae*

该科非常大，有 10 属，大约有 120 种，其中某些物种被认为是最漂亮的热带珊瑚礁鱼类。大多数蝴蝶鱼都异常艳丽，常见于礁顶的浅水中，通常终生成对生活或聚成松散的小群活动，以小型无脊椎动物和珊瑚虫为食，用突出的小嘴在珊瑚群中啄食珊瑚虫。该科物种在印度尼西亚海域最多。

水下摄影提示：蝴蝶鱼是珊瑚礁中最漂亮、最艳丽的拍摄对象。它们通常难以驾驭，但是有时却出乎意料地容易接近。它们的行为不可预知，有点儿像蝴蝶。拍摄这种较小的、飘忽不定的、游速快的鱼类必须用微距镜头（60 毫米或 105 毫米）。

FOUREYE BUTTERFLYFISH *Chaetodon capistratus*

四斑蝴蝶鱼

分布：从美国马萨诸塞州到佛罗里达州、百慕大群岛、墨西哥湾和加勒比海的大西洋海域。

大小：最长达 12 厘米。

栖息地：光线明亮的清澈水域中的礁顶，栖息深度为 3~12 米。

生活习性：可能是加勒比海最常见的蝴蝶鱼。体表为银灰色，有许多细细的深色斜纹；身体后部靠近尾巴根的地方有一个带白边的黑色眼斑。常在领地中成对活动，机警，不易接近。

贡氏蝴蝶鱼

YELLOWRIMMED BUTTERFLYFISH *Chaetodon guentheri*

分布： 从苏拉威西岛北部到日本、巴布亚新几内亚和大堡礁的印度洋–太平洋中海区。

大小： 最长达 14 厘米。

栖息地： 珊瑚密集的斜坡和岩礁，栖息深度为 5~40 米。

生活习性： 体表为银白色，有许多黑点，身体上缘和后缘为鲜黄色。不像大多数蝴蝶鱼那么常见，经常单独或聚成松散的小群活动于深水区和凉爽的涌升流附近。

细点蝴蝶鱼

DOTTED BUTTERFLYFISH *Chaetodon semeion*

分布： 从斯里兰卡到印度尼西亚、波利尼西亚和澳大利亚大堡礁的印度洋–太平洋热带海域。

大小： 最长达 24 厘米。

栖息地： 珊瑚密集的沿海礁石和外围礁石，栖息深度为 2~50 米。

生活习性： 体形大，体表呈亮黄色，有横排小点，前额为亮蓝色。后背鳍上有线状细丝。常成对活动于礁顶上和通道中，非常害羞，不像其他普通的蝴蝶鱼那么常见，不易接近。

麦氏蝴蝶鱼

MEYER'S BUTTERFLYFISH *Chaetodon meyeri*

分布： 从东非到大堡礁的印度洋–太平洋热带海域。

大小： 最长达 18 厘米。

栖息地： 沿海礁石和外围礁石的珊瑚密集区，栖息深度为 2~25 米。

生活习性： 体表为浅蓝色，黑色的弧形条纹在胸鳍根部会合；整个身体的边缘为黄色。单独或成对活动，常见于礁顶，咬食珊瑚虫。非常漂亮，有天鹅绒般的光滑外表，在分布区内偶尔和华丽蝴蝶鱼混杂在一起。

华丽蝴蝶鱼

ORNATE BUTTERFLYFISH *Chaetodon ornatissimus*

分布： 从马尔代夫到法属波利尼西亚的印度洋–太平洋热带海域。

大小： 最长达 18 厘米。

栖息地： 沿海礁顶和外围礁顶的珊瑚密集区，栖息深度为 2~35 米。

生活习性： 体表为浅蓝色，有橙色斜纹，整个身体的边缘为黄色，黑色条纹穿过面部。常成对活动，在珊瑚礁顶部啄食珊瑚虫。偶尔和麦氏蝴蝶鱼混杂在一起。

OVAL BUTTERFLYFISH *Chaetodon lunulatus*

弓月蝴蝶鱼

分布：从印度尼西亚到大堡礁的太平洋西部热带海域。与其非常相似的三带蝴蝶鱼分布于从东非到印度尼西亚的海域。

大小：最长达 15 厘米。

栖息地：沿海礁顶和外围礁顶的珊瑚密集区，栖息深度为 2~20 米。

生活习性：浅黄色体表上有紫色斜纹，臀鳍为暗红色，眼睛上有黑色条纹。通常成对活动，在珊瑚礁顶部活动，以珊瑚虫为食。

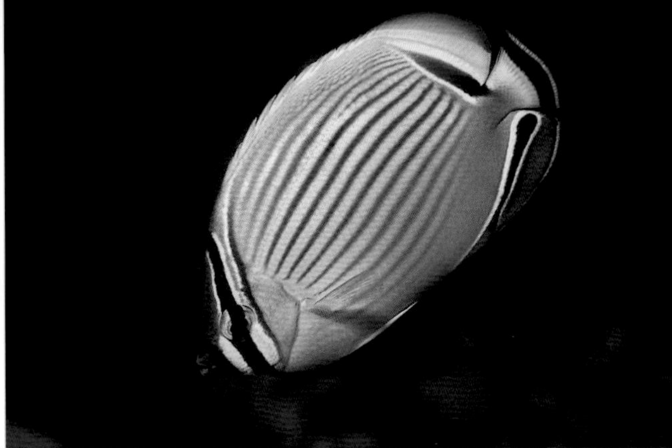

MELON BUTTERFLYFISH *Chaetodon trifasciatus*

三带蝴蝶鱼

分布：从东非到印度尼西亚巴厘岛的印度洋海域。

大小：最长达 15 厘米。

栖息地：沿海和外围礁石的珊瑚密集区，栖息深度为 2~20 米。

生活习性：体表颜色较浅，身体前部为浅黄色，后部为浅蓝色，体表有许多浅紫色细纹；臀鳍和尾鳍根部为橘红色；眼睛上有黑色条纹；身体上部通常有细长的黑点。分布区以东的海域分布着弓月蝴蝶鱼。

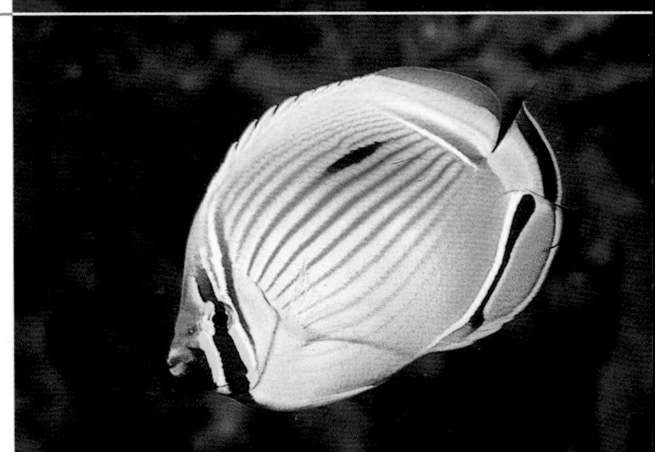

OVAL–SPOT BUTTERFLYFISH *Chaetodon speculum*

镜斑蝴蝶鱼

分布：从印度尼西亚到巴布亚新几内亚、日本南部和澳大利亚的太平洋西部海域。

大小：最长达 18 厘米。

栖息地：沿海礁石和外围礁石的珊瑚密集区，栖息深度为 5~35 米。

生活习性：体表为亮黄色，上部有一个椭圆形的大黑斑，一道黑条纹穿过眼睛。非常害羞，常被发现成对在珊瑚间无规律地活动，偶尔以珊瑚虫为食。

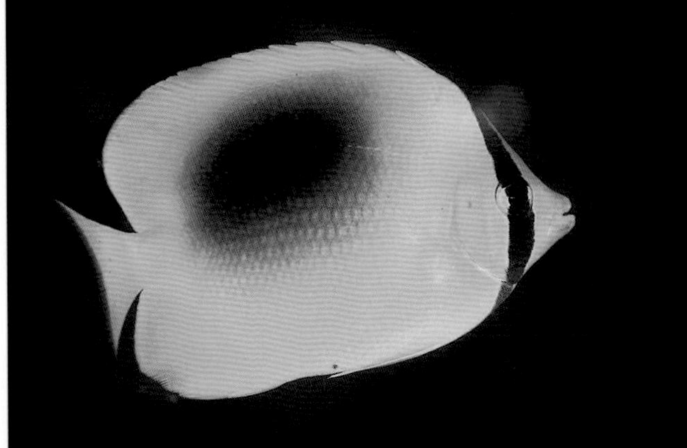

BENNETT'S BUTTERFLYFISH *Chaetodon bennetti*

双丝蝴蝶鱼

分布：从东非到法属波利尼西亚、日本和澳大利亚大堡礁的印度洋–太平洋热带海域。

大小：最长达 18 厘米。

栖息地：沿海礁石和外围礁石的珊瑚密集区，栖息深度为 5~35 米。

生活习性：体表为亮黄色，身体后部有一个蓝边黑色大眼斑，身体下部有两条亮蓝色条纹。单独或成对活动，常见于断层和靠近海扇的深水区。以珊瑚虫为食。

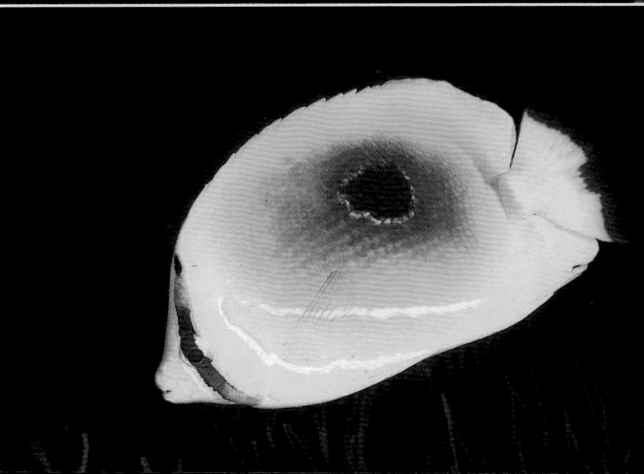

单斑蝴蝶鱼

TEARDROP BUTTERFLYFISH
Chaetodon unimaculatus

分布：从印度尼西亚到波利尼西亚和夏威夷的太平洋热带海域。

大小：最长达 20 厘米。

栖息地：潟湖和外围礁石的珊瑚密集区，栖息深度为 10~60 米。

生活习性：体表为亮白色，背鳍、腹鳍和臀鳍呈柠檬黄色，后背部有一个黑色带白边的眼斑，眼睛上有一道很宽的黑色条纹。单独活动，常被发现聚成大群在礁顶游动，以珊瑚虫为食。

珠蝴蝶鱼

KLEIN'S BUTTERFLYFISH
Chaetodon kleinii

分布：从东非到日本南部、夏威夷和澳大利亚的印度洋 – 太平洋热带海域。

大小：最长达 14 厘米。

栖息地：岩礁，外围礁石和通道的珊瑚密集区，栖息深度为 5~60 米。

生活习性：体表为黄褐色，前额为亮蓝色，面部呈污白色，嘴唇和腹鳍略带黑色。是外表最不显眼的蝴蝶鱼之一，不过它们常在深水区聚成大群，令人印象深刻，以珊瑚虫为食。

波斯蝴蝶鱼

BURGESS' BUTTERFLYFISH
Chaetodon burgessi

分布：从印度尼西亚到巴布亚新几内亚的印度洋–太平洋中海区。

大小：最长达 14 厘米。

栖息地：外围礁石的断层，栖息深度为 20~80 米。

生活习性：特征明显，体侧有黑色斜纹，白色的身体后部有很宽的黑色三角区。偶尔单独和成对活动于深水区中断层的突出部分和悬垂物下面，栖息深度通常深于 40 米。非常机警，不易被看见或接近。

黄蝴蝶鱼

CROSS–HATCH BUTTERFLYFISH
Chaetodon xanthurus

分布：从泰国湾到菲律宾的印度洋–太平洋中海区。

大小：最长达 14 厘米。

栖息地：沿海礁石和外围礁石的珊瑚密集区，栖息深度为 10~50 米。

生活习性：体表为银色，有深色的、交叉的平行线图案，身体后部和尾部有橙黄色条纹。常被发现成对在外围礁石的断层边活动，很容易与默氏蝴蝶鱼混淆，默氏蝴蝶鱼的体表有更明显的深色 V 形图案。

ERITREAN BUTTERFLYFISH
Chaetodon paucifasciatus

稀带蝴蝶鱼

分布：红海。
大小：最长达 12 厘米。
栖息地：沿海礁石和外围礁石的珊瑚密集区，栖息深度为 2~40 米。
生活习性：体表为银白色，有深色 V 形图案，身体后部和尾巴后部为鲜艳的血红色。常被发现成对或松散地聚成小群在珊瑚礁附近活动，以珊瑚虫为食。只分布于从红海到亚丁湾的海域。

SPECKLED BUTTERFLYFISH
Chaetodon citrinellus

密点蝴蝶鱼

分布：从东非到法属波利尼西亚、日本和澳大利亚的印度洋–太平洋热带海域。
大小：最长达 13 厘米。
栖息地：沿海礁石和外围礁石的礁坪，栖息深度为 1~3 米。
生活习性：体表为浅黄色或略带白色，有许多成排的蓝色斑点。常见于极浅水域的礁坪和暴露在海浪中的礁坪上，栖息深度很少深于 15 米。常被发现成对或松散地聚成小群活动，以珊瑚虫为食。

SPOT-BANDED BUTTERFLYFISH
Chaetodon punctatofasciatus

斑带蝴蝶鱼

分布：从印度尼西亚到中国台湾和澳大利亚大堡礁的印度洋–太平洋中海区。
大小：最长达 12 厘米。
栖息地：沿海礁石和外围礁石的珊瑚密集区，栖息深度为 5~45 米。
生活习性：体表为浅黄色，身体上部有七条灰色条纹，下部有成排的深色斑点；尾柄为亮橙色。常被发现成对或松散地聚成小群活动，偶尔和夕阳蝴蝶鱼混杂在一起。

RETICULATED BUTTERFLYFISH
Chaetodon reticulatus

网纹蝴蝶鱼

分布：从印度尼西亚苏拉威西岛到法属波利尼西亚和澳大利亚的印度洋–太平洋中海区。
大小：最长达 16 厘米。
栖息地：外围礁石的珊瑚密集区，栖息深度为 2~30 米。
生活习性：体表为深黑色，如天鹅绒一般，每片鳞片都带有浅珍珠灰色光泽；尾部为灰色和黄色，带黑边，眼睛上有一道很宽的黑色带黄边的条纹。单独活动，令人印象深刻，常见于浅水礁石上明亮开阔的区域。

领蝴蝶鱼

COLLARED BUTTERFLYFISH
Chaetodon collare

分布：从阿拉伯半岛到菲律宾的印度洋–太平洋海域。

大小：最长达 16 厘米。

栖息地：布满石头的岩礁上的珊瑚密集区，栖息深度为 2~30 米。

生活习性：看上去很像网纹蝴蝶鱼，区别在于领蝴蝶鱼的头部后面有一道亮白色的“领子”状条纹，其尾部为鲜艳的血红色。在泰国水域很常见。

顶斑蝴蝶鱼

PANDA BUTTERFLYFISH
Chaetodon adiergastos

分布：从印度尼西亚和马来西亚到菲律宾、日本和澳大利亚的太平洋中部海域。

大小：最长达 16 厘米。

栖息地：沿海礁石和外围礁石的珊瑚密集区，栖息深度为 3~25 米。

生活习性：特征明显，体表为亮白色，有许多深色斜纹，鱼鳍为橙黄色，眼睛上有一个圆形黑斑。颈部有一个稍小的黑色斑点。常被发现成对或聚成小群活动，常栖息于鹿角珊瑚下。

条纹蝴蝶鱼

RED SEA RACCOON BUTTERFLYFISH
Chaetodon fasciatus

分布：红海。

大小：最长达 24 厘米。

栖息地：沿海礁石和外围礁石的珊瑚密集区，栖息深度为 2~30 米。

生活习性：体表呈金黄色，有许多深色斜纹，头部有黑色和白色的面罩状图案。很像新月蝴蝶鱼，区别是条纹蝴蝶鱼的尾柄上没有黑色斑点。常在软珊瑚附近活动，仅分布于红海。

新月蝴蝶鱼

RACCOON BUTTERFLYFISH
Chaetodon lunula

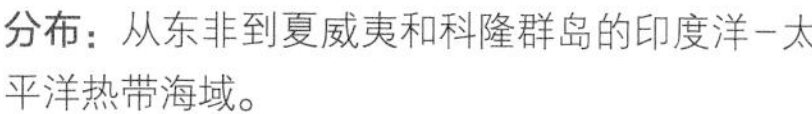

分布：从东非到夏威夷和科隆群岛的印度洋–太平洋热带海域。

大小：最长达 21 厘米。

栖息地：潟湖、沿海礁石和外围礁石，栖息深度为 1~30 米。

生活习性：体表为金黄色，有浅色斜纹，头部有黑色和白色的面罩状图案，从该图案至背鳍处有黑色斜纹。是一种很常见的物种，分布广泛，常被发现成对或聚成大群活动。

GOLDEN BUTTERFLYFISH
Chaetodon semilarvatus

黄色蝴蝶鱼

分布：红海。

大小：最长达 23 厘米。

栖息地：沿海礁石和外围礁石的珊瑚密集区，栖息深度为 2~25 米。

生活习性：非常引人注目，体表为鲜艳的金黄色，有许多暗橙色竖纹和一个亮蓝色“眼罩”。很容易接近，白天常聚成小群或大群，几乎静止不动地悬停在鹿角珊瑚下。仅栖息于红海至亚丁湾的海域。

BLACK-BACKED BUTTERFLYFISH
Chaetodon melannotus

黑背蝴蝶鱼

分布：从红海到菲律宾、巴布亚新几内亚和澳大利亚的印度洋-太平洋热带海域。

大小：最长达 15 厘米。

栖息地：沿海礁石和外围礁石的珊瑚密集区，栖息深度为 2~20 米。

生活习性：体表为白色，有许多黑色斜纹，整个身体的边缘为黄色，尾柄处有很小的黑色鞍状斑。很容易将其与几乎完全相似的尾点蝴蝶鱼混淆，两个物种可能混杂在一起。常被发现聚成小群活动，以珊瑚虫为食。

SPOT-TAIL BUTTERFLYFISH
Chaetodon ocellicaudus

尾点蝴蝶鱼

分布：从安达曼群岛到巴布亚新几内亚和澳大利亚大堡礁的印度洋-太平洋热带海域。

大小：最长达 14 厘米。

栖息地：沿海礁石和外围礁石的珊瑚密集区，栖息深度为 3~50 米。

生活习性：几乎与黑背蝴蝶鱼完全一样——二者可能在许多海域混杂在一起——但是该物种的尾柄处有一个黑斑。经常在礁顶的通道里活动，常被发现聚成小群快速游动，以珊瑚虫为食。

PACIFIC DOUBLE-SADDLE BUTTERFLYFISH
Chaetodon ulietensis

鞍斑蝴蝶鱼

分布：从科科斯群岛到法属波利尼西亚，从日本南部到澳大利亚的太平洋西部海域。

大小：最长达 15 厘米。

栖息地：潟湖和外围礁石的珊瑚密集区，栖息深度为 5~30 米。

生活习性：体表略带白色，有许多深色细纹和两个鞍状斑。常被发现成对或聚成小群活动，以珊瑚虫和小型底栖无脊椎动物为食。纹带蝴蝶鱼与该物种很像，但是鞍斑蝴蝶鱼的黄色背部有更明显的鞍状斑。

细纹蝴蝶鱼

LINED BUTTERFLYFISH
Chaetodon lineolatus

分布：从东非到日本南部和法属波利尼西亚的印度洋-太平洋热带海域。
大小：最长达 30 厘米。
栖息地：潟湖和沿海礁石，栖息深度为 2~170 米。
生活习性：体表为白色，有许多细长的条纹，身体后部和鱼鳍为亮黄色，黑色宽纹——包围着颈部的白斑——贯穿眼部。最长达 30 厘米，是该科最大的物种，常被发现单独或成对活动。

尖头蝴蝶鱼

SPOT-NAPE BUTTERFLYFISH
Chaetodon oxycephalus

分布：从马尔代夫到巴布亚新几内亚，从菲律宾到澳大利亚的印度洋-太平洋热带海域。
大小：最长达 25 厘米。
栖息地：沿海礁石和外围礁石的珊瑚密集区，栖息深度为 10~40 米。
生活习性：体表呈亮白色，有许多细细的黑色细纹，背鳍、尾鳍和臀鳍为亮黄色，身体后上部为黑色。外表很像细纹蝴蝶鱼，但该物种的颈部有一块与眼部条纹分离的黑斑。

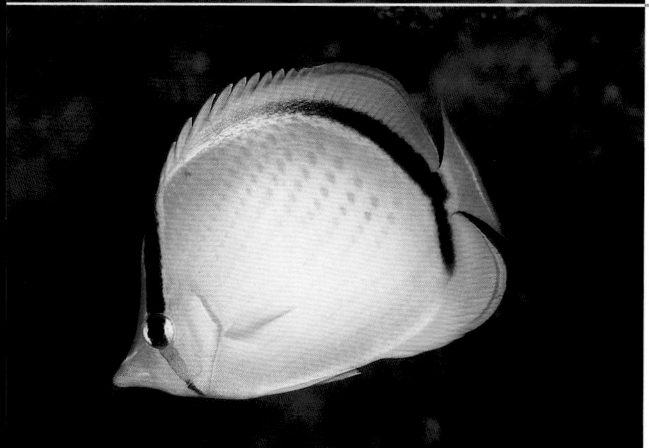

弯月蝴蝶鱼

YELLOW-DOTTED BUTTERFLYFISH
Chaetodon selene

分布：从马来西亚到巴布亚新几内亚的印度洋-太平洋中海区。
大小：最长达 16 厘米。
栖息地：沿海礁石的沙质或珊瑚碎石海底，栖息深度为 10~50 米。
生活习性：体表为白色，有斜着排成许多排的黄点，鱼鳍为鲜黄色，身体后部的边缘为黑色。以珊瑚虫为食，也可能吃小型底栖无脊椎动物。常成对活动，不像该科其他物种那么常见。

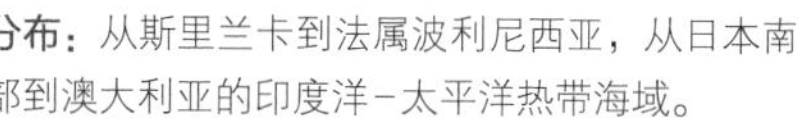

鞭蝴蝶鱼

SADDLED BUTTERFLYFISH
Chaetodon ephippium

分布：从斯里兰卡到法属波利尼西亚，从日本南部到澳大利亚的印度洋-太平洋热带海域。
大小：最长达 23 厘米。
栖息地：潟湖，外围礁石的珊瑚密集区，栖息深度为 5~30 米。
生活习性：该科最引人注目的物种之一。体表呈珍珠灰色，身体前部下方有蓝色条纹，身体后部的黑色部分有白色边缘，面颊为橘黄色，后背鳍通常呈线状。常被发现成对活动，有领地意识，容易接近。

LATTICED BUTTERFLYFISH
Chaetodon rafflesi

格纹蝴蝶鱼

分布：从斯里兰卡到法属波利尼西亚，从日本南部到澳大利亚的印度洋－太平洋热带海域。

大小：最长达 15 厘米。

栖息地：沿海礁石和外围礁石的珊瑚密集区，栖息深度为 2~15 米。

生活习性：体表为鲜艳的柠檬黄色，前额上有蓝斑。终生单独或成对活动，偶尔在淤泥质环境中活动。主要以珊瑚虫为食。

THREADFIN BUTTERFLYFISH
Chaetodon auriga

丝蝴蝶鱼

分布：从红海到法属波利尼西亚，从日本南部到澳大利亚的印度洋－太平洋热带海域。

大小：最长达 23 厘米。

栖息地：沿海礁石和外围礁石，栖息深度为 2~40 米。

生活习性：体表为白色，有深色的 V 形图案，身体后部为亮黄色，后背鳍上有黑点，成鱼后背鳍上有线状细丝。常被发现单独或成对活动于软珊瑚、硬珊瑚间，偶尔活动于沙质或碎石海底。主要以珊瑚虫为食。

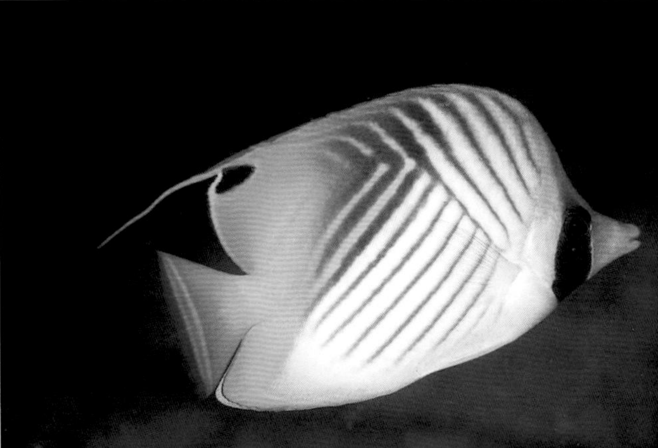

VAGABOND BUTTERFLYFISH
Chaetodon vagabundus

斜纹蝴蝶鱼

分布：从东非到夏威夷，从日本南部到澳大利亚的印度洋－太平洋热带海域。

大小：最长达 23 厘米。

栖息地：沿海礁石和外围礁石，栖息深度为 5~30 米。

生活习性：体表为白色渐变至黄色，有深色 V 形细纹。像大多数蝴蝶鱼一样，有领地意识，常被发现单独或松散地聚成小群活动于断层附近洋流丰富的珊瑚碎石斜坡上。以珊瑚虫和小型底栖无脊椎动物为食。

CHEVRONED BUTTERFLYFISH
Chaetodon trifascialis

三纹蝴蝶鱼

分布：从红海到夏威夷，从日本南部到澳大利亚的热带海域。

大小：最长达 18 厘米。

栖息地：沿海礁石和外围礁石的珊瑚密集区，栖息深度为 3~12 米。

生活习性：体表为银白色，有密集的黑色 V 形条纹。尾巴为黑色，边缘为橘黄色。体形比其他普通的蝴蝶鱼更细长。有领地意识，通常单独活动。以珊瑚虫为食。

曲纹蝴蝶鱼

EASTERN TRIANGULAR BUTTERFLYFISH *Chaetodon baronessa*

分布：从科科斯群岛到澳大利亚大堡礁的印度洋-太平洋东海区热带海域。非常相似的三角蝴蝶鱼分布于从东非到印度尼西亚的海域。

大小：最长达 15 厘米。

栖息地：浅水区的盘珊瑚和鹿角珊瑚，栖息深度为 1 ~10 米。

生活习性：外表漂亮，极为害羞，难以接近。常被发现成对在明亮浅水区的鹿角珊瑚上活动。专以珊瑚虫为食。

八带蝴蝶鱼

EIGHT-BANDED BUTTERFLYFISH *Chaetodon octofasciatus*

分布：从斯里兰卡到巴布亚新几内亚的印度洋-太平洋中海区。

大小：最长达 12 厘米。

栖息地：沿海礁石的珊瑚密集区，栖息深度为 3~20 米。

生活习性：体表为白色渐变到深黄色，有八条窄窄的黑色条纹。常被发现单独或松散地聚成小群活动，停留在珊瑚枝杈间，偶尔活动于泥水和浑水中。专以珊瑚虫为食。

丁氏蝴蝶鱼

TINKER'S BUTTERFLYFISH *Chaetodon tinkeri*

分布：分布具有局限性，分布于马绍尔群岛到夏威夷的太平洋中部海域。

大小：最长达 15 厘米。

栖息地：外围礁石的断层，栖息深度为 27~160 米。

生活习性：体表为白色，有许多小黑点，眼睛上有一道黄色条纹，身体对角线后面的区域为黑色。常被发现成对或小群栖息在黑珊瑚群或者柳珊瑚群中。至少还有两个相似物种（黄冠蝴蝶鱼和斜蝴蝶鱼）生活在同一分布区。

双点少女鱼

TWO-EYED CORALFISH *Coradion melanopus*

分布：从印度尼西亚到巴布亚新几内亚的印度洋-太平洋中海区。

大小：最长达 15 厘米。

栖息地：沿海礁石和外围礁石，栖息深度为 10~30 米。

生活习性：体表为白色，有橙褐色条纹，后背鳍和臀鳍上有一对黑色眼斑。常被发现单独或成对活动，通常活动于海绵丰富的区域。不如该科其他物种常见。

ORANGE-BANDED CORALFISH
Coradion chrysozonus

金斑少女鱼

分布：从安达曼群岛到所罗门群岛，从日本南部到澳大利亚的印度洋-太平洋中海区。

大小：最长达 15 厘米。

栖息地：沿海礁石的珊瑚密集区，栖息深度为 3~60 米。

生活习性：体表为白色，有两道很宽的锈橙色条纹，后背鳍上有一个黑色眼斑。常单独活动。是印度洋-太平洋中海区最常见的少女鱼属物种，常见于淤泥质环境和浑浊环境中。

HIGH-FIN CORALFISH
Coradion altivelis

褐带少女鱼

分布：从安达曼群岛到所罗门群岛，从日本南部到澳大利亚的印度洋-太平洋中海区。

大小：最长达 20 厘米。

栖息地：海绵丰富的沿海礁石，栖息深度为 3~15 米。

生活习性：在水下很容易与前两个物种混淆，但该物种的背鳍更尖更长，成鱼（图中为亚成鱼）没有眼斑。很不常见，很少被潜水员发现。

EYE-SPOT BUTTERFLYFISH
Parachaetodon ocellatus

副蝴蝶鱼

分布：从印度尼西亚到斐济，从日本南部到澳大利亚的太平洋西部海域。

大小：最长达 18 厘米。

栖息地：沿海礁石和外围礁石海绵丰富的区域，栖息深度为 5~40 米。

生活习性：体形为明显的菱形，体表为银白色，有五道亮橘黄色条纹，背鳍中间有一个黑斑。非常机警，不易接近，不常见。很少被发现。

BEAKED CORALFISH
Chelmon rostratus

钻嘴鱼

分布：从安达曼群岛到巴布亚新几内亚，从日本南部到澳大利亚的印度洋-太平洋中海区。

大小：最长达 20 厘米。

栖息地：沿海礁石，栖息深度为 2~25 米。

生活习性：体形为明显的三角形，体表像镀了铬或为银白色，有四条亮橘黄色条纹，其中一条贯穿眼睛，吻为长喙状。常被发现成对在内部礁石的淤泥质底部的浑水中活动。

长吻镊口鱼

LONGNOSED BUTTERFLYFISH
Forcipiger longirostris

分布：从东非到夏威夷，从日本南部到澳大利亚的印度洋-太平洋热带海域。

大小：最长达 22 厘米。

栖息地：外围礁石的珊瑚密集区，栖息深度为 5~60 米。

生活习性：体表为亮黄色，头部为黑色和银白色，有一个长长的喙状吻。常单独或成对活动，在珊瑚间穿行，用镊子状长嘴啄食露在外面的珊瑚虫和小型底栖无脊椎动物。在分布区很常见。

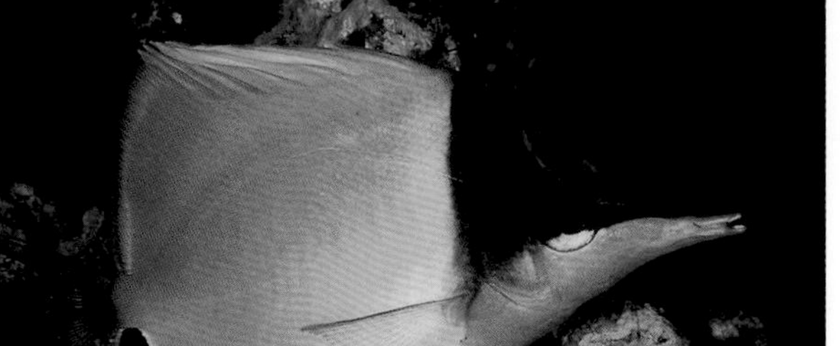

黄镊口鱼

FORCEPSFISH
Forcipiger flavissimus

分布：从红海到中美洲，从日本南部到澳大利亚的印度洋-太平洋热带海域。

大小：最长达 22 厘米。

栖息地：沿海和外围礁石的珊瑚密集区，栖息深度为 2~110 米。

生活习性：外表几乎与上一个物种完全一样，但是吻短一些。常被发现在珊瑚间穿行，用镊子状长嘴啄食露在外面的珊瑚虫。

多棘马夫鱼

SCHOOLING BANNERFISH
Heniochus diphreutes

分布：从红海到澳大利亚，从日本到夏威夷的印度洋-太平洋热带海域。

大小：最长达 21 厘米。

栖息地：外围礁石的斜坡和断层，栖息深度为 5~20 米。

生活习性：常被发现聚成大群活动，聚集在断层前或者沿着断层游动，以开阔水域的浮游生物为食。可从带条纹的体表和细长的丝状背鳍辨认出它们。

马夫鱼

LONGFIN BANNERFISH
Heniochus acuminatus

分布：从红海到法属波利尼西亚，从日本南部到澳大利亚的印度洋-太平洋热带海域。

大小：最长达 25 厘米。

栖息地：潟湖，外围礁石的岩壁和断层，栖息深度为 2~75 米。

生活习性：与上一个物种非常像，但是从来不会聚成那么大的鱼群，更依赖礁石。吻稍长。常被发现单独或聚成小群活动，以浮游生物和小型无脊椎动物为食。

RED SEA BANNERFISH
Heniochus intermedius

红海马夫鱼

分布：红海。
大小：最长达 18 厘米。
栖息地：斜坡和礁顶的珊瑚密集区，栖息深度为 2~50 米。
生活习性：该物种只分布于红海，在该区域取代了马夫鱼。二者很像，但是该物种的银色体表带着浓重的黄色色泽。常被发现成对或小群活动，尤其是在有软珊瑚的地方。

SINGULAR BANNERFISH
Heniochus singularius

四带马夫鱼

分布：从马尔代夫到萨摩亚，从日本南部到澳大利亚的印度洋-太平洋热带海域。
大小：最长达 23 厘米。
栖息地：沿海礁石和外围礁石，栖息深度为 2~250 米。
生活习性：身体健壮，体表为黑色，背鳍和尾鳍为亮黄色；背鳍的第一根鳍条为白色，呈细丝状；眼睛上方有角状突起。常单独或成对活动，通常静止不动，栖息于垂直岩壁、断层的突出部分和悬垂物下。

MASKED BANNERFISH
Heniochus monoceros

单角马夫鱼

分布：从东非到法属波利尼西亚，从日本南部到澳大利亚的印度洋-太平洋热带海域。
大小：最长达 23 厘米。
栖息地：沿海礁石和外围礁石的珊瑚密集区，栖息深度为 2~30 米。
生活习性：体表为白色，体侧有明显的黑色条纹，身体后部为黄色。颈部有突起，吻上有面罩状图案，背鳍为白色的弧形细丝状。常被发现成对或小群活动，常静止或缓慢游动，悬停于珊瑚群周围。

PENNANT BANNERFISH
Heniochus chrysostomus

金口马夫鱼

分布：从科科斯群岛到法属波利尼西亚，从日本南部到澳大利亚的印度洋-太平洋中海区。
大小：最长达 18 厘米。
栖息地：沿海礁石和外围礁石，栖息深度为 3~50 米。
生活习性：体表有黑色、白色条纹，背鳍隆起，为羽毛状，体形呈明显的三角形。常被发现单独或成对活动，白天偶尔成群栖息于岩石突出部分下面或悬垂物下。

白带马夫鱼

HUMPHEAD BANNERFISH *Heniochus varius*

分布：从印度尼西亚到法属波利尼西亚，从日本南部到澳大利亚的印度洋–太平洋中海区。

大小：最长达 19 厘米。

栖息地：沿海礁石和外围礁石的珊瑚密集区，栖息深度为 2~30 米。

生活习性：有隆起的羽毛状背鳍，体形呈明显的三角形，眼睛上方有一对角状突起，眼睛和颈部之间的区域下凹。长相奇怪，常被发现一动不动地单独或成对躲在珊瑚间。

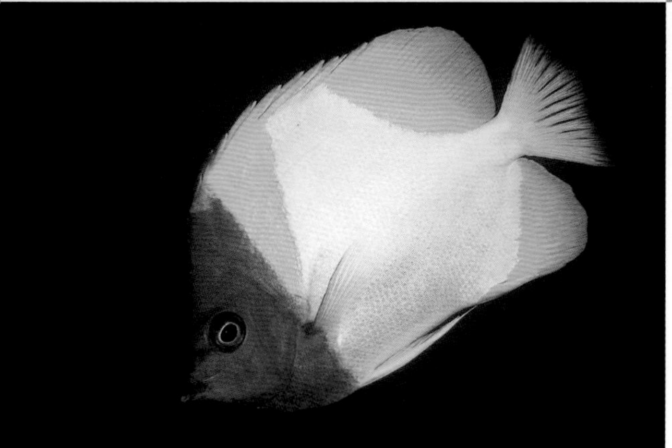

多鳞霞蝶鱼

PYRAMID BUTTERFLYFISH *Hemitaurichthys polylepis*

分布：从科科斯群岛到法属波利尼西亚，从日本南部到澳大利亚的印度洋–太平洋中海区。

大小：最长达 18 厘米。

栖息地：清澈水域的礁壁和断层，栖息深度为 2~120 米。

生活习性：黄色体表上有明显的白色的金字塔形图案，头部为深褐色。在分布区很常见，常聚成大群，以陡壁和断层前的浮游生物为食。

刺盖鱼科 ANGELFISHES *Pomacanthidae*

该科中等大小，有 7 属，大约有 80 种，其中某些物种是在珊瑚礁中能见到的最漂亮的物种。一般都是中等大小，常在水下发出清晰的咕噜声，多成对活动，有明显的领地意识，经常在领地巡游。它们与蝴蝶鱼关系密切，很容易从鳃盖下面那个角的大棘辨认出它们。

水下摄影提示：该科鱼类是热带珊瑚礁中最漂亮、很容易接近的拍摄对象。要充分利用它们的领地意识，在它们向闯入者展示艳丽外表时拍照。一个优质的微距或中焦镜头（25~50 毫米）就能应付大部分场景，但是用广角镜头拍摄也非常漂亮。

多带神仙（又名：多带刺尻鱼）

MULTI-BARRED ANGELFISH *Paracentropyge multifasciata*

分布：从科科斯群岛到法属波利尼西亚、日本和澳大利亚大堡礁的印度洋–太平洋热带海域。

大小：最长达 10 厘米。

栖息地：外围礁石的断层和陡壁，栖息深度为 20~70 米。

生活习性：身体为圆形，体表有黑白相间的条纹。身体下部常呈亮黄色。常见于岩石突出部分下面和悬垂物下，有时身体上下颠倒过来游动。极为机警，不易接近，常被潜水员和摄影师误认为蝴蝶鱼。

三点神仙（又名：三点阿波鱼）

THREE-SPOT ANGELFISH *Apolemichthys trimaculatus*

分布：从东非到萨摩亚、日本南部和澳大利亚大堡礁的印度洋–太平洋热带海域。

大小：最长达 25 厘米。

栖息地：陡坡和断层的珊瑚密集区，栖息深度为 15~60 米。

生活习性：特征明显，体表为亮黄色，嘴唇为蓝色，臀鳍有很宽的黑边。常单独或成对活动。主要以海藻和底栖无脊椎动物为食，常从海绵、岩石和珊瑚上摄食。在分布区很常见。

琉璃神仙（又名：双棘刺尻鱼）

TWO-SPINED ANGELFISH *Centropyge bispinosa*

分布：从东非到法属波利尼西亚、日本南部和澳大利亚的印度洋–太平洋热带海域。

大小：最长达 10 厘米。

栖息地：外围礁石和潟湖的珊瑚密集区，栖息深度为 5~45 米。

生活习性：色彩极为艳丽，体表为鲜艳的丝绒蓝，上面的橘黄色纹路像被烧穿了后形成的。单独或聚成松散的小群活动，非常害羞，随时准备藏在珊瑚间或岩石突出部分下面。领地意识很强，以海藻和小型底栖无脊椎动物为食。

黑尾神仙（又名：珠点刺尻鱼）

PEARLSCALED ANGELFISH *Centropyge vroliki*

分布：从印度尼西亚到瓦努阿图、日本南部和澳大利亚的印度洋–太平洋西海区。

大小：最长达 12 厘米。

栖息地：沿海礁石和外围礁石的珊瑚密集区，栖息深度为 5~25 米。

生活习性：体表为珍珠灰色，身体后部渐变为黑色。单独或松散地聚成小群活动。非常机警，随时准备藏在珊瑚间。很常见，有领地意识。以海藻和小型无脊椎动物为食。

火焰神仙（又名：胄刺尻鱼）

FLAME ANGELFISH *Centropyge loricula*

分布：从巴布亚新几内亚到法属波利尼西亚的印度洋 – 太平洋中海区，太平洋西部和印度尼西亚海域的个别地方。

大小：最长达 10 厘米。

栖息地：外围礁石的珊瑚密集区，栖息深度为 5~60 米。

生活习性：体表为亮橘黄色，有五六道黑色条纹，背鳍后部有亮蓝色条纹。害羞，随时准备藏进珊瑚间。偶见于沿海礁石，远洋中更常见。

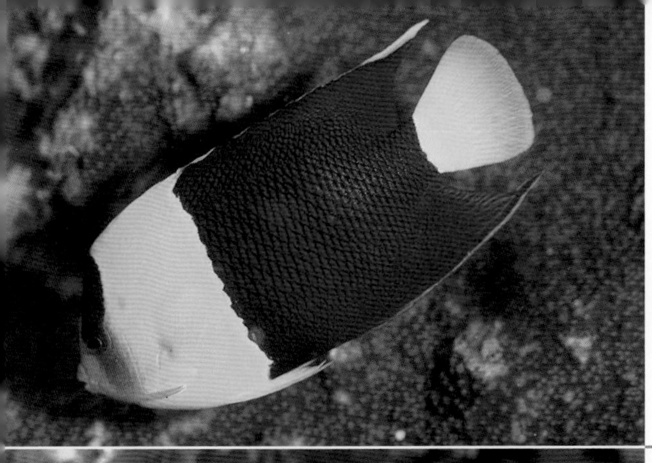

双色神仙（又名：二色刺尻鱼）

BICOLOR ANGELFISH *Centropyge bicolor*

分布：从印度尼西亚到萨摩亚、日本南部和澳大利亚的太平洋西部海域。

大小：最长达 15 厘米。

栖息地：外围礁石和潟湖的珊瑚密集区，碎石海底，栖息深度为 10~25 米。

生活习性：特征明显，常被发现成对或聚成小群活动。头部为亮黄色，颈部有蓝色斑点，身体呈鲜艳的深蓝色，尾巴为黄色。非常美丽，易接近，领地意识很强。以海藻、海绵和小型底栖无脊椎动物为食。

白点神仙（又名：白斑刺尻鱼）

KEYHOLE ANGELFISH *Centropyge tibicen*

分布：从印度尼西亚到新喀里多尼亚、日本南部和澳大利亚的太平洋西部海域。

大小：最长达 18 厘米。

栖息地：沿海礁石和潟湖，栖息深度为 4~35 米。

生活习性：体表为深蓝色或略带黑色，体侧有明显的亮白色钥匙孔状斑点，臀鳍为亮黄色。单独或小群活动，常被发现于珊瑚碎石中。以海藻、小海绵和小型底栖无脊椎动物为食。有领地意识，非常机警。

黄尾荷包鱼

VERMICULATED ANGELFISH *Chaetodontoplus mesoleucus*

分布：从印度尼西亚到所罗门群岛、日本南部和澳大利亚北部的印度洋-太平洋中海区。

大小：最长达 18 厘米。

栖息地：沿海礁石和潟湖的珊瑚密集区，栖息深度为 5~20 米。

生活习性：体表为珍珠灰色，有许多细小的白色虫迹状图案，尾巴为黄色，一道黑色条纹穿过眼睛。在分布区很常见，常见成对活动。像大多数刺盖鱼一样，主要以海绵和被囊动物为食。可能有一种与之相像的刺盖鱼——尚无科学文献描述——有灰色的尾巴。

梅氏荷包鱼

QUEENSLAND ANGELFISH *Chaetodontoplus meredithi*

分布：从大堡礁到澳大利亚豪勋爵岛的印度洋-太平洋局部海域。

大小：最长达 25 厘米。

栖息地：平坦海底的有独立珊瑚丛和巨石的沿海珊瑚礁，栖息深度为 6~50 米。

生活习性：体表为黑色，头部有浅蓝色虫迹状图案，头后部有白色条纹，胸部和尾部呈亮黄色。单独或成对活动，分布非常局部化，仅限于澳大利亚海域。以海绵、被囊动物和无脊椎动物为食。

VELVET ANGELFISH
Chaetodontoplus dimidiatus

丝绒荷包鱼

分布：从印度尼西亚到日本的印度洋-太平洋中海区。

大小：最长达 20 厘米。

栖息地：沿海珊瑚礁和外围珊瑚礁，岩礁，栖息深度为 5~30 米。

生活习性：体表为浅丝绒灰色，背鳍和腹部为黑色，尾巴为亮黄色，背鳍和臀鳍的边缘为黄色。单独或成对活动，分布非常局部化，在分布区很常见。以珊瑚礁和岩礁上的海绵、被囊动物和底栖无脊椎动物为食。

LAMARCK'S ANGELFISH
Genicanthus lamarck

拉马克神仙（又名：月蝶鱼）

分布：从印度尼西亚到瓦努阿图、日本南部和澳大利亚大堡礁的印度洋-太平洋中海区。

大小：最长达 23 厘米。

栖息地：清澈水域的外围礁石、斜坡和断层，栖息深度为 10~50 米。

生活习性：色彩不太艳丽，但是很漂亮。体表为白色，有 3~5 道黑色条纹，背鳍上有一道黑边，颈部有黄色斑点。偶尔在海底畅游，可能在开阔水域或者局部水域摄食。

YELLOWBAND ANGELFISH
Pomacanthus maculosus

半月神仙（又名：斑纹刺盖鱼）

分布：从红海延伸到波斯湾、索马里和肯尼亚的海域。

大小：最长达 50 厘米。

栖息地：沿海礁石和外围礁石，沉船残骸，栖息深度为 5~60 米。

生活习性：体形很大，令人印象深刻。体表为亮蓝色或浅蓝色，体侧总是带有形状像非洲的黄斑，背鳍和臀鳍有细长的弧形末端。领地意识很强，在领地内沿着珊瑚礁不断巡游，单独或成对活动。以海绵、海藻和被囊动物为食，从岩石或者活珊瑚和死珊瑚上摄食。

EMPEROR ANGELFISH
Pomacanthus imperator

皇后神仙（成鱼）（又名：主刺盖鱼）

分布：从红海到法属波利尼西亚、日本南部和澳大利亚的印度洋-太平洋热带海域。

大小：最长达 40 厘米。

栖息地：沿海礁石和外围礁石、斜坡、断层的珊瑚密集区，栖息深度为 5~60 米。

生活习性：特征明显。体表有鲜艳的黄蓝相间的条纹，嘴呈白色，眼睛上有带蓝边的黑色“面罩”状图案。领地意识很强，常单独或成对活动。以海绵、海藻和被囊动物为食，受到惊扰时发出清晰的咕噜声或击打声。

蓝肩神仙（又名：马鞍刺盖鱼）

BLUE-GIRDLED ANGELFISH *Pomacanthus navarchus*

分布：从印度尼西亚到所罗门群岛和大堡礁的印度洋–太平洋中海区。

大小：最长达 25 厘米。

栖息地：沿海礁石、外围礁石的断层和斜坡的珊瑚密集区，栖息深度为 3~40 米。

生活习性：可能是最漂亮的刺盖鱼。体表为黄色，有蓝色斑点，头部有一片深蓝色区域，身体后下部有亮蓝色边缘。一般单独活动，有领地意识；非常害羞，不易接近。以海绵、海藻和被囊动物为食。

蓝纹神仙（又名：半环刺盖鱼）

SEMICIRCLE ANGELFISH *Pomacanthus semicirculatus*

分布：从东非到斐济、日本南部和澳大利亚的印度洋–太平洋热带海域。

大小：最长达 35 厘米。

栖息地：沿海礁石的岩壁和断层，栖息深度为 10~40 米。

生活习性：体宽，侧扁，体表为浅绿色或浅黄绿色，有许多蓝色斑点。不常见，单独活动，领地意识很强。机警，不易接近，总是与人保持距离，随时准备躲起来。以海绵和被囊动物为食。

六带神仙（又名：六带刺盖鱼）

SIX-BANDED ANGELFISH *Pomacanthus sexstriatus*

分布：从印度尼西亚到新喀里多尼亚、日本南部和澳大利亚的太平洋西部海域。

大小：最长达 46 厘米。

栖息地：沿海礁石、外围礁石的斜坡和断层，栖息深度为 3~60 米。

生活习性：体形大而健壮。体表为浅黄色，有六道略带黑色的条纹和许多蓝点，深蓝色眼睛后面有一道明显的白色条纹。单独或成对活动，沿着礁石在领地内巡游。机警，不易接近。主要以海绵为食。

蓝环神仙（又名：环纹刺盖鱼）

BLUE-RINGED ANGELFISH *Pomacanthus annularis*

分布：从东非到所罗门群岛和日本南部的印度洋–太平洋中海区。

大小：最长达 45 厘米。

栖息地：沿海礁石，沉船残骸，栖息深度为 5~60 米。

生活习性：特征明显，体形大而圆。体表为橘褐色，有几道亮蓝色弧形条纹，尾巴为白色，胸鳍上面有明显的蓝圈。是罕见的栖息于浑浊水域的刺盖鱼。单独或成对活动，有领地意识，受到惊扰时会发出击打声。

黄面神仙（又名：黄颅刺盖鱼）

BLUE-FACE ANGELFISH *Pomacanthus xanthometopon*

分布：从马尔代夫到日本南部、瓦努阿图和澳大利亚大堡礁的印度洋－太平洋热带海域。

大小：最长达 35 厘米。

栖息地：外围礁石的斜坡和断层，栖息深度为 5~30 米。

生活习性：体形大，威风凛凛。体表为黄色，有亮蓝色网状图案，面部为蓝色，有黄色虫迹状小点和明显的亮黄色面罩状图案。单独活动，领地意识很强，常被发现在领地内巡游。主要以海绵和被囊动物为食。

灰面神仙（又名：弓纹刺盖鱼）

GRAY ANGELFISH *Pomacanthus arcuatus*

分布：从美国纽约州到佛罗里达州、百慕大群岛、加勒比海和巴西南部亚马孙河口的大西洋西部热带海域。

大小：最长达 50 厘米。

栖息地：沿海礁石和外围礁石，栖息深度为 5~30 米。

生活习性：体形大，华丽，游动缓慢。体表为灰色，有深色斑点，背鳍和臀鳍的尖端细长。在分布区常见，常单独或成对活动于浅水区。以海绵、软珊瑚、海藻和被囊动物为食。

法国神仙（又名：巴西刺盖鱼）

FRENCH ANGELFISH *Pomacanthus paru*

分布：从美国佛罗里达州到百慕大群岛和巴西南部的大西洋西部热带海域。

大小：最长达 40 厘米。

栖息地：沿海礁石和外围礁石，栖息深度为 5~100 米。

生活习性：与上一个物种非常相像，但是该物种身体为深灰色，头部为浅灰色，鳞片的边缘为亮黄色，眼睛和颊棘也呈黄色。有领地意识，常被发现单独或成对活动于浅水区的珊瑚礁中，以海藻、海绵和被囊动物为食。

帝王神仙（又名：双棘甲尻鱼）

REGAL ANGELFISH *Pygoplites diacanthus*

分布：从红海到波利尼西亚、新喀里多尼亚、日本南部和澳大利亚的印度洋－太平洋热带海域。

大小：最长达 25 厘米。

栖息地：沿海礁石和外围礁石的珊瑚密集区，栖息深度为 3~50 米。

生活习性：引人注目，外表特征明显，体表为亮黄色，有许多边缘为深色的蓝白色竖条纹，尾巴呈黄色，臀鳍有亮蓝色和粉色条纹。很常见，单独活动，很害羞，不易接近。有领地意识，栖息于界限清晰的水域。以海绵和被囊动物为食。

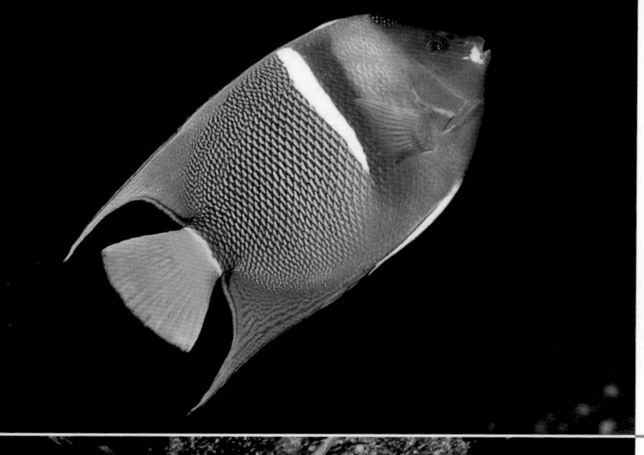

国王神仙（又名：雀点刺蝶鱼）

KING ANGELFISH *Holacanthus passer*

分布：从下加利福尼亚半岛到科隆群岛的太平洋东部热带海域。

大小：最长达 25 厘米。

栖息地：岩礁，巨石遍布的斜坡，栖息深度为 5~80 米。

生活习性：体表为浅蓝色，有白色条纹，尾巴为亮黄色。常被发现单独在远洋活动，是其他鱼类的清洁工，包括体形硕大的双髻锤头鲨。能忍受非常低的水温，最低达 12℃。

女王神仙（又名：额斑刺蝶鱼）

QUEEN ANGELFISH *Holacanthus ciliaris*

分布：从美国佛罗里达州到巴西南部的大西洋西部热带海域。

大小：最长达 45 厘米。

栖息地：外围礁石和碎石斜坡，栖息深度为 5~60 米。

生活习性：加勒比海中最漂亮的引人注目的鱼之一。蓝色的体表上有黄点，背鳍和臀鳍细长，颈部有明显的蓝色皇冠状图案。常被发现成对在海绵丰富的水域活动，易接近。主要以海绵、薄壳状藻类和被囊动物为食。

三色神仙（又名：三色刺蝶鱼）

ROCK BEAUTY *Holacanthus tricolor*

分布：从美国佐治亚州到百慕大群岛和特立尼达岛的大西洋西部热带海域。

大小：最长达 30 厘米。

栖息地：沿海礁石和外围礁石，栖息深度为 5~90 米。

生活习性：很容易辨认，体表为黑色，身体的前 1/3 为亮黄色，鱼鳍和尾部为黄色，嘴唇为深灰色。常被发现成对或聚成一雄多雌的小群活动于浅水区界限明确的水域。通常不怕人，易接近。主要以薄壳状海绵为食。

雀鲷科 ANEMONEFISHES AND DAMSELFISHES

Pomacentridae

该科是珊瑚礁中最大、最重要的科之一，共有 300 多种。所有物种都很小，通常色彩极为艳丽，常以一雄多雌的群体或普通群体聚居，总是在遮蔽物或者珊瑚密集的珊瑚礁附近。它们与海葵有着奇特的共生关系，大多数潜水员对它们都比较熟悉。雀鲷浑身布满黏液，能避开海葵致命的毒刺。事实上，雀鲷一旦离开寄主就无法生存了。

水下摄影提示：虽然备受喜爱的雀鲷栖息在海葵中，很容易接近，但是却很难拍。它们动作很快，拍照时要有耐心，在清澈的水中要用长焦镜头（如 105 毫米）代替微距镜头。遗憾的是，要在水下拍出这些小鱼炫目的电蓝色色调几乎是不可能的。

EASTERN SKUNK ANEMONEFISH
Amphiprion sandaracinos

白背海葵鱼（又名：白背双锯鱼）

分布：从印度尼西亚到所罗门群岛和日本南部的印度洋－太平洋中海区。再往西的海域分布着相像的背纹海葵鱼。

大小：最长达 13 厘米。

栖息地：光线好的浅水区的沿海礁石和外围礁石，栖息深度为 3~20 米。

生活习性：体表为橙色，背部边缘有一道白色条纹。常被发现成对或聚成小群栖息于与其共生的大的卷曲异海葵和平展列指海葵中。

PINK ANEMONEFISH
Amphiprion perideraion

粉红海葵鱼（又名：颈环双锯鱼）

分布：从印度尼西亚到新喀里多尼亚、日本南部和澳大利亚的太平洋西部海域。

大小：最长达 10 厘米。

栖息地：光线好的浅水区的珊瑚礁，栖息深度为 3~20 米。

生活习性：体表为橘粉色，背部有白色条纹，头部有一条明显的白色条纹。常被发现成对栖息于与之共生的几种大海葵中，和所有海葵鱼一样，有强烈的领地意识。

CLARK'S ANEMONEFISH
Amphiprion clarkii

克氏海葵鱼（又名：克氏双锯鱼）

分布：从阿拉伯海到新喀里多尼亚、斐济、日本南部和澳大利亚的印度洋－太平洋热带海域。

大小：最长达 12 厘米。

栖息地：光线好的浅水区的珊瑚礁，栖息深度为 5~60 米。

生活习性：体表为黑色，有两道白色条纹，鱼鳍为黄色。与大量不同物种的海葵共生。很容易与非常相像的双带海葵鱼和橙鳍海葵鱼混淆。

BRIDLED ANEMONEFISH
Amphiprion frenatus

白条海葵鱼（又名：白条双锯鱼）

分布：从中国南海到日本南部的印度洋－太平洋中海区。

大小：最长达 14 厘米。

栖息地：光线好的浅水区的珊瑚礁，栖息深度为 2~12 米。

生活习性：深红色体表泛着黑色，一道亮白色条纹穿过面颊。仅分布于小范围内，但是在分布区很常见，仅见于与其共生的奶嘴海葵中。

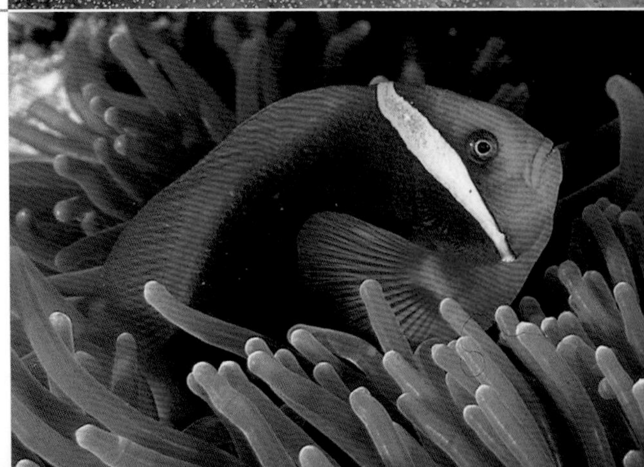

鞍斑海葵鱼（又名：鞍斑双锯鱼）

SADDLEBACK ANEMONEFISH *Amphiprion polymnus*

分布：从印度尼西亚到所罗门群岛的印度洋－太平洋中海区。

大小：最长达 12 厘米。

栖息地：沿海礁石的淤泥质底部，栖息深度为 3~35 米。

生活习性：体表为黑色，腹部为黄色，身上有大小不同的白色鞍状斑。常被发现在远离礁石的淤泥质、泥质海底，与卷曲异海葵和汉氏大海葵共生。和大多数海葵鱼一样，对闯入者（包括潜水员）有很强的攻击性。

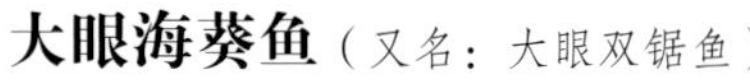

大眼海葵鱼（又名：大眼双锯鱼）

RED SADDLEBACK ANEMONEFISH *Amphiprion ephippium*

分布：从安达曼群岛到苏门答腊岛和爪哇岛的印度洋东部海域。

大小：最长达 12 厘米。

栖息地：岩礁，栖息深度为 2~15 米。

生活习性：体表为橘红色，身体后部发黑。该物种的地理分布范围非常小，但是在分布区内很常见，大多数常在多岩石、巨石的水域活动。常见于与其共生的樱蕾篷锥海葵和卷曲异海葵中。

眼斑海葵鱼（又名：眼斑双锯鱼）

WESTERN CLOWN ANEMONEFISH *Amphiprion ocellaris*

分布：从安达曼群岛到澳大利亚的印度洋－太平洋中海区。从澳大利亚到新几内亚的海域被非常相像的小丑海葵鱼取代。

大小：最长达 9 厘米。

栖息地：沿海礁石，栖息深度为 1~15 米。

生活习性：可能是最有名的海葵鱼，体表为亮橘黄色，有三道不规则的白色条纹。常见于巨大异海葵、巨型列指海葵和平展列指海葵中。

二带海葵鱼（又名：二带双锯鱼）

TWO–BANDED ANEMONEFISH *Amphiprion bicinctus*

分布：红海、印度洋西部海域。

大小：最长达 12 厘米。

栖息地：光线好的浅水区的沿海礁石和外围礁石，栖息深度为 1~30 米。

生活习性：体表为亮黄色，有两道白色条纹。是红海中唯一的一种海葵鱼，栖息于樱蕾篷锥海葵、串珠异辐海葵、卷曲异海葵和巨型列指海葵中。常被发现数百条鱼聚居在由密集的海葵组成的“活地毯”上。

BLACK-FOOTED ANEMONEFISH *Amphiprion nigripes*

浅色海葵鱼（又名：浅色双锯鱼）

分布：印度洋。

大小：最长达 11 厘米。

栖息地：光线好的浅水区的珊瑚礁，栖息深度为 2~25 米。

生活习性：拉克沙群岛、马尔代夫以及斯里兰卡水域最常见的海葵鱼。体表为橘粉色，面颊有白色细条纹，黑色腹鳍是其显著特征。常大群聚集在洋流充沛的水域。

EASTERN CLOWN ANEMONEFISH *Amphiprion percula*

小丑海葵鱼（又名：海葵双锯鱼）

分布：从巴布亚新几内亚到所罗门群岛和澳大利亚大堡礁的太平洋西部海域。

大小：最长达 9 厘米。

栖息地：浅水区的沿海珊瑚礁，栖息深度为 1~10 米。

生活习性：体表为橘黄色，有三道不规则的白色条纹，通常带有变化多端的黑边。栖息于巨大异海葵、巨型列指海葵和平展列指海葵中。再往西的海域分布着眼斑海葵鱼。

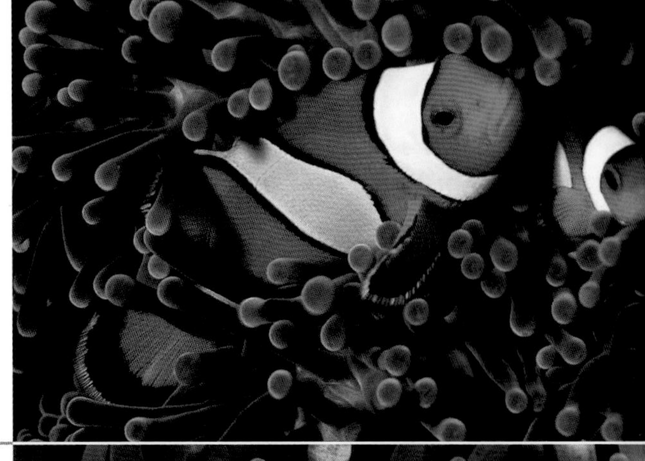

SPINE-CHEEK ANEMONEFISH *Premnas biaculeatus*

透红小丑鱼（又名：棘颊雀鲷）

分布：从印度尼西亚到大堡礁的印度洋-太平洋中海区。

大小：最长达 14 厘米。

栖息地：沿海珊瑚礁，栖息深度为 3~15 米。

生活习性：鱼龄和体形较大的雌鱼体表为红色或褐红色（雄鱼体形较小），总是有三道很细的红白条纹和一个大而显眼的颊棘。仅见于樱蕾篷锥海葵中。

SERGEANT MAJOR *Abudefduf vaigiensis*

五带豆娘鱼

分布：从红海到日本南部和澳大利亚大堡礁的印度洋-太平洋热带海域。

大小：最长达 19 厘米。

栖息地：可见于分布区内的任何地方，常见于断层和斜坡附近的开阔水域中，栖息深度为 1~12 米。

生活习性：体表为灰色，有五道黑色或蓝色条纹，背部为黄色。常被发现聚成大群活动于各种环境中，以开阔水域中的漂浮物为食。很容易和其他几种有条纹的物种混淆。

金凹牙豆娘鱼

GOLDEN SERGEANT
Amblyglyphidodon aureus

分布：从安达曼群岛到密克罗尼西亚，从日本南部到新喀里多尼亚的印度洋－太平洋中海区。

大小：最长达 15 厘米。

栖息地：沿海礁石和外围礁石的断层，栖息深度为 10~40 米。

生活习性：体表为灿烂的金黄色，头部和眼睛周围有杂乱的斑点。单独活动，常被发现在柳珊瑚中活动。该物种有与其他大型雀鲷一样的典型体形。

白腹凹牙豆娘鱼

WHITE–BELLY DAMSEL
Amblyglyphidodon leucogaster

分布：从苏门答腊岛到瓦努阿图，从日本南部到大堡礁的太平洋西部海域。

大小：最长达 13 厘米。

栖息地：沿海礁石和潟湖，栖息深度为 2~50 米。

生活习性：体表为银灰色，腹鳍为亮黄色，背鳍、臀鳍和尾鳍有黑边。在分布区常见，经常单独或聚成小群在开阔水域觅食，常被潜水员忽视。

库拉索凹牙豆娘鱼

STAGHORN DAMSELFISH
Amblyglyphidodon curacao

分布：从新加坡到大堡礁的太平洋西部海域。

大小：最长达 12 厘米。

栖息地：沿海礁石和潟湖，栖息深度为 1~15 米。

生活习性：体表为银色，带有绿色光泽，有三道深色宽条纹，身体中间常有黄色光泽。常被发现聚成小群栖息于鹿角珊瑚中，常被潜水员忽视。

黑褐新箭齿雀鲷

YELLOWFIN DAMSEL
Neoglyphidodon nigroris

分布：从安达曼群岛到瓦努阿图，从日本南部到大堡礁的印度洋－太平洋中海区。

大小：最长达 11 厘米。

栖息地：沿海礁石和外围礁石的斜坡，栖息深度为 2~25 米。

生活习性：体表颜色从前向后渐变，由浅褐色渐变为黄色，背鳍、臀鳍为黄色。常单独或小群活动。经常在通路或通道中觅食，但是常被潜水员忽视，该物种的幼鱼见第 154 页。

JAVANESE DAMSEL
Neoglyphidodon oxyodon

闪光新箭齿雀鲷

分布：从印度尼西亚到菲律宾的印度洋-太平洋中海区。

大小：最长达14厘米。

栖息地：浅水区的沿海礁石和潟湖，栖息深度达4米。

生活习性：体表略带黑色或呈暗褐色，没有任何明显的特征。常被发现单独或聚成松散的小群活动，以死珊瑚上的海藻为食。很容易与同一分布区内的至少四个相像的物种混淆。

BARHEAD DAMSEL
Neoglyphidodon thoracotaeniatus

胸带豆娘鱼

分布：从印度尼西亚到巴布亚新几内亚和所罗门群岛的印度洋-太平洋中海区。

大小：最长达10厘米。

栖息地：沿海礁石、隐蔽的斜坡、潟湖，栖息深度为15~45米。

生活习性：体表为深灰色，银色的头部有三道黑色条纹。单独或聚成松散的小群活动，以开阔水域中的浮游生物或长在死珊瑚上的海藻为食。和大多数雀鲷一样，有强烈的领地意识。

JEWEL DAMSEL
Plectroglyphidodon lacrymatus

莹点豆娘鱼

分布：从东非到法属波利尼西亚，从日本南部到澳大利亚的印度洋-太平洋热带海域。

大小：最长达10厘米。

栖息地：礁顶、碎石海底、潟湖，栖息深度为2~12米。

生活习性：单独或聚成小群活动，常被发现栖息于珊瑚间，从褐色体表、浅色尾巴、背部和头部的少量亮蓝色小点即可辨认出它们。领地意识很强，主要以死珊瑚上的海藻为食。

TALBOT'S DAMSEL
Chrysiptera talboti

塔氏金翅雀鲷

分布：从安达曼群岛到斐济和珊瑚海的印度洋-太平洋中海区。

大小：最长达6厘米。

栖息地：沿海礁石和外围礁石、潟湖、碎石海底，栖息深度为6~30米。

生活习性：体形小，机警，像宝石一样。体表为浅粉色，鳞片边缘为蓝色，头部为亮黄色，背鳍中间有一个黑斑。常单独活动，但是也经常聚成松散的小群活动，常在死珊瑚碎石区的海藻“农场”上活动。

布氏金翅雀鲷

BLEEKER'S DAMSEL *Chrysiptera bleekeri*

分布：从科莫多岛到印度尼西亚西巴布亚省和菲律宾的印度洋－太平洋中海区的局部海域。

大小：最长达 8 厘米。

栖息地：珊瑚密集的沿海礁石，栖息深度为 3~12 米。

生活习性：体表呈亮蓝色或紫色，头上部、背部和背鳍为亮黄色。分布区以东的海域分布着非常相像的黄金翅雀鲷。单独或小群活动，总是活动于珊瑚群下的沙质海底附近。

吻带豆娘鱼

BLUE DEVIL *Chrysiptera cyanea*

分布：从印度尼西亚到日本南部和澳大利亚大堡礁的太平洋西部海域。

大小：最长达 8 厘米。

栖息地：沿海礁石，潟湖的碎石海底，栖息深度为 1~10 米。

生活习性：体表为亮霓虹蓝色，吻至眼睛处有黑色条纹；雄鱼尾巴为黄色（图中为雌鱼）。非常活跃，但很机警，常栖息于珊瑚枝杈间。有好几个相像的物种，都属于刻齿雀鲷属，同在一个分布区内。

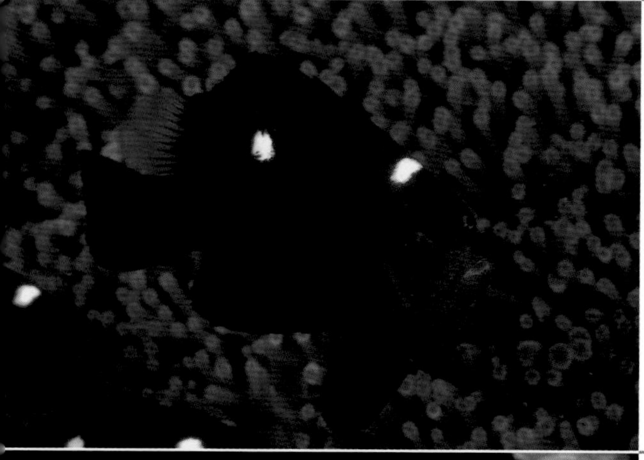

三斑宅泥鱼

THREE-SPOT HUMBUG *Dascyllus trimaculatus*

分布：从红海到法属波利尼西亚的印度洋－太平洋热带海域。

大小：最长达 14 厘米。

栖息地：沿海礁石和外围礁石上的珊瑚间，栖息深度为 2~50 米。

生活习性：幼鱼体表有亮白色斑点（如图），成鱼没有，体表为深棕色。领地意识很强，很常见，以海藻为食，成群聚居。幼鱼常被发现与海葵共生，与海葵鱼混杂在一起。

宅泥鱼

BANDED HUMBUG *Dascyllus aruanus*

分布：从红海到法属波利尼西亚，从日本南部到澳大利亚的印度洋－太平洋热带海域。

大小：最长达 8 厘米。

栖息地：隐蔽礁石上的珊瑚密集区，栖息深度为 1~12 米。

生活习性：体表有黑色和白色条纹，特征明显。常被发现成群聚集在一起，较活跃，如果被靠得太近，会迅速躲进珊瑚枝杈间。与其非常相像的黑尾宅泥鱼的尾巴是黑色的。

网纹宅泥鱼

RETICULATED HUMBUG
Dascyllus reticulatus

分布：从科科斯群岛到萨摩亚，从日本南部到澳大利亚的印度洋-太平洋中海区。
大小：最长达 8 厘米。
栖息地：沿海礁石和外围礁石的珊瑚密集区，栖息深度为 2~50 米。
生活习性：体表为浅灰色或棕黄色，头部后面有一道浅黑色条纹。常被发现成群活动，随时准备在受到惊扰时躲到珊瑚枝杈间。和大多数雀鲷一样，以死珊瑚上的海藻为食。

黑背雀鲷

BLACKVENT DAMSEL
Dischistodus melanotus

分布：从印度尼西亚到日本南部和澳大利亚大堡礁的印度洋-太平洋中海区。
大小：最长达 15 厘米。
栖息地：沿海礁石和潟湖，栖息深度为 2~10 米。
生活习性：体形粗壮，体表为白色，背部和头部有一块区域呈褐色，黄色面颊上有浅粉色斑点，腹部有明显的浅黑色斑点。比其他雀鲷大，领地意识很强，常被发现单独活动，以海藻为食。

纹面雀鲷

HONEYHEAD DAMSEL
Dischistodus prosopotaenia

分布：从安达曼群岛到大堡礁的印度洋-太平洋中海区。
大小：最长达 18 厘米。
栖息地：沿海礁石和潟湖，常栖息于淤泥质海底，栖息深度为 2~12 米。
生活习性：体形大，对雀鲷来说身体较重。颜色非常多变，但体表常为浅褐色，身体中间有浅色竖条纹，胸鳍根部有一个深色斑点。单独或聚成松散的小群活动，通常领地意识非常强。以海藻为食。

绿光鳃鱼

BLACK-AXIL CHROMIS
Chromis atripectoralis

分布：从塞舌尔到法属波利尼西亚，从日本南部到澳大利亚大堡礁的印度洋-太平洋热带海域。
大小：最长达 10 厘米。
栖息地：沿海礁石和外围礁石的珊瑚密集区，栖息深度为 2~15 米。
生活习性：体表为炫目的荧光蓝绿色，胸鳍根部有黑斑。常被发现聚成大群悬停在鹿角珊瑚和枝杈状珊瑚上面。以开阔水域中的浮游生物为食。与其非常相像的蓝绿光鳃鱼没有斑点。

蓝绿光鳃鱼

BLUE-GREEN CHROMIS *Chromis viridis*

分布：从红海和东非到法属波利尼西亚，从日本南部到澳大利亚的印度洋–太平洋热带海域。

大小：最长达 8 厘米。

栖息地：沿海礁石、外围礁石、潟湖，栖息深度为 2~20 米。

生活习性：身体像珠宝一样，体表为明亮的蓝绿色，没有斑点，常被发现聚成密集的大群悬停于珊瑚头上面，受到惊扰时藏匿于珊瑚枝杈间。在整个分布区内都很常见。

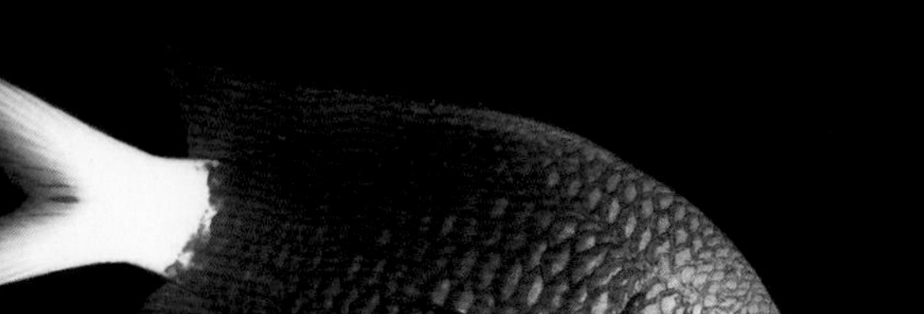

黄尾光鳃鱼

PALE-TAIL CHROMIS *Chromis xanthura*

分布：从科科斯群岛到法属波利尼西亚，从日本南部到新喀里多尼亚的印度洋–太平洋热带海域。

大小：最长达 15 厘米。

栖息地：外围礁石的陡坡和断层，栖息深度为 3~40 米。

生活习性：体表为黑绿色，白色尾巴很显眼，鳞片大。常被发现聚成大群在远洋中的断层附近的开阔水域中觅食，距离礁石相对较远。

线纹光鳃鱼

LINED CHROMIS *Chromis lineata*

分布：从印度尼西亚到所罗门群岛和澳大利亚大堡礁的印度洋–太平洋中海区。

大小：最长达 5 厘米。

栖息地：断层的珊瑚密集区，栖息深度为 2~10 米。

生活习性：体形小，非常活跃，长得像珠宝一样。体表为浅黄色，有横排的霓虹蓝色斑点。常被发现聚成松散的小群悬停在断层和斜坡上的枝杈状珊瑚“灌木丛”上。

长臂光鳃鱼

YELLOW CHROMIS *Chromis analis*

分布：从印度尼西亚到新喀里多尼亚的太平洋西部海域。

大小：最长达 15 厘米。

栖息地：外围礁石的断层，栖息深度为 10~70 米。

生活习性：身体和所有鱼鳍都是亮黄色的，眼睛周围有亮蓝色圆圈。偶尔被发现在断层和斜坡附近的深水区聚成小群，常栖息于缝隙中。以开阔水域中的浮游生物为食。可能是最艳丽的光鳃鱼。

青光鳃鱼

BLUE CHROMIS *Chromis cyanea*

分布：从美国佛罗里达州到巴西的大西洋西部热带海域，加勒比海和巴哈马群岛海域。

大小：最长达 10 厘米。

栖息地：外围珊瑚礁和沿海珊瑚礁，栖息深度为 10~25 米。

生活习性：体表为亮金属蓝色，背部为黑色，叉状尾巴的边缘为黑色。常被发现聚成大群悬停在珊瑚丛上，以浮游生物为食。在整个分布区内数量非常多。

安汶雀鲷

AMBON DAMSEL *Pomacentrus amboinensis*

分布：从安达曼群岛到密克罗尼西亚，从日本南部到澳大利亚的印度洋-太平洋中海区。

大小：最长达 10 厘米。

栖息地：沿海礁石和外围礁石的沙质区、珊瑚碎石区，栖息深度为 2~40 米。

生活习性：体表为黄色，头下部有亮蓝色和粉色斑点。常被发现在沙质海底聚成松散的小群，总是靠近枝杈状珊瑚的头部。在水下偶尔会将其与处于黄色阶段的楔斑雀鲷混淆。

王子雀鲷

OCELLATE DAMSELFISH *Pomacentrus vaiuli*

分布：从印度尼西亚巴厘岛到密克罗尼西亚，从日本南部到澳大利亚的太平洋西部海域。

大小：最长达 10 厘米。

栖息地：潟湖和外围礁石斜坡的珊瑚密集区，栖息深度为 3~45 米。

生活习性：体形较小，活跃，长得像珠宝一样。橘黄色体表上有蓝色鱼鳞，头部和背部有橘黄色区域，后背鳍上有黑色眼斑。在分布区内很常见，通常很机警，单独或聚成松散的小群活动，总是准备随时躲到珊瑚下面。

班卡雀鲷

SPECKLED DAMSEL *Pomacentrus bankanensis*

分布：从安达曼群岛到斐济，从日本南部到澳大利亚的印度洋-太平洋中海区。

大小：最长达 10 厘米。

栖息地：沿海礁石和外围礁石的珊瑚碎石区，栖息深度为 2~12 米。

生活习性：体形小，非常活跃，长得像珠宝一样。体表为黄褐色，有成排的密集的亮蓝色斑点，尾巴为白色，后背鳍根部有明显的黑色眼斑。性情机警，总是准备在受到威胁时藏到珊瑚间。

柠檬雀鲷

LEMON DAMSEL *Pomacentrus moluccensis*

分布：从安达曼群岛到斐济，从日本南部到澳大利亚的印度洋-太平洋中海区。

大小：最长达 8 厘米。

栖息地：沿海礁石和外围礁石的珊瑚密集区，栖息深度为 2~15 米。

生活习性：全身为亮金黄色，有淡蓝色斑点，臀鳍上有不明显的黑边或蓝边。常被发现聚成松散的小群在沙质海底的珊瑚头附近活动，总是准备躲到珊瑚枝杈间寻求庇护。

金腹雀鲷

GOLDBELLY DAMSEL *Pomacentrus auriventris*

分布：从印度尼西亚巴厘岛到密克罗尼西亚的印度洋-太平洋中海区。

大小：最长达 7 厘米。

栖息地：珊瑚碎石礁顶和斜坡，栖息深度为 1~15 米。

生活习性：头部和身体上部为亮霓虹蓝色，身体下部和后部为亮黄色。非常活跃，单独或聚成松散的小群活动，在水下很容易与分布区内其他几种相像的霓虹蓝色、黄色雀鲷混淆，体表界限分明的颜色分布通常是辨认此物种的关键。

黑手雀鲷

GOLDBACK DAMSEL *Pomacentrus nigromanus*

分布：从印度尼西亚到所罗门群岛的印度洋-太平洋中海区热带海域。

大小：最长达 9 厘米。

栖息地：沿海礁石和外围礁石、潟湖，栖息深度为 5~60 米。

生活习性：体表为浅灰色，后上部为黄色，臀鳍的边缘为黑色，胸鳍根部有一个大黑斑。和大多数雀鲷一样，单独或聚成小群活动，常被发现单独或小群栖息在珊瑚丛上面，独特的颜色是辨认该物种的依据。

霓虹雀鲷

NEON DAMSEL *Pomacentrus coelestis*

分布：从斯里兰卡到法属波利尼西亚和日本南部的印度洋-太平洋热带海域。

大小：最长达 7 厘米。

栖息地：沿海礁石和外围礁石，靠近碎石海底，栖息深度为 1~12 米。

生活习性：另一种霓虹蓝色雀鲷，数量丰富，很常见，潜水员常在浅水区见到它们。体表为亮蓝色，头部为圆形，可从透明的黄色臀鳍和尾鳍辨认出它们。

聚焦——共生关系

在复杂的热带珊瑚礁中，所有生物都是相互关联的。在进化过程中，许多生物与其他生物发展为十分有趣的互利关系，离开了那些生物，它们就无法生存。

基于竞争激烈的环境中的共同利益，许多珊瑚礁生物之间形成了非常有趣的关系。这种关系一般被称为“共生”，如果这种关系对共生的双方物种都有利，那么这种关系被称为“互利共生”，如果仅对一方有利，则叫“偏利共生”（如果寄主受害了，则是“寄生”）。但是，我们仍然无法对大多数已知情况做出准确判断。这些有趣而奇怪的“权益婚姻”中最有名的可能就是各种海葵鱼和各种大海葵之间的共生关系。幼鱼逐渐对寄主有毒的刺丝囊完全免疫——有毒的触须对其他鱼是致命的——它们从来不离开海葵提供的微生境。其他与海葵共生的动物还有各种甲壳动物，如岩虾（也常见于海蛞蝓、海胆、海参和海星上）和新岩瓷蟹。不过，把这种情况称作偏利共生似乎更准确一些，因为寄主并没有从小甲壳动物身上获得明显的好处。

白斑拖虾离开寄主海百合后无法生存

泥质和沙质海底的小鼓虾和它们的寄主虾虎鱼之间是明显的互利共生关系。这两个物种住在同一个洞穴中——在柔软的海底挖的洞穴——几乎什么也看不见的小鼓虾负责打扫、整理洞穴，而虾虎鱼则当向导。两种生物用精确的“语言”进行交流：小鼓虾震动触须，虾虎鱼震动尾鳍。还有其他虾类——岩虾、鞭腕虾和猬虾，鱼就更不用说了（特别是隆头鱼）——也在复杂的互利共生关系中起主要作用，这种关系使“清洁工”和它们的“客户”紧密地联系在一起，双方在这种关系下发挥各自的作用。“清洁工”长着明显的有颜色的条纹，待在容易被发现的视野开阔处；“客户”来

海葵鱼和它们寄居的海葵之间的共生关系可能是珊瑚礁中最有名的

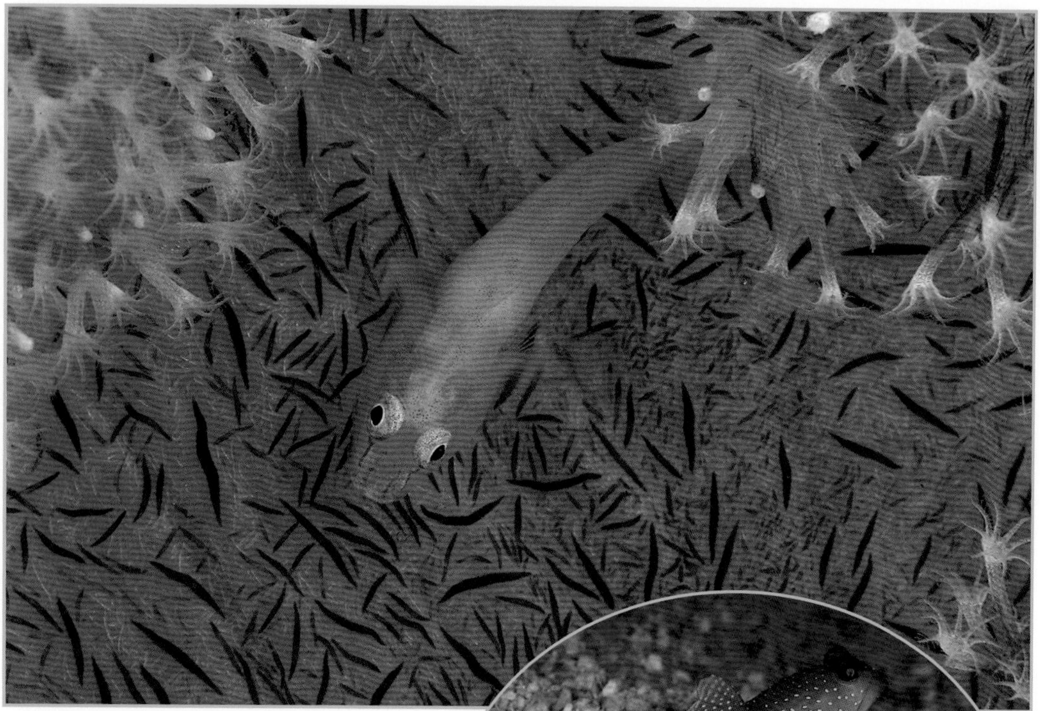

几种半透明的小虾虎鱼只寄居在软珊瑚上

到“清洁站”，表明自己完全没有攻击性，“清洁工”开始清除“客户”的皮肤、鳃、嘴上的寄生虫和食物残渣。在一次现场试验中，当把一片珊瑚礁上的“清洁工”人为清除后，它们的“客户”受感染的现象加剧，寄生虫显著增加。参与这项清洁活动的物种——主要是小隆头鱼和虾，不过也有几种刺盖鱼和蝴蝶鱼的幼鱼——基本上享有豁免权。它们可以进到捕食者的嘴里，如鮨鱼和海鳝，它们随意进出，几乎不用担心被吞下去。远洋物种（如鲫和舟鰤）与大型生物（尤其是海龟、鲨鱼和魟鱼）组成的共生关系虽然很少被描述，但是也非常有趣，在这种关系中究竟哪一方获利仍然是个谜。然而，有一点是可以肯定的：珊瑚礁中关系不明确的共生案例确实不胜枚举。

最有趣的共生关系之一是几种虾虎鱼和伺候它们的小鼓虾构成的密切关系

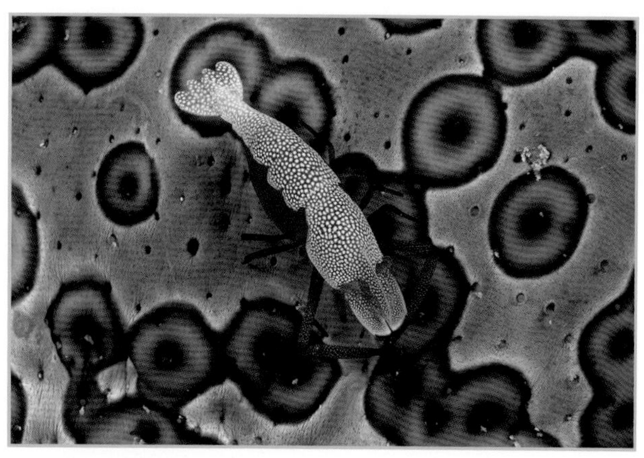

通常能在许多寄主身上见到帝王虾

潜水员和雀斑副鳚在一起，印度尼西亚，西巴布亚省，拉贾安帕群岛

该科有9属，约有35种，多见于印度洋－太平洋海域。鳊鱼栖息于海底或者用它们厚厚的胸鳍吸在海扇上，总是随时准备扑向开阔水域中或者附近珊瑚群中毫无戒备的猎物。它们通常很活跃，在珊瑚群中来回游动；大多数鳊鱼都在固定水域活动，常被发现松散地聚成小群，在某种海绵或海扇上活动。

水下摄影提示：鳊鱼是非常受欢迎的拍摄对象，但是你需要有很大的耐心并进行偷拍，因为它们反复无常。使用微距镜头（105毫米）较合适，如果它们暂时被你吓跑了，你可以等它们回到栖息处再拍。

斑金鳊

BLOTCHED HAWKFISH *Cirrhitichthys aprinus*

分布：从马来西亚到巴布亚新几内亚，从日本南部到澳大利亚的印度洋－太平洋中海区。

大小：最长达10厘米。

栖息地：沿海礁石，栖息深度为5~40米。

生活习性：体表为白色，有不规则的或圆形的浅红色斑点，尾部无特征，显著特征是面颊上有一个眼斑。背鳍鳍条的尖端为簇状。常被发现在软珊瑚群或黑珊瑚群中活动，有领地意识，单独或聚成松散的小群活动。

尖头金鳊

SPOTTED HAWKFISH *Cirrhitichthys oxycephalus*

分布：从红海到巴拿马的印度洋－太平洋热带海域。

大小：最长达10厘米。

栖息地：沿海礁石和岩礁，栖息深度为3~40米。

生活习性：体表为白色，有许多亮红色或褐色圆形斑点，尾部有斑点，面颊上没有眼斑。常单独活动。住在深水区的个体通常颜色更红。以小猎物为食，以闪电般的速度捕捉到猎物后再回到原栖息处。

真丝金鳊

CORAL HAWKFISH *Cirrhitichthys falco*

分布：从马尔代夫到密克罗尼西亚，从日本南部到澳大利亚的印度洋－太平洋中海区。

大小：最长达10厘米。

栖息地：外围礁石的珊瑚密集区，栖息深度为4~50米。

生活习性：体表为白色，有不规则的浅褐色条纹和鞍状斑，眼睛下面的红色条纹是其显著特征。背鳍鳍条的尖端为簇状，尾部有斑点。单独活动，以小猎物为食，以闪电般的速度捕捉到猎物后再回到原栖息处。

LONGNOSE HAWKFISH
Oxycirrhites typus

尖吻鎓

分布：从红海到巴拿马，从日本南部到大堡礁的印度洋-太平洋热带海域。

大小：最长达 13 厘米。

栖息地：仅见于外围礁石上的柳珊瑚群和黑珊瑚群中，栖息深度为 12~100 米。

生活习性：白色体表上有明显的红色格纹，显著特征是吻长而尖，背鳍鳍条尖端为簇状。单独或聚成松散的小群活动，通常易受到惊吓，仅发现于大的柳珊瑚群和黑珊瑚群中。

RINGEYE HAWKFISH
Paracirrhites arcatus

副鎓

分布：从红海到法属波利尼西亚，从日本南部到澳大利亚的印度洋-太平洋热带海域。

大小：最长达 13 厘米。

栖息地：沿海礁石和外围礁石的珊瑚头上，栖息深度为 1~35 米。

生活习性：体表为浅黄色、浅红色或橄榄褐色，体侧有白色横条纹，眼睛后方和鳃盖上有明显的橘黄色、红色和蓝色斑点。常单独或聚成松散的小群活动于珊瑚头附近。会爆发出鹰一般的速度捕捉猎物。

FORSTER'S HAWKFISH
Paracirrhites forsteri

雀斑副鎓

分布：从红海到法属波利尼西亚，从日本南部到澳大利亚的印度洋-太平洋热带海域。

大小：最长达 22 厘米。

栖息地：沿海礁石和外围礁石的珊瑚头，栖息深度为 1~35 米。

生活习性：体表颜色多变，可能为浅褐色、浅黄色或浅红色，头部有小斑点，身体上有条纹。体形短胖，身体较重，常单独或聚成松散的小群在珊瑚头上活动。用鹰一样的速度捕捉猎物，之后会回到原来的栖息处。

GIANT HAWKFISH
Cirrhitus rivulatus

沟鎓

分布：从美国加利福尼亚州到哥伦比亚的太平洋东部海域。

大小：最长达 50 厘米。

栖息地：沿海岩礁和布满巨石的水域，栖息深度为 5~25 米。

生活习性：体形较大的鎓鱼，身体短胖，头大。体表呈浅褐色或橄榄褐色，有许多不规则的浅黄色带蓝边的条纹。尽管体形大，但伪装得异常巧妙。通常单独活动，一动不动地藏在岩石和巨石间伏击猎物。

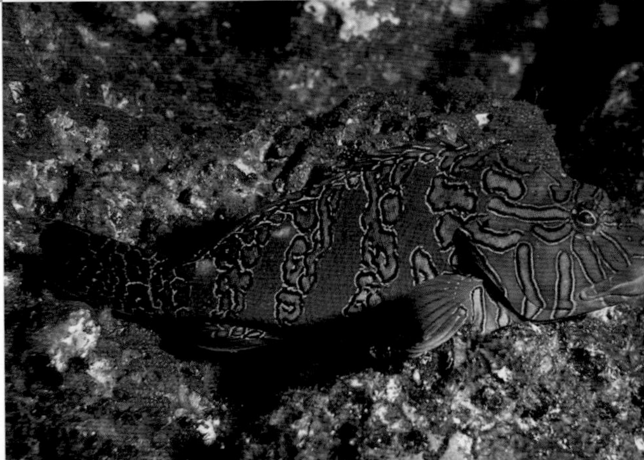

长鳍鲤𫚥

LYRETAIL HAWKFISH *Cyprinocirrhites polyactis*

分布：从东非到澳大利亚和日本南部的印度洋–太平洋热带海域。

大小：最长达 15 厘米。

栖息地：沿海礁石和斜坡，栖息深度为 10~130 米。

生活习性：体表为橘褐色或浅粉色，尾部分叉明显。唯一以浮游生物为食的𫚥鱼，成群悬停在水中。偶见于浑浊水域，因其行为异常，常被潜水员误认作花鮨。

后颌䲢科 JAWFISHES *Opistognathidae*

该科很小，知名度不高，有 3 属，大约有 70 种。有许多物种仍未被描述过，但是潜水员和水下摄影者对它们比较熟悉。该科物种都有典型的蝌蚪状体形，大头像青蛙，嘴很大，眼睛突出。身体相对较小，十分细长。它们都住在自己在海底挖的垂直的管状洞穴里，通常几条鱼靠得很近，以浮游动物为食。

水下摄影提示：该科物种是非常有趣的拍摄对象，特别是当它们用口孵卵或者在海底挖洞时。你需要有耐心并进行偷拍，因为它们非常害羞，总想钻进洞里。必须使用微距镜头（105 毫米）。

后颌䲢

GOLD-SPEC JAWFISH *Opistognathus randalli*

分布：从印度尼西亚到加里曼丹岛和菲律宾的印度洋–太平洋中海区。

大小：最长达 12 厘米。

栖息地：沿海礁石的沙质和碎石底部，栖息深度为 5~30 米。

生活习性：很容易从虹膜上方的亮金黄色标记辨认出它们。身体很少被潜水员看到，全身为白色，有 8~10 道金黄色竖条纹。常被发现从洞穴中往外窥视，等待食物飘过来。有强烈的领地意识。图中个体正在用口孵卵，卵快要孵化了。

枝状长颌䲢

GIANT JAWFISH *Opistognathus dendriticus*

分布：印度洋 – 太平洋中海区，仅见于沙巴州和菲律宾之间的苏禄海。

大小：最长达 25 厘米。

栖息地：沿海礁石的沙质和淤泥质底部，栖息深度为 1~40 米。

生活习性：在分布区内不常见，体形大，体表为浅黄色，眼睛上有深褐色面罩状图案。单独活动，常被发现从洞穴中往外窥视，密切注视飘过的食物和潜在的入侵者。图中个体口中的卵快要孵化了。

UNDESCRIBED JAWFISH *Opistognathus sp.*

后颌螣属未定种

分布：目前未知，发现于马来西亚加里曼丹岛附近的苏禄海和苏拉威西海。
大小：最长达 15 厘米。
栖息地：沿海礁石的珊瑚碎石底部，栖息深度为 10~30 米。
生活习性：未知，可能与该区域的大多数后颌螣相似。体表为浅色，有红褐色斑点，眼睛周围有明显的褐色圆圈。尚无文献描述。

UNDESCRIBED JAWFISH *Opistognathus sp.*

后颌螣属未定种

分布：目前未知，发现于印度尼西亚加里曼丹岛附近的北苏拉威西省的蓝碧海峡。
大小：最长达 15 厘米。
栖息地：珊瑚碎石海底，栖息深度为 15 米。
生活习性：尚无描述。体表有白色、深褐色和黄色的大理石花纹。有文献记载在印度尼西亚北苏拉威西省的蓝碧海峡发现过，可能在其他地区分布广泛。

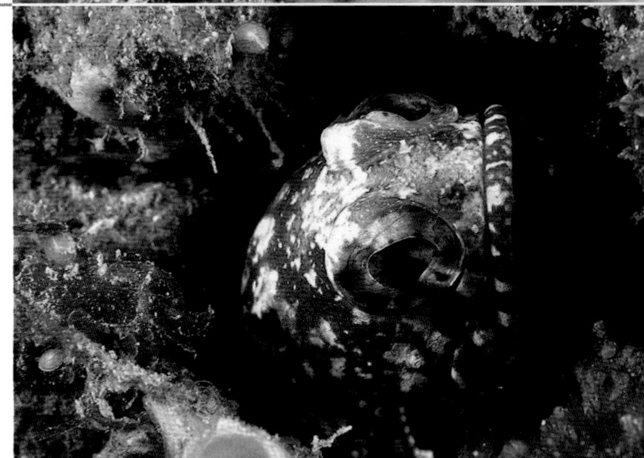

UNDESCRIBED JAWFISH *Opistognathus sp.*

后颌螣属未定种

分布：发现于印度尼西亚北苏拉威西省蓝碧海峡、马来西亚沙巴州附近的苏禄海和苏拉威西海。
大小：最长达 15 厘米。
栖息地：珊瑚碎石海底，栖息深度为 18 米。
生活习性：尚无描述。身体为亮黄色。有文献记载在印度尼西亚北苏拉威西省的蓝碧海峡和马来西亚加里曼丹岛沙巴州的好几个地方发现过。但是可能在其他地区分布广泛。

鲻科 MULLETS *Mugilidae*

该科非常大，大约有 13 属、70 多种，其中许多物种发现于温水和冷水中。大多数鲻鱼也能进入微咸水和淡水水域，常被发现于入海口和河口。通常聚成大群快速游动，多靠近沙质和泥质海底，用鳃从满嘴的沙子中滤取食物颗粒。头一般都很宽，嘴突出，上下颌均匀；体表鳞片大，像镀了铬一样反光。

水下摄影提示：鲻鱼不好拍，因为它们通常栖息于浑浊水域中，游动快，无固定路线。

鲻鱼（又名：粒唇鲻）

WARTY-LIPPED MULLET *Crenimugil crenilabis*

分布：从红海到法属波利尼西亚，从日本南部到澳大利亚的印度洋-太平洋热带海域。

大小：最长达 40 厘米。

栖息地：珊瑚礁底部的沙质或淤泥质海底，栖息深度为 2~10 米。

生活习性：体形细长，体表为银色，每排鳞片上都有深色条纹，尾部为深色，呈半月形。常被发现聚成大群在海底附近快速游动，在吞吃泥沙并用鳃过滤食物颗粒时，水中会扬起沙尘。

隆头鱼科 WRASSES *Labridae*

该科是珊瑚礁鱼类中最大、最重要的一科，包括 60 多属，有 400 多个已知物种，还有许多物种尚无描述。大多数物种呈高度多样化，一般都色彩艳丽，而且极为多变，幼鱼与成鱼看起来完全不同。它们通常以一雄多雌的群体聚居，占统治地位的雄鱼是变性的雌鱼。所有物种都在白天活动，在海底捕食，有时候为其他大鱼当“清洁工”。

水下摄影提示：大多数隆头鱼极为艳丽多彩，但是对大多数摄影师来说，它们很难拍，因为它们游动快，路线不固定。一张好的隆头鱼照片弥足珍贵！你必须反应迅速，并在非常清澈的水中拍摄，最佳拍摄时机是它们跟在羊鱼后面寻找食物碎屑时。

露珠盔鱼

YELLOWTAIL CORIS *Coris gaimard*

分布：从印度尼西亚到法属波利尼西亚，从日本南部到大堡礁的印度洋-太平洋中海区。

大小：最长达 40 厘米。

栖息地：沿海礁石和外围礁石的珊瑚碎石区，栖息深度为 3~50 米。

生活习性：体形大，体表颜色随年龄变化（图中为成鱼）。在水下可从尺寸、黄色尾部和身体后部的亮蓝色斑点辨认该物种。单独活动，常被发现翻动石块和珊瑚碎屑寻找小型无脊椎动物。幼鱼见第 155 页。

鳃斑盔鱼

CLOWN CORIS *Coris aygula*

分布：从东非到法属波利尼西亚，从日本南部到澳大利亚的印度洋-太平洋热带海域。

大小：最长达 40 厘米。

栖息地：沿海礁石和外围礁石的珊瑚碎石区，栖息深度为 2~30 米。

生活习性：头部为白色，有黑斑，成鱼身体后部为深灰色。幼鱼（如图）的斑点更亮丽，背部有两个鞍状斑，其显著特征是背鳍上有两个眼斑。单独活动，常被发现翻动珊瑚碎屑寻找无脊椎动物。

BATU CORIS
Coris batuensis

巴都盔鱼

分布：从东非到密克罗尼西亚，从日本南部到澳大利亚的太平洋西部海域。

大小：最长达 17 厘米。

栖息地：礁石的沙质底部和珊瑚碎石底部，栖息深度为 2~30 米。

生活习性：体表略带白色，身体上部有几道浅褐色条纹，背鳍上有小眼斑。常被发现紧跟着在海底觅食的羊鱼，活跃地争抢食物。

BROOMTAIL WRASSE
Cheilinus lunulatus

雀尾唇鱼

分布：从红海到亚丁湾、阿拉伯海。

大小：最长达 45 厘米。

栖息地：沿海礁石中的潟湖、通路、珊瑚碎石区，栖息深度为 2~30 米。

生活习性：体表呈暗绿色和蓝色，头部有虫迹状图案，鳃盖上有亮黄色斑点。单独活动，非常害羞，不易接近，偶尔在海底游动，积极觅食。再往东到澳大利亚的海域分布着与其非常相像的三叶唇鱼。

FLORAL WRASSE
Cheilinus chlorourus

绿尾唇鱼

分布：从东非到法属波利尼西亚，从日本南部到澳大利亚的印度洋-太平洋热带海域。

大小：最长达 36 厘米。

栖息地：沿海礁石的沙质区和珊瑚碎石区，栖息深度为 2~30 米。

生活习性：身体为浅褐色，有发白的斑点，体侧通常有成排清晰可见的珊瑚粉圆点。单独活动，常被发现在海底栖息，靠在岩石或珊瑚头上。和大多数隆头鱼一样，以底栖无脊椎动物为食，包括甲壳动物。

RED-BREASTED WRASSE
Cheilinus fasciatus

黄带唇鱼

分布：从红海到新喀里多尼亚，从日本南部到澳大利亚的印度洋-太平洋热带海域。

大小：最长达 36 厘米。

栖息地：沿海礁石和外围礁石的沙质区和珊瑚碎石区，栖息深度为 3~40 米。

生活习性：体表有明显的黑白相间的条纹，头部后面有亮红色区域，头部为浅绿色，眼睛周围有橘黄色放射状条纹。单独活动，常被发现在海底缓慢地游动觅食，主要以底栖无脊椎动物为食。

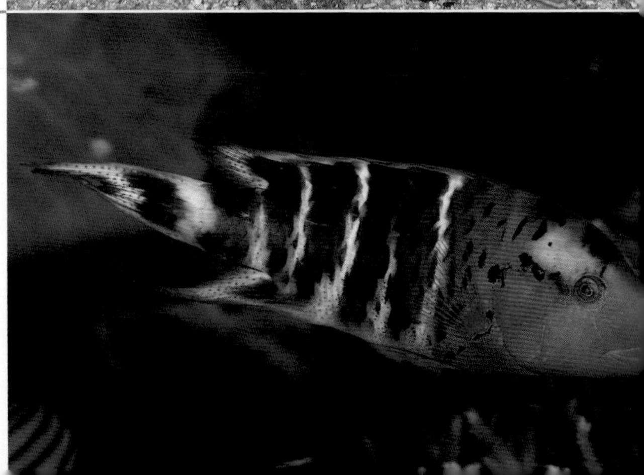

波纹唇鱼

NAPOLEON WRASSE *Cheilinus undulatus*

分布：从红海到法属波利尼西亚，从日本南部到澳大利亚的印度洋-太平洋热带海域。

大小：最长达 1.3 米。

栖息地：斜坡和断层，栖息深度为 5~60 米。

生活习性：非常有名，特征明显。体形大，体表为亮蓝绿色，前额隆起，体表有精美的深色迷宫状图案。单独或成对活动，偶尔表现得很好奇、很“友好”。但是由于过度捕捞，该物种处于严重濒危状态。

鞍斑猪齿鱼

ANCHOR TUSKFISH *Choerodon anchorago*

分布：从印度到巴布亚新几内亚，从日本南部到澳大利亚的印度洋-太平洋中海区。

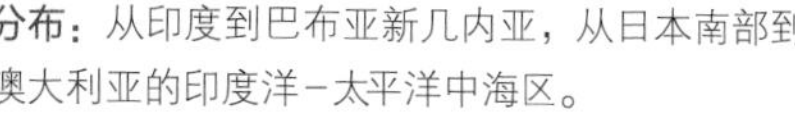

大小：最长达 40 厘米。

栖息地：沿海礁石和潟湖的珊瑚碎石区，栖息深度为 2~25 米。

生活习性：灰色头部粗短，牙齿突出，身体下半部和后部为白色，背部有黑色矩形斑。颜色能在几秒内随意变深或变浅。同一区域内有几个相似物种，但该物种是最常见和最容易辨认的。

蓝侧丝隆头鱼

BLUESIDE WRASSE *Cirrhilabrus cyanopleura*

分布：从安达曼群岛到巴布亚新几内亚，从日本南部到澳大利亚的印度洋-太平洋中海区。

大小：最长达 10 厘米。

栖息地：潟湖的珊瑚、碎石混合区，斜坡，栖息深度为 2~25 米。

生活习性：头部和身体前部为明显的蓝色，后部为橘褐色。很少单独活动，经常聚成松散的大群在靠近海底的水域悬停或游动。颜色随年龄、性别发生变化的情况有详细记载。

卢氏丝隆头鱼

LUBBOCK'S WRASSE *Cirrhilabrus lubbocki*

分布：从印度尼西亚到菲律宾的印度洋-太平洋中海区。

大小：最长达 8 厘米。

栖息地：珊瑚礁朝向海洋的那一面的碎石底部，栖息深度为 4~45 米。

生活习性：头部和背部为亮橘黄色，身体上有紫色斑点或条纹。有几个物种在水下看起来与其很相像。常被发现聚成小群活动，在珊瑚碎石底部快速地来回游动，以开阔水域中的浮游生物为食。

ORANGEBACK WRASSE
Cirrhilabrus aurantidorsalis

橘背丝隆头鱼

分布：印度尼西亚中苏拉威西省附近的印度洋-太平洋中海区。

大小：最长达 10 厘米。

栖息地：沿海礁石的珊瑚碎石底部和斜坡，栖息深度为 10~30 米。

珊瑚习性：背部为亮橘黄色，身体为紫色或紫罗兰色，与下一个物种的成熟阶段很像。分布非常局部化。常被发现以松散的一雄多雌群体聚居，在海底快速地来回游动，以开阔水域中的浮游生物为食。

RED-EYE WRASSE
Cirrhilabrus solorensis

绿丝隆头鱼

分布：印度尼西亚北苏拉威西省和中苏拉威西省附近的印度洋-太平洋中海区。

大小：最长达 12 厘米。

栖息地：沿海礁石的珊瑚碎石底部，栖息深度为 5~35 米。

生活习性：几乎与上一个物种完全一样；在整个交配期，个体偶尔会变成图中这种颜色。常被发现一雄多雌聚成一群，在海底来回游动。在水下难以辨认。

FILAMENTOUS FLASHER WRASSE
Paracheilinus filamentosus

月尾副唇鱼

分布：从印度尼西亚巴厘岛到巴布亚新几内亚和所罗门群岛的印度洋-太平洋中海区。

大小：最长达 8 厘米。

栖息地：斜坡和沿海礁石的珊瑚碎石区，栖息深度为 10~40 米 。

生活习性：橘红色体表上有亮紫蓝色条纹，尾巴为新月状，背鳍漂亮直立，雄性会在求偶期展示身体，把尖端为丝状的背鳍直立起来。经常一雄多雌大群聚居，有一条占统治地位的雄鱼和许多雌鱼，在海底快速地来回游动。

BLUE FLASHER WRASSE
Paracheilinus cyaneus

蓝背副唇鱼

分布：从加里曼丹岛到西巴布亚省的印度洋-太平洋中海区。

大小：最长达 7 厘米。

栖息地：沿海礁石的珊瑚碎石底部，水深为 6~20 米。

生活习性：与上一个物种非常像，但是该物种颈部有亮蓝色斑点。仅见于分布区，分布非常局部化。常见以一雄多雌的群体在海底快速游动，图中是一条当首领的雄鱼和两条雌鱼。

珠斑大咽齿鱼

LEOPARD WRASSE *Macropharyngodon meleagris*

分布：从科科斯群岛到密克罗尼西亚，从日本南部到澳大利亚的印度洋－太平洋热带海域。

大小：最长达 15 厘米。

栖息地：沿海礁石和外围礁石的珊瑚和碎石底部，栖息深度为 2~30 米。

生活习性：体表为白色，幼鱼有豹纹状黑点（如图），成鱼的体表变为浅橘黄色，带蓝绿色斑点。单独或小群活动，常被发现在海底觅食。

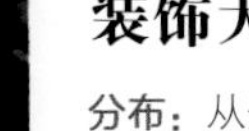

装饰大咽齿鱼

ORNATE LEOPARD WRASSE *Macropharyngodon ornatus*

分布：从安达曼群岛到萨摩亚，从日本南部到澳大利亚的印度洋－太平洋中海区。

大小：最长达 12 厘米。

栖息地：珊瑚礁的珊瑚碎石和沙质底部，栖息深度为 3~30 米。

生活习性：斑点特别漂亮，体表略带黑色，每片鳞片上都有亮蓝绿色斑点，幼鱼头部为浅红色。游动速度快，和大多数隆头鱼一样，总是在游动，常被发现在海底觅食。

黄尾阿南鱼

YELLOWTAIL WRASSE *Anampses meleagrides*

分布：从红海到法属波利尼西亚，从日本南部到澳大利亚的印度洋－太平洋热带海域。

大小：最长达 22 厘米。

栖息地：沿海礁石的珊瑚碎石和沙质底部，栖息深度为 2~60 米。

生活习性：成鱼为浅褐色，有带蓝边的鳞片。幼鱼（如图）特别黑，有成排的亮白色斑点，尾巴为黄色。常被发现在海底附近飘忽不定地游动觅食。

荧斑阿南鱼

BLUE-SPOTTED WRASSE *Anampses caeruleopunctatus*

分布：从红海到复活节岛的印度洋－太平洋热带海域。

大小：最长达 42 厘米。

栖息地：浅水区的珊瑚礁或岩礁，栖息深度为 1~30 米。

生活习性：身体呈梭子形，体表为深绿色或浅褐绿色，每片鳞片上都有浅蓝绿色条纹，嘴唇为蓝色，胸鳍后面有石灰绿色或黄色条纹。单独或一雄多雌聚在一起活动，通常在珊瑚上方快速游动。和大多数隆头鱼一样，把身体埋在沙子里睡觉。

YELLOWBREASTED WRASSE
Anampses twistii

星阿南鱼

分布：从红海到法属波利尼西亚，从日本南部到澳大利亚的印度洋–太平洋热带海域。

大小：最长达 18 厘米。

栖息地：外围礁石和潟湖的珊瑚碎石区，栖息深度为 3~30 米。

生活习性：体表为浅紫褐色，胸部为亮黄色；幼鱼（如图）的背鳍和尾鳍后部有清晰可见的眼斑，这是与其他几个阿南鱼属物种共有的特征。常单独活动，偶见成对活动。

SLINGJAW WRASSE
Epibulus insidiator

伸口鱼

分布：从红海到法属波利尼西亚和夏威夷，从日本南部到澳大利亚的印度洋–太平洋热带海域。

大小：最长达 35 厘米。

栖息地：潟湖、沿海礁石和外围礁石的珊瑚密集区，栖息深度为 3~40 米。

生活习性：颜色极为多变，有亮黄色、橄榄色、黑色、橘黄色。单独活动，十分隐秘。是狡猾的捕食者，下颌大而突出，能在很短的时间内吞下异常大的猎物。

BLACKEYE THICKLIP
Hemigymnus melapterus

黑鳍厚唇鱼

分布：从红海到法属波利尼西亚，从日本南部到澳大利亚的印度洋–太平洋热带海域。

大小：最长达 60 厘米。

栖息地：沿海礁石和外围礁石的沙质区、斑礁和碎石区，栖息深度为 2~30 米。

生活习性：身体健壮，有典型多肉的嘴唇，每片浅灰色的鳞片上都有蓝绿色斑点。单独活动，非常活跃，常被发现在岩石和死珊瑚碎片上游动，以底栖无脊椎动物为食，摄食行为不规律。

BANDED THICKLIP
Hemigymnus fasciatus

横带厚唇鱼

分布：从红海到法属波利尼西亚，从日本南部到澳大利亚的印度洋–太平洋热带海域。

大小：最长达 50 厘米。

栖息地：隐蔽的珊瑚密集区的沙质通道和潟湖，栖息深度为 2~25 米。

生活习性：体表为黑色，有五道很窄的白色条纹，头部为亮浅绿色，有明显的不规则的蓝色和粉色条纹，有典型多肉的嘴唇。在分布区常见，常单独或小群在海底觅食。

杂色尖嘴鱼

BIRD WRASSE *Gomphosus varius*

分布：从印度尼西亚到法属波利尼西亚，从日本南部到澳大利亚的太平洋热带海域。

大小：最长达 30 厘米。

栖息地：沿海礁石和外围礁石、潟湖，栖息深度为 5~40 米。

生活习性：样子可笑，外观特征明显，吻细长。成鱼体表为蓝绿色，胸鳍后有亮黄绿色条纹。幼鱼为灰色，吻为橘黄色。游动速度快，活跃，再往西被长得几乎完全一样的印度洋雀尖嘴鱼取代。

管唇鱼

CIGAR WRASSE *Cheilio inermis*

分布：从红海到夏威夷，从日本南部到澳大利亚的印度洋-太平洋热带海域。

大小：最长达 50 厘米。

栖息地：潟湖和沿海礁石的海草区，栖息深度 2~30 米。

生活习性：体形细长，呈雪茄形，吻细长，体表为浅绿色或黄色。行动隐秘的捕食者，通常单独活动。偶尔被发现一雄多雌聚在一起在礁坪上有海草的区域活动。

环带细鳞盔鱼

RING WRASSE *Hologymnosus annulatus*

分布：从红海到法属波利尼西亚，从日本南部到澳大利亚的印度洋-太平洋热带海域。

大小：最长达 40 厘米。

栖息地：礁坡的珊瑚密集区，栖息深度为 5~40 米。

生活习性：体形特别细长，体表为暗绿色或浅蓝绿色，有垂直的紫色细条纹。单独活动，行动隐秘，在珊瑚丛中捕食。图中所示个体正在被“清洁工”裂唇鱼清理身体。

狭带细鳞盔鱼

PASTEL RING WRASSE *Hologymnosus doliatus*

分布：从红海到密克罗尼西亚，从日本南部到澳大利亚的印度洋-太平洋热带海域。

大小：最长达 40 厘米。

栖息地：沿海礁石和外围礁石的沙质区、珊瑚区和碎石区，栖息深度 3~30 米。

生活习性：身体细长，体表为浅蓝绿色，有许多浅蓝色细条纹。成鱼（图中是幼鱼）的身体前部有很宽的带蓝边的浅色区域。和大多数隆头鱼一样，白天单独活动，以底栖无脊椎动物为食。

金色海猪鱼

分布：从印度尼西亚到密克罗尼西亚，从日本南部到澳大利亚的印度洋－太平洋中海区。

大小：最长达 12 厘米。

栖息地：外围礁石的沙质区、珊瑚区和碎石区，栖息深度为 2~60 米。

生活习性：体表为亮金黄色，背鳍上有两个眼斑。常见到非常小的幼鱼在海葵中和其他物种混杂在一起。成鱼小群聚居，在珊瑚丛中和海底比较活跃。

黄斑海猪鱼

分布：从印度尼西亚到萨摩亚，从日本南部到大堡礁的太平洋西部海域。

大小：最长达 12 厘米。

栖息地：珊瑚密集的隐蔽水域，栖息深度为 2~15 米。

生活习性：体表为蓝绿色、绿色和橘黄色，上面的斑点很漂亮，面颊上有黄色大斑点，尾巴为电蓝色，边缘为黑色。常被发现单独活跃地游动，在海底的死珊瑚和碎石片上游动觅食。

纵纹海猪鱼

分布：从印度尼西亚到巴布亚新几内亚，从日本南部到马绍尔群岛的印度洋－太平洋中海区。

大小：最长达 19 厘米。

栖息地：隐蔽的沿海礁石的珊瑚密集区，栖息深度为 2~15 米。

生活习性：体形细长，体表为黄绿色，头部有蓝色条纹，鳃盖上有亮蓝色边缘。游动速度快且无规律，单独或聚成松散的小群活动，常被发现在海底觅食无脊椎动物。

索洛海猪鱼

分布：从印度尼西亚到菲律宾的印度洋－太平洋中海区热带海域。

大小：最长达 18 厘米。

栖息地：沿海礁石和外围礁石的珊瑚密集区，栖息深度为 10~40 米。

生活习性：体色极为多变，有绿色、粉色、淡紫色，但是红色的背鳍和带有亮粉色条纹的黄色头部是其显著特征。常被发现在珊瑚上方或之间优雅地快速游动，偶尔被发现停在海底觅食无脊椎动物。

圃海海猪鱼

CHECKERBOARD WRASSE
Halichoeres hortulanus

分布：从红海到法属波利尼西亚，从日本南部到澳大利亚的印度洋-太平洋热带海域。

大小：最长达 30 厘米。

栖息地：潟湖和沿海礁石的珊瑚区、沙质区和碎石区，栖息深度为 2~35 米。

生活习性：体表为浅色，每片鳞片上都有蓝色条纹，头部为粉色，有绿色条纹，尾巴为黄色，背鳍前面有斑点。单独活动，常被发现在海底附近快速无规律地游动，翻动死珊瑚碎片寻找底栖无脊椎动物。

双斑海猪鱼

GOLDSTRIPE WRASSE
Halichoeres zeylonicus

分布：从红海到萨摩亚，从日本南部到澳大利亚的印度洋和太平洋西部海域。

大小：最长达 15 厘米

栖息地：沿海礁石的沙质和碎石底部，栖息深度为 2~40 米。

生活习性：幼鱼体表为粉色（如图），成鱼为绿色，从眼睛到尾部有亮粉紫色横条纹。常被发现聚成小群在长在珊瑚头间的沙质和泥质通道上的海葵附近活动。

侧带海猪鱼

ZIGZAG WRASSE
Halichoeres scapularis

分布：从红海到巴布亚新几内亚，从日本南部到澳大利亚的印度洋-太平洋中海区。

大小：最长达 25 厘米。

栖息地：沿海礁石的沙质区和碎石区，常在淤泥海底，栖息深度为 2~20 米。

生活习性：体表为浅绿色，鳞片的边缘为蓝色，粉色的头上有绿色斑点，眼睛为亮红色，鳃盖附近有散射状黑点。单独或聚成松散的小群活动，总是在海底快速而无规律地游动。

异鳍拟盔鱼

TORPEDO WRASSE
Pseudocoris heteroptera

分布：从查戈斯群岛到巴布亚新几内亚和日本的印度洋-太平洋热带海域。

大小：最长达 20 厘米。

栖息地：沙质区、碎石区和珊瑚礁顶部的滩地，栖息深度为 10~25 米。

生活习性：体表颜色能在短时间内改变，但通常身体前部为浅蓝色，后部有黄色和黑色条纹。尾巴细长，末端部分呈细丝状，很罕见。体形大的成年雄鱼偶尔在海底快速而无规律地游动，以开阔水域中的浮游动物为食。

尖吻唇鱼

CELEBES WRASSE *Oxycheilinus celebicus*

分布：从加里曼丹岛到所罗门群岛的印度洋－太平洋中海区。

大小：最长达 25 厘米。

栖息地：沿海礁石的珊瑚密集区，栖息深度为 3~30 米。

生活习性：体表为浅褐色，有复杂的红色和紫色斑点，吻细长，眼睛周围有粉色、红色或橘黄色的放射状条纹。颜色能在短时间内变浅或变深。单独活动，游动缓慢，常被发现靠在珊瑚或岩石上休息。

双斑尖唇鱼

TWOSPOT WRASSE *Oxycheilinus bimaculatus*

分布：从东非到法属波利尼西亚，从日本南部到澳大利亚的印度洋－太平洋热带海域。

大小：最长达 15 厘米。

栖息地：隐蔽的沿海礁石的碎石区和海草区，栖息深度为 2~100 米。

生活习性：体表有红色、褐色和绿色斑点，尾部为明显的菱形，背鳍尖端有亮红色和绿色小点。游动缓慢，总是在海底附近，常在碎石片中栖息，常被发现小群聚在一起。

双线尖唇鱼

CHEEKLINED MAORI WRASSE *Oxycheilinus digramma*

分布：从红海到密克罗尼西亚，从日本南部到澳大利亚的印度洋－太平洋热带海域。

大小：最长达 30 厘米。

栖息地：潟湖和外围礁石的珊瑚密集区，栖息深度为 3~60 米。

生活习性：颜色多变，体表通常为浅红色、浅蓝色或绿色，头部为浅绿色，头部和鳃盖上有紫色斜线。有的个体色彩非常艳丽（如图）。单独或聚成松散的一群活动，常在珊瑚丛上方游动。

单带尖唇鱼

RINGTAIL WRASSE *Oxycheilinus unifasciatus*

分布：从印度尼西亚到夏威夷，从日本南部到澳大利亚的印度洋－太平洋中海区。

大小：最长达 45 厘米。

栖息地：潟湖和外围礁石的珊瑚密集区，栖息深度 3~60 米。

生活习性：颜色异常多变，体色能在短时间内变浅或变深。体表通常为浅紫色，面颊上有很宽的带红边的白色条纹，尾巴根部有白圈。狡猾的隐秘的捕食者。常被发现在珊瑚上方游动，偶尔悬停在水中。

鲁氏锦鱼

KLUNZINGER'S WRASSE *Thalassoma rueppellii*

分布：红海和印度洋西部海域。

大小：最长达 20 厘米。

栖息地：外围礁石的珊瑚密集区，栖息深度为 1~15 米。

生活习性：体表为亮绿色，头部有紫色条纹，体侧有蓝色条纹。与纵纹锦鱼非常像，纵纹锦鱼分布在从东非往东到法属波利尼西亚的海域。游动快，活跃，常被发现一雄多雌在珊瑚头上游动。

鞍斑锦鱼

SIXBAR WRASSE *Thalassoma hardwicke*

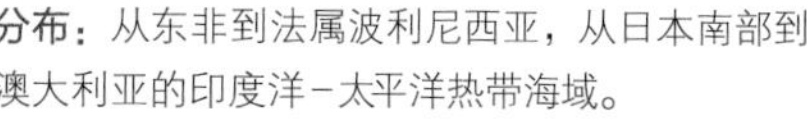

分布：从东非到法属波利尼西亚，从日本南部到澳大利亚的印度洋-太平洋热带海域。

大小：最长达 20 厘米。

栖息地：浅水区的沿海礁石和外围礁石，栖息深度为 1~15 米。

生活习性：体表为浅绿色或白色，体侧有六个黑色鞍状斑，头部为石灰绿色，有亮粉色条纹。常被发现一雄多雌在珊瑚丛中无规律地快速游动。外表漂亮，数量较多，但是和大多数隆头鱼一样，非常害羞，不易接近。

新月锦鱼

MOON WRASSE *Thalassoma lunare*

分布：从红海到日本南部、澳大利亚和新西兰的印度洋-太平洋热带海域。

大小：最长达 25 厘米。

栖息地：沿海礁石和外围礁石，栖息深度为 2~20 米。

生活习性：体形细长，体表为蓝色、绿色，头部为绿色，有淡紫色或蓝色条纹，尾巴为新月形，尾部中心为亮黄色。常见，游动快，活跃，通常一雄多雌在珊瑚头上的开阔水域快速游动。黄色的胸斑锦鱼与该物种非常像，但带着粉色光泽。

钝头锦鱼

TWO-TONE WRASSE *Thalassoma amblycephalum*

分布：从查戈斯群岛到法属波利尼西亚，从日本南部到澳大利亚和新西兰北部的印度洋-太平洋中海区。

大小：最长达 14 厘米。

栖息地：礁石边缘的珊瑚密集区，栖息深度为 2~15 米。

生活习性：头部为蓝绿色，眼睛下面有两道粉条纹，有黄绿色的“领子”，体表为浅蓝红色，有许多垂直的蓝色细条纹。色彩极为艳丽，非常活跃，游动速度快，总是无规律地在珊瑚丛中快速游动（单独或聚成小群）。

REDSPOT WRASSE
Pseudocoris yamashiroi

棕红拟盔鱼

分布：从东非到萨摩亚，从日本南部到澳大利亚的印度洋-太平洋热带海域。

大小：最长达 15 厘米。

栖息地：沿海礁石和外围礁石边缘，栖息深度为 5~30 米。

生活习性：体表为绿色，肚皮颜色浅，鳞片上有黑点，尾巴为深色叉状。不常见，不显眼，游动速度快，常被潜水员忽视，在水下不易被发现。

CRYPTIC WRASSE
Pteragogus cryptus

隐高体盔鱼

分布：从红海到密克罗尼西亚和澳大利亚的印度洋-太平洋热带海域。

大小：最长达 10 厘米。

栖息地：沿海礁石的珊瑚密集区，栖息深度为 5~60 米。

生活习性：行动非常隐秘、缓慢，体表有红色和褐色图案，眼睛上方有延伸到胸鳍根部的白色条纹。偶尔被发现栖息于珊瑚枝杈、软珊瑚和海扇间，常被潜水员忽视。

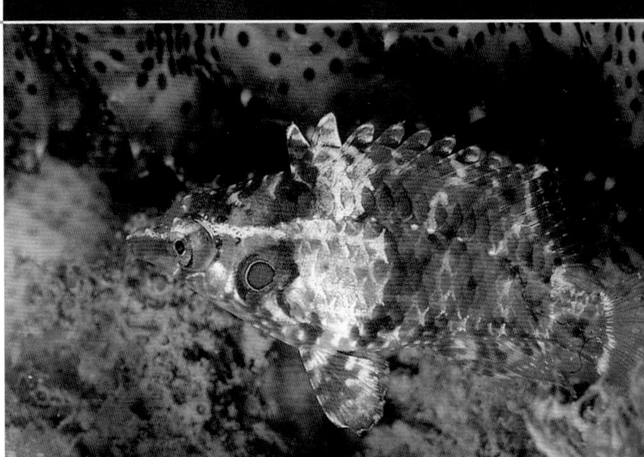

COCKEREL WRASSE
Pteragogus enneacanthus

九棘高体盔鱼

分布：从印度尼西亚到密克罗尼西亚和澳大利亚的印度洋-太平洋中海区。

大小：最长达 12 厘米。

栖息地：沿海礁石，栖息深度为 3~30 米。

生活习性：行动隐秘，游动缓慢，伪装巧妙；身体上有红色和褐色斑点，鳃盖上有清晰可辨的眼斑。单独活动，偶见于软珊瑚和珊瑚枝杈间，但是常被大多数潜水员忽视。

MEXICAN HOGFISH
Bodianus diplotaenia

带纹普提鱼

分布：从加利福尼亚湾到智利的太平洋东部海域。

大小：最长达 80 厘米。

栖息地：岩礁和巨石斜坡，栖息深度为 2~70 米。

生活习性：体形短胖，体表为灰绿色，头部为红色，身体中间有一道亮黄色条纹。常被发现只用胸鳍无规律地游动。幼鱼经常为隆头鱼那样的大鱼（甚至鲨鱼）清洁身体。

中胸普提鱼

BLACKBELT HOGFISH *Bodianus mesothorax*

分布：从印度尼西亚到巴布亚新几内亚，从日本南部到澳大利亚的印度洋－太平洋中海区。

大小：最长达 20 厘米。

栖息地：断层和陡壁的珊瑚密集区，栖息深度为 5~30 米。

生活习性：头部为紫褐色，身体后部为亮白色，身体中间有一个黑色的三角形分界带。是活跃的捕食者，常被发现用典型的“隆头鱼方式”在水中游动，只用胸鳍作推进器。

鳍斑普提鱼

DIANA'S HOGFISH *Bodianus diana*

分布：从红海到新喀里多尼亚，从日本南部到澳大利亚的印度洋－太平洋热带海域。

大小：最长达 25 厘米。

栖息地：珊瑚密集的斜坡和岩壁，栖息深度为 6~25 米。

生活习性：体表呈金黄色，背部为紫色，背部有亮黄白色斑点，腹鳍和臀鳍上有明显的黑色斑点。常被发现单独或成对活动，用隆头鱼典型的“振翼”的方式游动。

花尾连鳍鱼

ROCKMOVER WRASSE *Novaculichthys taeniourus*

分布：从红海到巴拿马，从日本南部到澳大利亚的印度洋－太平洋热带海域。

大小：最长达 30 厘米。

栖息地：礁顶的沙质区和珊瑚碎石区，栖息深度为 1~20 米。

生活习性：特征明显，头部为浅灰色，眼睛周围有放射状黑色条纹，体表为深色，体形细长，每片鳞片上都有浅色斑点。常被发现在岩石上和死珊瑚碎片上寻找底栖无脊椎动物。幼鱼照片见第 155 页。

紫带钝头鱼

KNIFE RAZORFISH *Cymolutes praetextatus*

分布：从东非到法属波利尼西亚的印度洋－太平洋热带海域。

大小：最长达 20 厘米。

栖息地：潟湖的沙质和淤泥质底部，栖息深度为 2~10 米。

生活习性：体表为浅色，吻为圆形。单独活动，常悬停于海底附近，像大多数刀片鱼一样，随时准备在受到威胁时钻入泥沙中。非常害羞，不易接近。

暗带离鳍鱼（幼鱼）

分布：从查戈斯群岛到夏威夷，从日本南部到澳大利亚的印度洋－太平洋热带海域。
大小：最长达 24 厘米。
栖息地：靠近礁石的沙质或淤泥质海底，栖息深度为 10~90 米。
生活习性：体形健壮，吻为钝圆形。体色很浅，胸鳍后面有一块白斑。单独活动，机警，偶尔被发现悬停于海底附近，随时准备在被靠得太近时钻入泥沙中。

孔雀离鳍鱼

分布：从红海到中美洲，从日本南部到澳大利亚的印度洋－太平洋热带海域。
大小：最长达 35 厘米。
栖息地：靠近礁石的沙质和淤泥质海底，栖息深度为 20~100 米。
生活习性：体表为浅色，身体为钝形（图中是模仿枯叶的幼鱼）。单独活动，机警，偶尔被发现悬停于海底附近，但是随时准备钻到泥沙中。

暗带离鳍鱼（成鱼）

分布：从印度尼西亚到菲律宾的印度洋－太平洋中海区。
大小：最长达 25 厘米。
栖息地：沿海礁石附近的沙质海底，栖息深度为 1~20 米。
生活习性：体表为白色，有四五道褐色条纹，第一背鳍呈旗形。单独活动，偶尔被发现悬停于海底附近。非常机警，被靠得太近时会钻到沙子里。

洛神连鳍唇鱼

分布：从印度到日本南部和澳大利亚的印度洋－太平洋热带海域。
大小：最长达 30 厘米。
栖息地：珊瑚礁附近的沙质和淤泥质海底，栖息深度为 20~100 米。
生活习性：体表为浅色，体形为钝性（图中是幼鱼）。单独活动，机警，偶尔被发现悬停于海底附近，但是随时准备钻到沙子里。不常见，和大多数刀片鱼一样，常被潜水员忽视。

桔点拟凿牙鱼

分布：从红海到法属波利尼西亚，从日本南部到澳大利亚的印度洋–太平洋热带海域。

大小：最长达 25 厘米。

栖息地：斜坡的珊瑚密集区，栖息深度为 3~40 米。

生活习性：体表为蓝绿色，有锈红色光泽，亮黄色上唇清晰可见，牙齿突出，为凿状。偶见于珊瑚密集的斜坡，和其他隆头鱼一样，游动时上下起伏，在海底寻找无脊椎动物。

单线突唇鱼

分布：从东非到日本南部和澳大利亚的印度洋–太平洋热带海域。

大小：最长达 16 厘米。

栖息地：珊瑚密集的隐蔽的珊瑚礁，栖息深度为 2~20 米。

生活习性：体形细长，体表为深绿色，有许多蓝色条纹，头部后面有一道浅绿色或浅黄色条纹。和其他隆头鱼一样，飘忽不定地游动，偶尔被发现聚成小群食用珊瑚虫和小型底栖无脊椎动物。

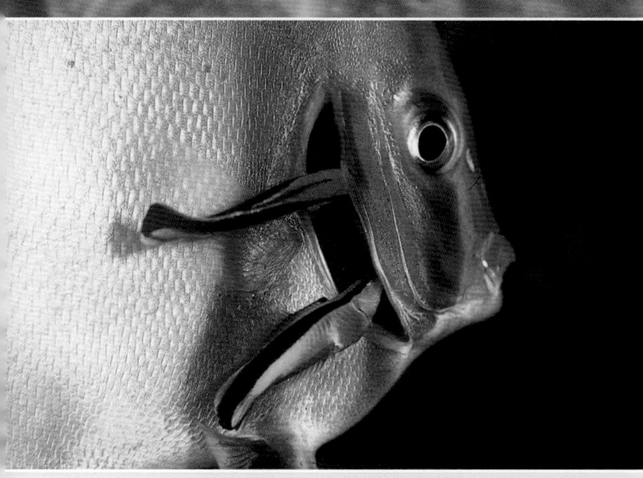

裂唇鱼

分布：从红海到澳大利亚、日本南部和法属波利尼西亚的印度洋–太平洋热带海域。

大小：最长达 11 厘米。

栖息地：珊瑚礁上界限明确的“清洁站”，栖息深度为 2~40 米。

生活习性：最常见的隆头鱼“清洁工”，常成对活动，在珊瑚礁上为“客户”清洁身体。以体表寄生虫和皮肤碎屑为食。图中的两条鱼正在为蝙蝠鱼清理鱼鳃。

鹦嘴鱼科 PARROTFISHES *Scaridae*

该科很重要，由普通、常见的环热带珊瑚礁鱼类构成，有 9 属，至少有 80 种。该科大多数物种以死珊瑚或者岩石附近的海藻为食，用喙状齿板啄食。食物被消化后，该科鱼类会在水中排出大量白沙，白沙最终被冲到沙滩上。非常显眼，色彩极为艳丽，但是在水下很难辨认，因为它们的体表会随年龄和性别发生变化。

水下摄影提示：鹦嘴鱼是非常好的拍摄对象，但是它们大多非常机警，游动时飘忽不定，速度快，像鸟一样，和隆头鱼很像。最佳拍摄时间是夜间，这时它们紧靠着珊瑚和岩石睡觉，你能靠近它们拍摄。

驼峰大鹦嘴鱼，中国，南海，弹丸礁

白氏绿鹦嘴鱼

BLEEKER'S PARROTFISH *Chlorurus bleekeri*

分布：从印度尼西亚到斐济和澳大利亚的太平洋西部热带海域。

大小：最长达 50 厘米。

栖息地：珊瑚密集的珊瑚礁和斜坡，栖息深度为 3~35 米。

生活习性：体表为蓝绿色，鳞片边缘为淡紫色，很容易从面颊上较大的浅黄色或浅绿色斑块辨认出它们，从远处也能看清楚。常单独活动，在分布区常见。

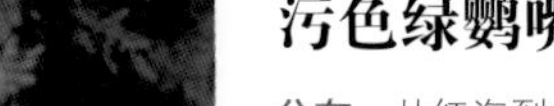

污色绿鹦嘴鱼

BULLETHEAD PARROTFISH *Chlorurus sordidus*

分布：从红海到法属波利尼西亚，从日本南部到澳大利亚的印度洋-太平洋热带海域。

大小：最长达 40 厘米。

栖息地：珊瑚密集的珊瑚礁和斜坡，栖息深度为 2~30 米。

生活习性：颜色非常艳丽、多变，面颊通常为杏黄色或浅橘黄色，体表为蓝绿色，鳞片边缘为淡紫色，尾巴根部有浅绿色斑块。常单独活动。

驼背绿鹦嘴鱼

HEAVYBEAK PARROTFISH *Chlorurus gibbus*

分布：红海。

大小：最长达 80 厘米。

栖息地：珊瑚密集的珊瑚礁和斜坡，栖息深度为 2~50 米。

生活习性：体形大，头部为钝形，体表为亮蓝绿色，鳞片边缘为浅紫色，头部为蓝色。单独或聚成小群沿着外围礁石活动。复合种包括在印度洋发现的非常相像的圆头绿鹦嘴鱼和在太平洋中部、西部发现的小鼻绿鹦嘴鱼。

小鼻绿鹦嘴鱼

STEEPHEAD PARROTFISH *Chlorurus microrhinos*

分布：从印度尼西亚到法属波利尼西亚，从日本南部到澳大利亚的印度洋-太平洋中海区热带海域和西海区热带海域。

大小：最长达 80 厘米。

栖息地：外围珊瑚礁，栖息深度为 2~50 米。

生活习性：体表为亮蓝绿色，鳞片边缘为浅紫色，前额陡直、圆钝，头部为浅蓝色。关于该物种的复合种的详细情况见上一个物种的简介。

日本绿鹦嘴鱼

JAPANESE PARROTFISH *Chlorurus japanensis*

分布：从印度尼西亚到密克罗尼西亚，从日本南部到澳大利亚的太平洋西部热带海域。

大小：最长达 30 厘米。

栖息地：珊瑚密集的外围珊瑚礁和斜坡，栖息深度为 5~20 米。

生活习性：体表为浅黄色或绿色，尾巴为亮蓝色，从头部到腹部的身体中部有特征明显的紫色斜条纹。常单独活动，不易接近。

红点绿鹦嘴鱼

BICOLOR PARROTFISH *Cetoscarus bicolor*

分布：从红海到法属波利尼西亚，从日本南部到澳大利亚的印度洋-太平洋热带海域。

大小：最长达 80 厘米。

栖息地：珊瑚密集的隐蔽的珊瑚礁和潟湖，栖息深度为 2~30 米。

生活习性：外表漂亮，异常艳丽，体表为绿色，鳞片边缘为粉色，头部有粉色斑点和线条。常被发现一条雄鱼和两三条雌鱼聚成小群活动，非常机警，很难靠得很近。幼鱼见第 155 页。

长吻马鹦嘴鱼

LONGNOSE PARROTFISH *Hipposcarus harid*

分布：红海，从东非到印度尼西亚的印度洋海域。

大小：最长达 75 厘米。

栖息地：沙质海底的隐蔽珊瑚礁，潟湖，栖息深度为 2~25 米。

生活习性：体表为浅黄色或浅绿色（图中的鱼体表斑驳，是夜间的状态，与白天的样子差别很大，许多物种都有这种昼夜差异），色彩不太艳丽，很容易从细长的吻辨认出它们。常被发现群居于潟湖中。

条腹鹦嘴鱼

RUSTY PARROTFISH *Scarus ferrugineus*

分布：从红海到亚丁湾的印度洋西部海域。

大小：最长达 40 厘米。

栖息地：隐蔽的珊瑚礁、潟湖和斜坡，栖息深度为 5~60 米。

生活习性：体表为浅绿色，鳞片边缘为粉色，嘴周围有亮蓝绿色条纹。单独或聚成小群活动。再往东从印度尼西亚到澳大利亚大堡礁的海域，分布着与其非常相像的绿唇鹦嘴鱼。

青点鹦嘴鱼

BLUE-BARRED PARROTFISH *Scarus ghobban*

分布：从红海到加利福尼亚湾，从日本南部到澳大利亚的印度洋－太平洋热带海域。

大小：最长达 75 厘米。

栖息地：隐蔽的珊瑚礁、潟湖和碎石斜坡，栖息深度为 2~30 米。

生活习性：在整个印度洋－太平洋热带海域分布极为广泛，易辨认。体表为土黄色，有许多不连贯的蓝色条纹。成年雄鱼为黄色，鳞片边缘为蓝色。常单独活动，在分布区很常见。

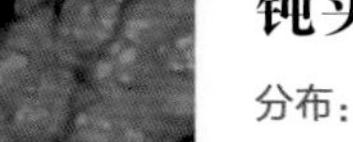

钝头鹦嘴鱼

RED-LIP PARROTFISH *Scarus rubroviolaceus*

分布：从东非到巴拿马，从日本南部到澳大利亚的印度洋－太平洋热带海域。

大小：最长达 70 厘米。

栖息地：外围礁坡，栖息深度为 5~30 米。

生活习性：在整个印度洋－太平洋海域分布广泛。体表为蓝绿色，身体前部色深，前额圆钝，有两条蓝色“下颌带”。单独或成对活动，通常很机警。

黑鹦嘴鱼

DUSKY PARROTFISH *Scarus niger*

分布：从红海到法属波利尼西亚，从日本南部到澳大利亚的印度洋－太平洋热带海域。

大小：最长达 35 厘米。

栖息地：珊瑚密集的珊瑚礁和隐蔽的潟湖，栖息深度为 2~20 米。

生活习性：唯一的紫色鹦鹉鱼，很容易从红眼睛和亮橘黄色嘴唇后面的深色条纹辨认出它们。常被发现单独活动。图中个体体表斑驳，是它们夜间的样子。

绿牙鹦嘴鱼

GREENTHROAT PARROTFISH *Scarus prasiognathos*

分布：从塞舌尔到巴布亚新几内亚和日本南部的印度洋－太平洋热带海域。

大小：最长达 70 厘米。

栖息地：珊瑚密集的珊瑚礁和斜坡，栖息深度为 3~25 米。

生活习性：身体为深绿色，头部为浅黄色，颈部为蓝绿色。常被发现聚成大群在礁坪上活动，以珊瑚上的海藻为食。

BRIDLED PARROTFISH
Scarus frenatus

网纹鹦嘴鱼

分布：从红海到法属波利尼西亚，从日本南部到澳大利亚的印度洋-太平洋热带海域。

大小：最长达 50 厘米。

栖息地：外围珊瑚礁坡和礁顶，栖息深度为 2~25 米。

生活习性：体表为几种鲜艳的深浅不同的绿色，身体后部颜色突然变浅，嘴周围呈浅亮绿色，有亮粉色条纹。非常机警，游速快，常被发现单独在礁顶食用海藻。

YELLOW-TAIL PARROTFISH
Scarus hypselopterus

高鳍鹦嘴鱼

分布：从印度尼西亚到日本和瓦努阿图的太平洋亚洲热带海域。

大小：最长达 30 厘米。

栖息地：珊瑚礁和外围斜坡，栖息深度为 10~30 米。

生活习性：颜色多变，身体中部通常为深色（有时是浅褐色），尾巴为蓝色，眼睛周围有明显的浅红色放射状条纹，从眼睛到胸鳍根部有亮蓝绿色条纹。偶见于淤泥质海底，在任何地方都不太常见。

YELLOW-FIN PARROTFISH
Scarus flavipectoralis

黄鳍鹦嘴鱼

分布：从安达曼群岛到密克罗尼西亚和大堡礁的印度洋-太平洋中海区热带海域。

大小：最长达 40 厘米。

栖息地：潟湖和沿海的隐蔽礁石，栖息深度为 10~40 米。

生活习性：身体为双色，由两种绿色组成，尾巴根部有一块浅黄色斑块，从嘴到眼睛，再到胸鳍根部有一条亮蓝绿色条纹。雌鱼全身为黄绿色。

QUOY'S PARROTFISH
Scarus quoyi

瓜氏鹦嘴鱼

分布：从印度到密克罗尼西亚，从日本到新喀里多尼亚的印度洋-太平洋热带海域。

大小：最长达 20 厘米。

栖息地：隐蔽的珊瑚礁和外围斜坡，栖息深度为 2~20 米。

生活习性：体形非常小，是鹦嘴鱼中的“吸蜜鹦鹉”。身体为绿色和紫色，尾巴根部有亮石灰绿色鞍状斑，嘴上面有绿色条纹。单独或小群活动，非常害羞，常被潜水员忽视。

三色鹦嘴鱼

TRICOLOR PARROTFISH
Scarus tricolor

分布：从东非到巴布亚新几内亚的印度洋－太平洋热带海域。

大小：最长达 55 厘米。

栖息地：外围珊瑚礁坡，栖息深度为 10~40 米。

生活习性：身体为绿色，体侧通常有浅粉色色泽；尾巴呈半月形，有粉色和绿色斑点；嘴周围的绿色条纹清晰可见。常被发现单独活动于礁顶的珊瑚丛中。

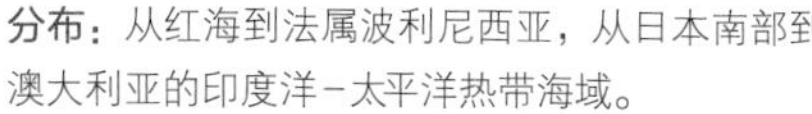

驼峰大鹦嘴鱼

HUMPHEAD PARROTFISH
Bolbometopon muricatum

分布：从红海到法属波利尼西亚，从日本南部到澳大利亚的印度洋－太平洋热带海域。

大小：最长达 1.3 米。

栖息地：潟湖、外围礁石和陡坡，栖息深度为 2~40 米。

生活习性：体形大，令人印象深刻，是最漂亮的珊瑚礁鱼类之一。身体为浅绿色，前额有一个很大的突起。常见成群活动，把珊瑚咬碎，咀嚼碎片时发出很大的声音。身体强壮，没有天敌，但是对人类绝对无害。

毛背鱼科 SAND DIVERS *Trichonotidae*

该科仅分布于印度洋－太平洋海域，很小，只有 1 属，大约有 4 个已被描述的物种。通常不会被潜水员发现，它们大部分时间都躲在沙子里，只露出吻和眼睛，但是当洋流经过时，它们会悬停在海底之上，等待浮游动物飘过来。总是随时准备钻进沙子里，等危险过去后会在几米之外的地方露出头来。雄鱼颜色非常艳丽，通常有优雅而细长的背鳍鳍条。

水下摄影提示：毛背鱼不容易拍摄。首先得找到它们，但在它们喜欢的沙质或淤泥质海底，找到它们并不容易。然后得极为小心地慢慢靠近它们。如果它们钻到沙子里，在原地等它们是没有用的，因为它们会在沙子里“游动”，从别处钻出来。

毛背鱼

BLUE-SPOTTED SAND DIVER
Trichonotus setiger

分布：从波斯湾到新喀里多尼亚的印度洋－太平洋热带海域。

大小：最长达 25 厘米。

栖息地：沙质海底和石头小的碎石海底，栖息深度为 1~20 米。

生活习性：体形细长，体表为浅棕黄色，有许多半透明的珍珠白斑点。吻上有色彩斑斓的蓝色和橘黄色斑点。常被发现松散地聚成一群在浅水区的沙质海底活动。很难靠得很近，它总是准备瞬间钻进沙子里。

聚焦——珊瑚礁中的食草动物

刺尾鱼和鹦嘴鱼之类的珊瑚礁食草动物安静地食用活珊瑚和死珊瑚上的海草和海藻，占据了一个专门的生态位，不断地改造环境。

虽然听起来很奇怪，但是珊瑚礁中的许多动物都是食草动物。事实上，许多动物都在朝这个方向进化，为了更好地利用独特的生态位，它们有一些特殊行为，牙齿发展出复杂的适应性。与陆地上的许多食草动物（只要想想羚羊、斑马和大象就可以了）相同，珊瑚礁食草动物喜欢群居，就像它们的陆地伙伴一样，它们的摄食习性改变了领地的结构。但是要记住，并不是所有“食草者”都是真正的食草动物，尽管它们的生活习性看起来一样。虽然很容易看到蝴蝶鱼不断地“啃食”珊瑚头，但是它们基本上属于食肉动物，尽管外表不像。它们用细而硬的牙齿和镊子一样的嘴，把坚不可摧的钙质珊瑚群上的柔软珊瑚虫毫不费力地咬下来。刺盖鱼更加强壮，它们多少吃些海绵和腔肠动物，用坚硬的刚毛状牙齿把食物咬碎。刺尾鱼是真正坚定的素食主义者，用牙齿（有点儿像牙刷）从活珊瑚或者死珊瑚上高效地咬食大量的绿色薄壳状海藻，因此比体形更小、效率更低的食草动物（如许多虾虎鱼和鲇鱼）更有竞争力。它们因尾鳍上的锋利水平鳍片而得其英文通用名（Surgeonfish）：至少有一个物种的危险的“手术刀”是与毒腺相连的。雀鲷很小，它们是一种定居性鱼类，认真培植和保护自己的海藻“果园”，“果园”通常建在破碎的珊瑚碎石区上。然而，尽管它们什么都不怕，但它们却无力阻挡刺尾鱼势不可挡的攻击，刺尾鱼游速快，几百条聚在一起向它们发动攻击。雀鲷会向其他食草鱼类表现出攻击性，但是一般是在被庞大的鱼群打败了之后。与众不同但是同样迷人的鹦嘴鱼

鹦嘴鱼能把坚硬的活珊瑚咬穿

鹦嘴鱼在珊瑚上留下的明显咬痕

鹦嘴鱼的齿板异常有力

刺尾鱼聚成大群，快速地游动和捕食

驼峰大鹦嘴鱼，马来西亚，苏拉威西海

非常有名，也非常艳丽，它们的牙齿融为强有力的“鸟嘴”，上面和下面各有两片。由于牙齿高度发达——与强有力的骨质牙板融合到一起——鹦嘴鱼能轻松地咬碎整块活珊瑚。一旦珊瑚碎屑中的共生海藻被消化了，其他所有东西就会以细沙的形式从肠道中排出去，这就是晒日光浴的人最需要的东西——鹦嘴鱼的粪便！事实上，据计算，一个大鹦嘴鱼群每年能在每公顷海底产多达 1 吨的珊瑚沙，这使它们——还有默默无闻的海胆，它们是非常高效的海藻摄食者——成为珊瑚礁景观的主要创造者。鹦嘴鱼的颜色会发生突变，给分类工作造成了混乱。然而，有人认为，仅印度洋-太平洋海域就至少有 50 多种鹦嘴鱼，它们的共同特征是有粗钝、浑圆的吻，有齿板和硕大而坚硬的鳞片。鹦嘴鱼常常被当地渔民食用，虽然据说它们肉质松软、平淡无味。

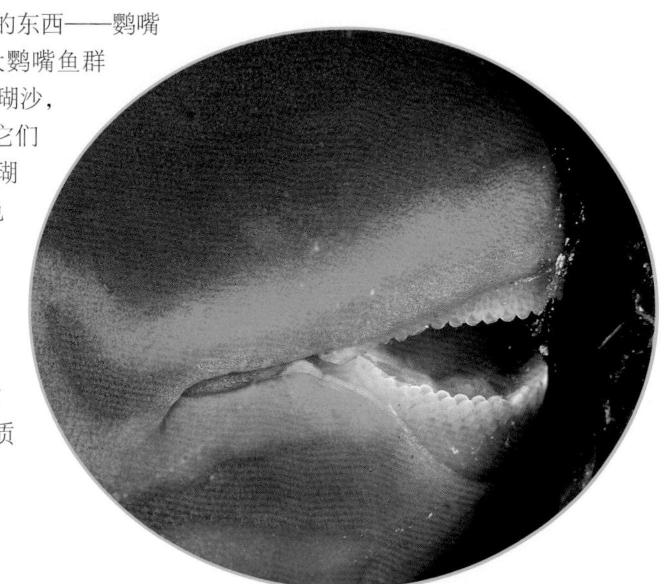

鹦嘴鱼的牙齿磨损严重

白胸刺尾鱼和布氏刺尾鱼混杂在一起，马尔代夫，印度洋

肥足䲢科 SANDPERCHES *Pinguipedidae*

英文通用名亦为“grubfishes”或“smelts”，该科中等大小，有 4 属，大约有 60 种。然而，由于目前有关该科物种的研究很少，各物种又很像，它们常常被潜水员忽视，该科很混乱。该科物种的体形为鱼雷状，前背鳍很大，眼睛爱动，喜欢用胸鳍和腹鳍趴在海底。大多数物种色彩单调，都有相似的格子状图案，常成对活动。

水下摄影提示：极为常见，但是由于它们外表单调，喜欢安静地栖息于海底，它们常被潜水员和摄影师忽视。被靠得太近时，它们随时准备迅速逃跑，用微距镜头（60 毫米或 105 毫米）拍摄效果比较理想。

四斑拟鲈

FALSE-EYE SANDPERCH *Parapercis clathrata*

分布：从安达曼群岛到萨摩亚，从日本南部到澳大利亚的印度洋－太平洋中海区热带海域。

大小：最长达 18 厘米。

栖息地：潟湖的沙质和珊瑚碎石底部，外围礁坪，栖息深度为 3~50 米。

生活习性：体表为淡棕褐色，有深色斑点，身体下部有一排浅橘黄色斑点，斑点中心为黑色，鳃盖上方有一个明显的深色眼斑。常被发现单独或成对活动。以小型底栖无脊椎动物为食。

尾斑拟鲈

SPECKLED SANDPERCH *Parapercis hexophtalma*

分布：从红海到密克罗尼西亚，从日本南部到澳大利亚大堡礁的印度洋－太平洋热带海域。

大小：最长达 28 厘米。

栖息地：潟湖和外围礁坡的沙质、珊瑚碎石底部，栖息深度为 5~25 米。

生活习性：体表为白色，有许多小黑点，尾巴根部有一个明显的大黑斑。常被发现在海底栖息，单独或成对活动。以小型底栖无脊椎动物为食。

条纹拟鲈

NOSESTRIPE SANDPERCH *Parapercis lineopunctata*

分布：从印度尼西亚到巴布亚新几内亚的印度洋－太平洋中海区热带海域。

大小：最长达 12 厘米。

栖息地：靠近珊瑚礁的沙质海底，栖息深度为 5~40 米。

生活习性：体表略带白色，有深色鞍状斑和条纹，吻上有明显的深色条纹。很容易与相似物种混淆。常被发现单独或成对在海底休息，以小型底栖无脊椎动物为食。

U-MARK SANDPERCH *Parapercis snyderi*

史氏拟鲈

分布：从印度尼西亚到澳大利亚大堡礁和韩国的印度洋－太平洋中海区热带海域。

大小：最长达 12 厘米。

栖息地：潟湖的沙质和珊瑚碎石底部，外围礁坡，栖息深度为 10~40 米。

生活习性：体表为浅粉色，有深色鞍状斑和斑点，显著特征是第一背鳍为黑色。常在海底休息，用腹鳍支撑着身体。以小型底栖无脊椎动物为食。

WHITESTRIPE SANDPERCH *Parapercis xanthozona*

黄纹拟鲈

分布：从新加坡到密克罗尼西亚的印度洋－太平洋中海区热带海域。

大小：最长达 23 厘米。

栖息地：潟湖的沙质、淤泥质和珊瑚碎石底部，礁坡，栖息深度为 10~30 米。

生活习性：体表略带白色，背部有六个 U 形斑，身体下部有十道深色条纹。常被发现单独或成对栖息于海底，在分布区常见。以小型底栖无脊椎动物为食。

三鳍鳚科 TRIPLEFINS *Tripterygiidae*

该科物种体形非常小，但是异常艳丽。该科非常大，有 20 多属，大约有 200 种，其中有许多物种似乎仍未被描述。体长一般不到 5 厘米，外表闪闪发光，栖息于开阔处的平坦的珊瑚和海绵上，非常讨人喜欢，领地意识非常强，经常与鲇鱼在一起。以小型无脊椎动物为食。然而，大多数物种都非常隐秘，很少被潜水员发现。

水下摄影提示：三鳍鳚很少被潜水员发现，外表很漂亮，是非常理想的拍摄对象。它们都有很强的领地意识，因此很难接近。拍摄这种体形较小的鱼必须使用 105 毫米的微距镜头，以免惊扰它们。

STRIPED TRIPLEFIN *Helcogramma striata*

金带弯线鳚

分布：从安达曼群岛到密克罗尼西亚、日本南部和澳大利亚的印度洋－太平洋热带海域。

大小：最长达 5 厘米。

栖息地：清澈水域的沿海礁石和外围礁石，栖息深度为 2~20 米。

生活习性：体表为亮红色，有三道亮白色细条纹，眼睛为亮黄色。常被发现单独或松散地聚成小群栖息于海底，用腹鳍卧在大型脑珊瑚上。领地意识很强，潜水员很容易接近它们。

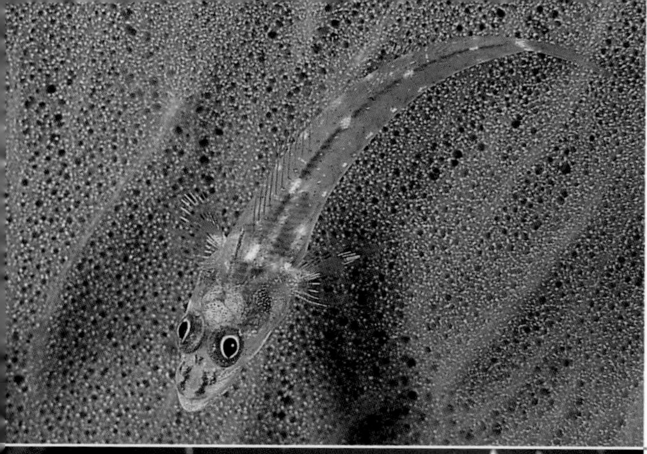

裸项弯线鳚

RED-FIN TRIPLEFIN *Helcogramma gymnauchen*

分布：从印度尼西亚到巴布亚新几内亚的印度洋-太平洋中海区热带海域。

大小：最长达 5 厘米。

栖息地：清澈水域的沿海礁石和外围礁石，栖息深度为 2~10 米。

生活习性：体色多变，身体大多呈半透明状，有红色条纹，下嘴唇大而突出，色彩非常艳丽。容易靠近，常被发现栖息于开阔水域的大海绵上，分布区内有几个非常相像的物种。

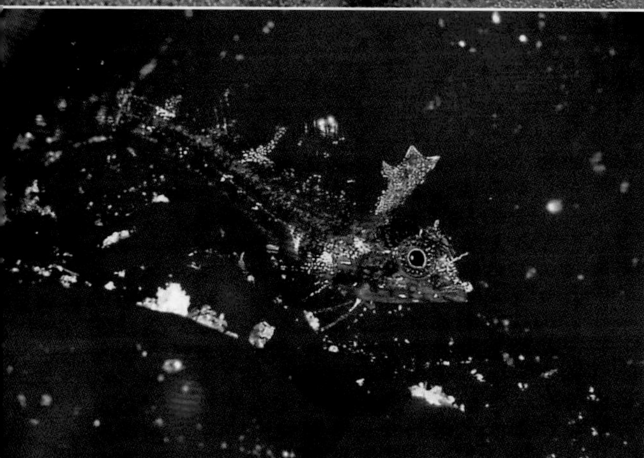

弱鳍双线鳚

HIGHCREST TRIPLEFIN *Enneapterygius pusilus*

分布：从安达曼群岛到日本南部和澳大利亚的印度洋-太平洋热带海域。

大小：最长达 2.5 厘米。

栖息地：外围礁坪和断层上浪大的区域，栖息深度为 1~5 米。

生活习性：体形极小，很擅长伪装，在浅水区有时会被细心的潜水员发现，偶尔栖息在大海绵上。常被发现上下煽动第一背鳍向领地闯入者发出警告。

裸鳗鳚科 CONVICT BLENNIES *Pholidichthyidae*

该科为单种科，仅发现于太平洋西部海域。这些奇怪的小鱼常被潜水员误认为虾虎鱼或澳洲鳗鲇，事实上它们与鲇鱼的关系更密切。白条锦鳗鳚的幼鱼偶尔被发现聚成大群悬停在柳珊瑚或者外围礁石的珊瑚顶端附近。当被接近时，通常迅速地互相靠近。它们和鲇鱼一样，没有鱼鳞，但是有和虾虎鱼一样的牙齿。潜水员几乎从来看不到有条纹的较大的成鱼。

水下摄影提示：由于它们喜欢自由移动，所以用微距镜头拍摄幼鱼几乎是不可能的。不过，可以用广角镜头拍摄它们在珊瑚礁中的场景。

白条锦鳗鳚

CONVICT BLENNY *Pholidichthys leucotaenia*

分布：从红海到法属波利尼西亚，从日本南部到大堡礁的印度洋-太平洋热带海域。

大小：最长达 10 厘米。

栖息地：沿海礁石和外围礁石，栖息深度为 3~30 米。

生活习性：体形像鳝鱼，体表为黑色，有白色条纹。在未成熟阶段会模仿澳洲鳗鲇，常被发现松散地聚成大群在沿海礁石的柳珊瑚和黑珊瑚间活动。

鳚科 BLENNIES *Blenniidae*

该科有 50 多属、300 多种，数量大。大多数物种都非常小，皮肤黏滑（没有鱼鳞），梳状牙齿非常小，能干净利索地从死珊瑚上剥食海藻。大多都有很强的领地意识，习惯待在海底，小心地在界限清晰的区域内选择隐蔽处（旧贝壳、珊瑚中的洞穴，大多数通常选择空虫洞）。常见于开阔处，有时游动距离很短。如果不经意地靠近它们，它们随时都会躲到隐蔽处。

水下摄影提示：有些极为艳丽，由于它们有卡通化外表，大多数都能被拍出漂亮的微距照片。实际上，大多数鳚鱼都难以靠近，你需要用好的微距镜头来拍摄。

粗吻短带鳚

TUBE-WORM BLENNY *Plagiotremus rhinorhynchos*

分布：从东非到法属波利尼西亚，从日本南部到澳大利亚的印度洋-太平洋热带海域。

大小：最长达 12 厘米。

栖息地：沿海礁石和外围礁石，栖息深度为 3~40 米。

生活习性：身体呈带状，为橘黄色，有两道霓虹蓝色条纹，常被发现从巢穴中往外窥视，或者在水中上下起伏地游动。从其他鱼的鳍上和皮肤上咬掉碎屑，冒充“清洁工”隆头鱼。

丝尾盾齿鳚

LANCE BLENNY *Aspidontus dussumieri*

分布：从东非到法属波利尼西亚，从日本南部到澳大利亚的印度洋-太平洋热带海域。

大小：最长达 12 厘米。

栖息地：沿海礁石和外围礁石，栖息深度为 2~20 米。

生活习性：体表略带白色或为棕褐色，有深色细条纹，常被发现在开阔水域上下起伏地游动。以其他鱼的鳍上和皮肤上的碎屑为食，非常害羞，随时准备撤退到洞穴中。

短头跳岩鳚

SHORTHEAD SABRETOOTH BLENNY *Petroscirtes breviceps*

分布：从东非到巴布亚新几内亚，从日本南部到新喀里多尼亚的印度洋-太平洋热带海域。

大小：最长达 13 厘米。

栖息地：沿海礁石和潟湖，通常在淤泥质环境和有海草的环境中，栖息深度为 2~20 米。

生活习性：体表为白色或黄色，有三道黑色条纹，看上去和它们模仿的黑带稀棘鳚非常像。常被发现藏在废弃的小瓶子、空虫洞和贝壳里，或在这些地方筑巢。

高鳍跳岩鳚

CRESTED SABRETOOTH BLENNY *Petroscirtes mitratus*

分布：从东非到新喀里多尼亚的印度洋－太平洋热带海域。

大小：最长达 15 厘米。

栖息地：沿海礁石和潟湖，通常在淤泥质环境或有海草的环境中，栖息深度为 1~5 米。

生活习性：体表为浅色，在极少情况下为纯白色，多数有褐色和橄榄色斑点。很容易从高高的第一背鳍辨认出它们。常被发现待在停泊的轮船的旧浮标绳上、废弃的旧渔网上、突堤桥塔下和马尾藻类海草床上。

双色异齿鳚

BICOLOR BLENNY *Ecsenius bicolor*

分布：从马尔代夫到密克罗尼西亚，从日本南部到澳大利亚大堡礁的印度洋－太平洋热带海域。

大小：最长达 10 厘米。

栖息地：沿海礁石和外围礁石，栖息深度为 2~25 米。

生活习性：体色多变，通常身体前部为深灰色，后部为亮橘黄色，如图所示。常被发现单独活动，栖息于开阔水域，总是随时准备撤退到管状虫洞中。以海藻和小型底栖无脊椎动物为食。

花异齿鳚

WHITE-LINED COMBTOOTH-BLENNY *Ecsenius pictus*

分布：从印度尼西亚到所罗门群岛的印度洋－太平洋中海区热带海域。

大小：最长达 5 厘米。

栖息地：沿海礁石和外围礁石，栖息深度为 10~40 米。

生活习性：头部为浅褐色，身体为深灰色，有许多长点状条纹，尾巴根部为亮黄色。常被发现在礁坪上单独或聚成松散的小群活动，通常比其他相似物种栖息的深度更深。

巴氏异齿鳚

BATH'S COMBTOOTH-BLENNY *Ecsenius bathi*

分布：从马来西亚加里曼丹岛到印度尼西亚和西巴布亚省的印度洋－太平洋中海区热带海域。

大小：最长达 4 厘米。

栖息地：沿海礁石和外围礁石，栖息深度为 3~30 米。

生活习性：在分布区常见，体表有条纹图案（黄色头部、灰色身体、黑色条纹）或者浅橘黄色格子图案（如图）。常被发现栖息于开阔水域的孤立的珊瑚礁和岩壁上的海绵上或被囊动物间。再往东被非常相像的真异齿鳚取代。

AXELROD'S COMBTOOTH-BLENNY
Ecsenius axelrodi

阿氏异齿鳚

分布：从印度尼西亚苏拉威西海到西巴布亚省和所罗门群岛的印度洋－太平洋中海区热带海域。

大小：最长达 5 厘米。

栖息地：外围礁石和斜坡，栖息深度为 5~30 米。

生活习性：体表为亮橘黄色，有黑色“虎纹”，头部颜色更深，胸鳍根部有一个明显的眼斑。外表漂亮，非常显眼，但是仅见于分布区内，分布局部化。常被发现单独或成对活动，栖息于开阔水域的大海绵上和被囊动物间。

EYE-SPOT BLENNY
Ecsenius ops

眼斑异齿鳚

分布：从爪哇岛到北苏拉威西省的印度洋－太平洋热带海域。

大小：最长达 5 厘米。

栖息地：隐蔽的珊瑚礁和潟湖，栖息深度为 2~15 米。

生活习性：外表漂亮，特征明显，但是仅见于分布区内，分布局部化。身体为深褐色，头部为蓝灰色，眼睛为亮黄色，眼睛后面有明显的斑点。常被发现栖息于开阔水域的海绵上和被囊动物间，单独或成对活动。

DERAWAN COMBTOOTH-BLENNY
Ecsenius tricolor

三色异齿鳚

分布：从马来西亚加里曼丹岛到菲律宾的印度洋－太平洋中海区热带海域。

大小：最长达 5 厘米。

栖息地：隐蔽的沿海礁石，栖息深度为 5~30 米。

生活习性：身体前部为蓝灰色，后部为亮黄色或橘黄色，有亮白色条纹，身体前部边缘为橘黄色和蓝色。常被发现栖息于开阔水域的海绵上和被囊动物间，单独或聚成松散的小群活动。在分布区常见，但是分布非常局部化。

MONOCLE CORALBLENNY
Ecsenius monoculus

单臀异齿鳚

分布：从印度尼西亚到中国南海的太平洋亚洲热带海域。

大小：最长达 6 厘米。

栖息地：沿海礁石，栖息深度为 2~10 米，通常在淤泥质环境中。

生活习性：体表为浅褐色，有亮浅黄色或白色小点，尾巴根部有清晰可见的深色鞍状斑。常被发现单独或小群活动，栖息于开阔水域，经常出没于死珊瑚区或者被破坏的珊瑚区。

双斑异齿鳚

TWIN-SPOT COMBTOOTH-BLENNY
Ecsenius bimaculatus

分布：从马来西亚加里曼丹岛到菲律宾的印度洋-太平洋中海区。

大小：最长达 4 厘米。

栖息地：沿海礁石和外围礁坡，栖息深度为 1~15 米。

生活习性：背部为褐色，腹部为亮白色，体侧有一对明显的细长的深色斑点。在分布区常见，尤其是在马来西亚沙巴州，但是仅见于分布区。常被发现单独或小群活动，栖息于开阔水域的海绵间。

眼点异齿鳚

TAIL-SPOT COMBTOOTH-BLENNY
Ecsenius stigmatura

分布：分布非常局部化，分布于从印度尼西亚摩鹿加群岛到拉贾安帕群岛和菲律宾的印度洋-太平洋中海区。

大小：最长达 5.5 厘米。

栖息地：外围礁石的珊瑚密集区，潟湖，栖息深度为 2~30 米。

生活习性：仅见于分布区，但是在分布区很常见。外表非常漂亮，身体由深橘黄色逐渐变为绿色，头部为亮蓝色。眼睛下方的条纹边缘为深色，眼睛被一个亮橘黄色圆圈包围着。尾巴根部有一个带白边的黑点。单独或成对活动。

八重山异齿鳚

YAEYAMA BLENNY
Ecsenius yaeyamaensis

分布：从斯里兰卡到澳大利亚西部，从日本南部到密克罗尼西亚的印度洋-太平洋热带海域。

大小：最长达 6 厘米。

栖息地：沿海岩礁，栖息深度为 2~15 米。

生活习性：体表为浅灰色渐变至浅褐色，有成排的略带白色的斑点，眼睛后方有两道深色条纹。很容易与分布区内的几个相似物种混淆。常被发现单独或聚成松散的小群栖息于开阔水域。

红点真动齿鳚

ORANGE-SPOTTED BLENNY
Blenniella chrysospilos

分布：从红海和东非到澳大利亚和日本南部的印度洋-太平洋热带海域。

大小：最长达 14 厘米。

栖息地：极浅水域中的涌浪区和被海浪冲刷的潮间坪。

生活习性：体表为浅棕褐色，头部有亮红色斑点。外表漂亮，容易辨认，但是因其害羞以及栖息地隐蔽，所以很少被发现。单独或小群活动，通常只把头露在洞外。

豹鳚（又名：短多须鳚）

LEOPARD BLENNY *Exallias brevis*

分布：从红海到夏威夷，从日本南部到澳大利亚的印度洋－太平洋热带海域。
大小：最长达 15 厘米。
栖息地：清澈水域的沿海礁石和外围礁石，栖息深度为 3~20 米。
生活习性：体表为浅色，有许多褐色或红色的豹纹斑点，常被发现栖息在杯形珊瑚群的枝杈间。图中个体栖息在火山黑沙中，颜色发生了变异。非常害羞，不易接近。

澳洲凤鳚

STARRY BLENNY *Salarias ramosus*

分布：从马来西亚加里曼丹岛和印度尼西亚到菲律宾和澳大利亚的太平洋亚洲热带海域。
大小：最长达 6 厘米。
栖息地：隐蔽的珊瑚礁，沿海的沙子、海草混合的环境中，栖息深度为 1~6 米。
生活习性：体表为黄褐色，有许多亮白色小点，眼睛上方长着多分叉的卷须。常被发现单独活动，俯卧在开阔水域的珊瑚头上，但是通常很机警，人类很难靠得很近。

鰤科 DRAGONETS *Callionymidae*

该科有 9 属、超过 125 种，分布于热带海域，是一个相当大的科，主要由小型底栖鱼类组成。体表有一层黏液（有时非常难闻），没有鱼鳞，头上有数量不等的棘，头部宽大。多在海底活动，很少离开海底（交配期除外），用腹鳍跳行，甚至把自己埋到沙子里。都有一个突出的小嘴，使它们看起来像撅着嘴，有些物种异常艳丽。

水下摄影提示：大多数都不难拍，经常被发现在海底跳跃。伪装巧妙，有些外表非常艳丽。花斑连鳍鰤尤其如此，是非常漂亮的拍摄对象。要想拍好一对正在交配的鰤鱼，你需要极大的耐心和优质的微距镜头（105 毫米）。

指脚鰤

FINGERED DRAGONET *Dactylopus dactylopus*

分布：从安达曼群岛到中国台湾，从日本南部到澳大利亚的太平洋亚洲热带海域。
大小：最长达 20 厘米。
栖息地：隐蔽的沙质和淤泥质海底，栖息深度为 3~60 米。
生活习性：体表有绿色、褐色斑点以及蓝色、橘黄色小点，用手指状腹鳍鳍条在海底行走。常被发现成对在开阔水域寻找小型底栖无脊椎动物。图中个体正在展示身体，回应潜在威胁。幼鱼见第 155 页。

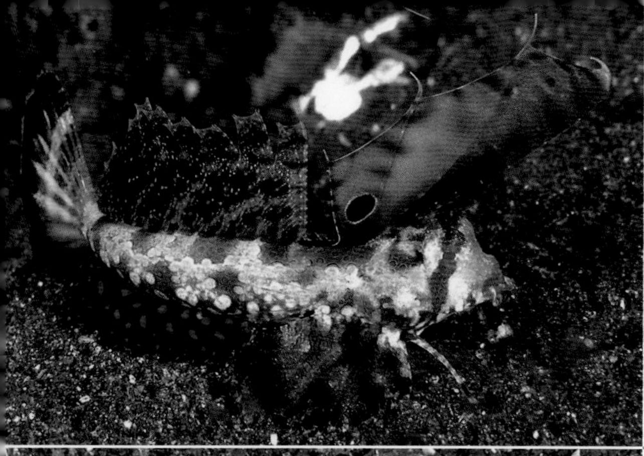

基氏连鳍䲗

KUITER'S DRAGONET *Dactylopus kuiteri*

分布：从弗洛勒斯岛到北苏拉威西省的印度洋–太平洋中海区热带海域。

大小：最长达 15 厘米。

栖息地：潟湖的沙质底部或淤泥质底部，隐蔽的沿海礁石，栖息深度为 5~40 米。

生活习性：体表有褐色斑点和许多橘黄色、亮蓝色小点。用腹鳍的第一个手指状鳍条在海底行走。第一背鳍很长，根部有一个很明显的眼斑。图中个体正在展示身体，回应潜在威胁。幼鱼见第 155 页。

牛目䲗

SUPERB DRAGONET *Callionymus superbus*

分布：印度尼西亚海域。

大小：最长达 12 厘米。

栖息地：沙质海底和珊瑚碎石海底，栖息深度为 1~15 米。

生活习性：体表呈黑褐色或黑色，有许多灰色或白色的月牙形斑，雄鱼的第一背鳍十分细长。不常见，伪装得非常巧妙，偶见于比较浅的黑色火山灰沙质海底。左图是在苏拉威西海蓝碧海峡拍摄的。

麒麟鱼（又名：花斑连鳍䲗）

MANDARIN FISH *Synchiropus splendidus*

分布：从印度尼西亚到密克罗尼西亚，从日本南部到新喀里多尼亚的太平洋亚洲热带海域。

大小：最长达 6 厘米。

栖息地：隐蔽的沿海礁石的珊瑚碎石底部，潟湖，栖息深度为 1~18 米。

生活习性：特征明显，外表漂亮。体表光怪陆离，亮橘黄色背景上有荧光绿色和蓝色的弯弯曲曲的斑点和条纹，斑点和条纹的边缘为深色。非常害羞，但是在交配期，傍晚时常被发现在开阔水域聚成小群进行短时间活动。

绣鳍连鳍䲗

PICTURE DRAGONET *Synchiropus picturatus*

分布：从印度尼西亚到澳大利亚的太平洋亚洲热带海域。

大小：最长达 6 厘米。

栖息地：潟湖和隐蔽的沿海礁石的珊瑚碎石底部，栖息深度为 2~10 米。

生活习性：不常见，不如上一个物种有名。体表为浅绿色或棕褐色，有许多带有荧光绿色或橘黄色边缘的黑点。傍晚偶尔被发现松散地聚成小群活动。

圆连鳍䲗

CIRCLED DRAGONET *Synchiropus circularis*

分布：未知，在印度洋–太平洋中海区的几个地方发现过。

大小：最长达 6 厘米。

栖息地：清澈浅水区的珊瑚密集区和珊瑚碎石区。

生活习性：十分罕见，但是和花斑连鳍䲗和绣鳍连鳍䲗关系密切。体表为深褐色，有许多带荧光白边缘的棕褐色斑点。右图拍摄于傍晚求偶时。

巴氏连鳍䲗

BARTEL'S DRAGONET *synchiropus bartelsi*

分布：从印度尼西亚到菲律宾和巴布亚新几内亚的太平洋亚洲热带海域。

大小：最长达 5 厘米。

栖息地：潟湖的珊瑚碎石区，外围礁石，栖息深度为 3~35 米。

生活习性：一般体表为褐色或亮红色，背部和体侧都长着蓝色小眼斑。偶尔被发现单独或成对活动，傍晚常在僻静礁区的珊瑚碎石区跳行。再往东被非常相像的莫氏连鳍䲗取代。

摩氏连鳍䲗

MOYER'S DRAGONET *synchiropus moyeri*

分布：从印度尼西亚到日本南部和澳大利亚大堡礁的太平洋亚洲热带海域。

大小：最长达 7 厘米。

栖息地：沿海礁石上光线好、海藻茂密的珊瑚碎石区，栖息深度为 3~30 米。

生活习性：体表为白色，有不规则的褐色或亮红色斑点。偶尔被发现在傍晚松散地聚成小群活动，机警地跳行。体形大的雄鱼首领有斑驳多彩的扇形背鳍。

眼斑连鳍䲗

MARBLED DRAGONET *Neosynchiropus ocellatus*

分布：从马来西亚到法属波利尼西亚，从日本南部到大堡礁的印度洋–太平洋中海区热带海域。

大小：最长达 7 厘米。

栖息地：沿海礁石的珊瑚碎石区，栖息深度为 1~50 米。

生活习性：体表为橄榄绿色或黄褐色，有许多不规则的白色斑点、斑块和鞍状斑，容易与几个相似物种混淆。偶尔被发现在海底跳行，觅食小型底栖无脊椎动物。

双线䲗

GORAM DRAGONET *Diplogrammus goramensis*

分布：从马来西亚到密克罗尼西亚，从中国到大堡礁的印度洋－太平洋中海区热带海域。

大小：最长达 8 厘米。

栖息地：光线好的水域的粗沙滩，栖息深度为 2~15 米。

生活习性：体形扁平，身体下部有明显的突起。体表为浅褐色，有许多不规则的白色或浅灰色斑点，眼睛下方有浅蓝色条纹。非常隐秘，但是白天很活跃，容易接近。

开氏䲗

KEELEY'S DRAGONET *Callionymus keeleyi*

分布：从印度尼西亚到巴布亚新几内亚的印度洋－太平洋热带海域。

大小：最长达 6 厘米。

栖息地：沿海礁石的隐蔽的珊瑚碎石底部和粗沙质底部，栖息深度为 5~60 米。

生活习性：体表有色调不同的褐色斑点，背鳍上有蓝色和褐色波浪纹，吻上有蓝点和细条纹。正确辨认䲗属物种仍然很困难，因为目前该属信息仍在修订中。

虾虎科 GOBIES *Gobiidae*

尽管虾虎鱼通常非常小，而且很害羞，但是虾虎科是海洋鱼类中最大的一科，有 200 多属、1500 多种。大多数虾虎鱼都栖息于海底，几乎从来不离开海底，有时只是悬停于海底之上，与珊瑚礁生态系统关系密切，常与软珊瑚和柳珊瑚在一起。许多虾虎鱼栖息在柔软海底的管状洞穴中，与好几种生物有共生关系，如鼓虾。

水下摄影提示：大多数人都注意不到虾虎鱼。但是大多数虾虎鱼，即使是最小的，都是非常漂亮的拍摄对象。它们行为多变，如果有足够的耐心，你能与大多数虾虎鱼靠得很近，当然你需要良好的控制浮力的能力和一个优质的微距镜头（60 毫米或者 105 毫米）。

华丽钝虾虎

PINK-LINED GOBY *Amblygobius decussatus*

分布：从科科斯群岛到新喀里多尼亚，从日本南部到澳大利亚的印度洋－太平洋热带海域。

大小：最长达 12 厘米。

栖息地：潟湖和沿海礁石的淤泥质、沙质底部，栖息深度为 3~30 米。

生活习性：体表为浅灰色，有许多不规则的交叉的橘黄色条纹，头部条纹颜色更深，更加清晰，尾巴根部有亮橘黄色圆点。常被发现成对在淤泥质海底活动，不易接近。

蛾钝虾虎

SPHYNX GOBY *Amblygobius sphynx*

分布：从东非到巴布亚新几内亚，从日本南部到澳大利亚的印度洋–太平洋热带海域。

大小：最长达 12 厘米。

栖息地：隐蔽的潟湖的沙质底部、珊瑚碎石底部和海草区，栖息深度为 1~20 米。

生活习性：体表为浅色，有四五道深橄榄绿色条纹，非常艳丽，但是伪装得非常巧妙，常被潜水员忽视。偶尔被发现在海底附近游动，用展开的鱼鳍在水中“跳动”。

尾斑钝虾虎

WHITE-BARRED GOBY *Amblygobius phalaena*

分布：从科科斯群岛到法属波利尼西亚，从日本南部到澳大利亚的印度洋–太平洋热带海域。

大小：最长达 15 厘米。

栖息地：潟湖的沙质底部、淤泥质底部，隐蔽的沿海礁石，栖息深度为 2~20 米。

生活习性：常见，通常聚成松散的大群。体表为浅色，主要栖息在白沙质海底和海草区。在印度洋被非常相像的半带钝虾虎取代。

海氏钝虾虎

HECTOR'S GOBY *Koumansetta hectori*

分布：从红海到密克罗尼西亚和澳大利亚的印度洋–太平洋热带海域。

大小：最长达 8.5 厘米。

栖息地：斜坡和浅水区断层的珊瑚密集区，栖息深度为 3~30 米。

生活习性：体表为深褐色，有四道亮黄色条纹，第二背鳍上有一个带黄边的细长的大斑点。外表漂亮，但是非常小，经常被误认为隆头鱼，其实它们是在模仿隆头鱼。单独活动，常被发现在开阔水域和珊瑚丛中游动，从未被发现像其他虾虎鱼那样栖息在洞穴中。

雷氏钝虾虎

RAINFORD'S GOBY *Koumansetta rainfordi*

分布：从印度尼西亚到密克罗尼西亚和澳大利亚的印度洋–太平洋中海区的热带海域。

大小：最长达 5.5 厘米。

栖息地：沿海礁石和外围礁石的珊瑚密集区，栖息深度为 3~30 米。

生活习性：身体为绿灰色，有五道亮橘黄色条纹，上背部有一排白点。外表漂亮，游动快，常被发现在海底附近“弹跳”着游动，常栖息于茂密的珊瑚丛中。

蓝斑虾虎

BLUE–SPECKLED RUBBLE GOBY
Asterropteryx ensifera

分布：从红海到法属波利尼西亚，从日本南部到澳大利亚的印度洋–太平洋热带海域。

大小：最长达 3.5 厘米。

栖息地：潟湖和隐蔽礁石的珊瑚碎石底部，栖息深度为 5~40 米。

生活习性：体表为深褐色，有许多成排的亮蓝色小点，从远处看体表为黑色。常被发现松散地聚成大群悬停在碎石斜坡上，但是常被潜水员忽视。

橙点虾虎

ORANGE–SPOTTED GOBY
Asterropteryx bipunctata

分布：从查戈斯群岛到萨摩亚和日本的印度洋–太平洋中海区的热带海域。

大小：最长达 10 厘米。

栖息地：外围礁石的洞穴、缝隙中和沙质突出物下，栖息深度为 5~40 米。

生活习性：体表为浅蓝色，有亮橘黄色斑点，第一背鳍上有带浅色边缘的圆点。非常漂亮，但是害羞，所以很少被人看见。偶见于洞穴中或很高的悬垂物下，如果被潜水员接近，会躲到黑暗的隐蔽处。

斑点虾虎

SPOTTED SHRIMP GOBY
Amblyeleotris guttata

分布：从马来西亚和印度尼西亚到萨摩亚、从日本南部到澳大利亚的太平洋西部热带海域。

大小：最长达 8 厘米。

栖息地：外围礁石的沙质和碎石突出物，栖息深度为 4~40 米。

生活习性：体表为亮白色，有许多亮金橘色斑点，腹部前部有两条深色条纹，鱼鳍上有许多荧光蓝色斑点。与共生的鼓虾住在管状洞穴里。在分布区常见，非常漂亮，但是很害羞，不易接近。

大帆虾虎

SAILFIN SHRIMP GOBY
Amblyeleotris randalli

分布：从马来西亚和印度尼西亚到斐济和日本南部的印度洋–太平洋中海区热带海域。

大小：最长达 12 厘米。

栖息地：斜坡的沙质突出物，外围礁石的断层，栖息深度为 10~50 米。

生活习性：体表为亮白色，有六七道亮橘黄色条纹，第一背鳍为圆形，有许多白色斑点，背鳍根部有一个带白边的黑点。常被发现为了保护领地而有节奏地快速抖开背鳍。与共生鼓虾居住在管状洞穴里。

STEINITZ'S SHRIMP GOBY *Amblyeleotris steinitzi*

史氏虾虎

分布：从红海到密克罗尼西亚，从日本南部到大堡礁的印度洋-太平洋热带海域。
大小：最长达 12 厘米。
栖息地：潟湖中的斜坡的沙质区，隐蔽礁石的沙质区，栖息深度为 5~35 米。
生活习性：体表为白色，整个身体有五道红褐色条纹和许多小蓝点，在水下很容易与几种相似物种混淆。常见于潟湖和隐蔽区域的沙质区、石头小的碎石区。与共生鼓虾住在管状洞穴里。

METALLIC SHRIMP GOBY *Amblyeleotris latifasciata*

侧纹虾虎

分布：从马来西亚和印度尼西亚到菲律宾的印度洋-太平洋中海区热带海域。
大小：最长达 14 厘米。
栖息地：潟湖的干净的沙质底部、石头小的碎石底部，隐蔽的沿海礁石，栖息深度为 10~40 米。
生活习性：体表为浅绿褐色，有鲜艳的亮蓝色和橘黄色斑点，第一背鳍上有边缘颜色较浅的橘黄色斑点。外表漂亮，特征明显。与共生的盲眼鼓虾住在管状洞穴中。

GORGEOUS SHRIMP GOBY *Amblyeleotris wheeleri*

红纹虾虎

分布：从红海和东非到马绍尔群岛，从日本南部到澳大利亚的印度洋 - 太平洋热带海域。
大小：最长达 10 厘米。
栖息地：外围礁坡的沙质、碎石质突出部分和沟槽，栖息深度为 2~40 米。
生活习性：体表为黄色，有六道暗红色条纹，有鲜艳的金色和亮蓝色斑点。通常很害羞，不易接近。与共生鼓虾住在一个管状洞穴中。

BROAD-BANDED SHRIMP GOBY *Amblyeleotris periophthalma*

黑斑虾虎

分布：从红海到巴布亚新几内亚，从日本南部到澳大利亚的印度洋-太平洋热带海域。
大小：最长达 11 厘米。
栖息地：沿海礁坡和外围礁坡的沙质区、珊瑚碎石区，栖息深度为 5~20 米。
生活习性：体表为浅粉色或白色，有六道深粉色或浅褐色条纹，很容易与其他相像的有条纹的虾虎鱼混淆。很常见，但是不同分布区内的该物种颜色不同。与共生鼓虾住在一个管状洞穴中。

斜带虾虎

DIAGONAL SHRIMP GOBY
Amblyeleotris diagonalis

分布：从东非到所罗门群岛，从日本南部到大堡礁的印度洋－太平洋热带海域。

大小：最长达 10 厘米。

栖息地：礁坡上的沙质区、石头小的碎石区，栖息深度为 8~15 米。

生活习性：体表为白色，有五道红褐色条纹，头部有两道明显的窄条纹。有鲜艳的橘黄色和彩虹色斑点，很容易与其他带条纹的相似物种混淆。与共生鼓虾住在一个管状洞穴中。

裸头虾虎

MASKED SHRIMP GOBY
Amblyeleotris gymnocephala

分布：从马来西亚和印度尼西亚到密克罗尼西亚和澳大利亚的印度洋－太平洋中海区热带海域。

大小：最长达 12 厘米。

栖息地：礁坡、潟湖和海湾的沙质区，栖息深度为 6~40 米。

生活习性：体表为白色或浅棕褐色，有五道橘黄色条纹。显著特征是背部有深色斑点、背鳍边为红色。全身有许多亮蓝色和金黄色斑点，但是该物种在不同的分布区内有不同的颜色。与共生鼓虾住在一个管状洞穴中。

亚诺虾虎

FLAG-TAIL SHRIMP GOBY
Amblyeleotris yanoi

分布：从印度尼西亚巴厘岛到巴布亚新几内亚和日本南部的印度洋－太平洋中海区热带海域。

大小：最长达 13 厘米。

栖息地：斜坡、潟湖和隐蔽的海湾的沙质底部和石头小的碎石底部，栖息深度为 3~40 米。

生活习性：体表为白色，有五道橘黄色散射状条纹，非常漂亮，尾巴呈红黄色，为旗帜状。在印度洋西部被相像的红带虾虎取代。

小头丝虾虎

PINK-SPECKLED SHRIMPGOBY
Cryptocentrus singapurensis

分布：从马来西亚和印度尼西亚到澳大利亚和日本南部的太平洋亚洲热带海域。

大小：最长达 12 厘米。

栖息地：海湾和隐蔽水域的淤泥质底部，栖息深度为 1~10 米。

生活习性：体表为浅棕褐色，有许多深色散射状斜条纹，有鲜艳的边缘为荧光绿色的亮粉色斑点和条纹。身体笨重，通常栖息于红树林附近的海底，和共生的虾住在一个管状洞穴里。

金丝虾虎

分布：从安达曼群岛到密克罗尼西亚，从日本南部到澳大利亚的印度洋–太平洋中海区热带海域。

大小：最长达 6 厘米。

栖息地：沿海礁石和潟湖的沙质、淤泥质底部，栖息深度为 2~15 米。

生活习性：有两种常见的体表颜色，一种是亮金黄色，带有许多荧光蓝色小点（如图），还有一种是深褐色，带有白色和荧光蓝色斑点。在分布区内很常见，经常松散地聚在一起。与一只或多只鼓虾住在一个管状洞穴中。

黑纹丝虾虎

分布：从红海到所罗门群岛和澳大利亚大堡礁的印度洋–太平洋热带海域。

大小：最长达 10 厘米。

栖息地：潟湖和沿海礁石的隐蔽区域的沙质、淤泥质底部，栖息深度为 2~15 米。

生活习性：一般体表为浅色，有四道不规则的褐色条纹，分布区有变种，头部常有不规则的橘黄色和浅蓝色图案。相关文献描述很少，常被发现成对与一只或多只鼓虾住在一个洞穴中。

颊纹丝虾虎

分布：从马来西亚和印度尼西亚到密克罗尼西亚和日本南部的印度洋–太平洋中海区热带海域。

大小：最长达 7 厘米。

栖息地：隐蔽礁石的粗沙底部和碎石底部，栖息深度为 1~5 米。

生活习性：体表为浅灰色或略带白色，有不规则的鞍状斑和条纹，面部多为白色，颜色非常单调，没有相关的文献描述。常见成对活动，与一两只鼓虾住在一个管状洞穴中。

白头虾虎

分布：从红海到斐济、从日本南部到澳大利亚的印度洋–太平洋热带海域。

大小：最长达 4 厘米。

栖息地：细沙质海底或者淤泥质海底，经常在礁石表面，栖息深度为 5~40 米。

生活习性：不常见，是一种经常被认错的虾虎鱼。上下起伏地游动，杂乱的颜色（黑白相间，体表为黑色或深褐色，鱼鳍上有白点）很容易迷惑观察者。常被发现单独活动，与盲眼的鼓虾住在一个管状洞穴中。

双睛虾虎

CRAB-EYE GOBY *Signigobius biocellatus*

分布：从马来西亚和印度尼西亚到密克罗尼西亚和大堡礁的印度洋－太平洋中海区热带海域。

大小：最长达 11 厘米。

栖息地：珊瑚碎石海底或细淤泥海底，常沿着隐蔽的沿海礁石底部栖息，栖息深度为 2~30 米。

生活习性：体表为浅棕褐色，有褐色斑点，背鳍上有两个“眼睛”，内部为黑色，外圈为黄色，腹鳍和臀鳍为黑色，有蓝色斑点。模仿螃蟹侧着“跳跃”。常被发现成对活动，住在一个海底洞穴中。有趣而不常见。

黑天线虾虎

BLACK-RAYED SHRIMP GOBY *Stonogobiops nematodes*

分布：从印度尼西亚到萨摩亚，从日本南部到澳大利亚的印度洋－太平洋西海区热带海域。

大小：最长达 6 厘米。

栖息地：外围礁坪有洋流经过的区域的珊瑚碎石底部和沙质底部，栖息深度为 10~40 米。

生活习性：体表为白色，头部为亮黄色，有四道很宽的从暗褐色渐变为黑色的条纹，背鳍的第一根鳍条很长，带黑边。与兰道氏鼓虾共生，常被发现成对活动，悬停在与兰道氏鼓虾共享的洞穴上方。

黄面虾虎

YELLOWNOSE SHRIMP GOBY *Stonogobiops xanthorhinica*

分布：从马来西亚和印度尼西亚到日本南部和澳大利亚的印度洋－太平洋热带海域。

大小：最长达 6 厘米。

栖息地：外围礁石有洋流经过的珊瑚碎石坪，栖息深度为 10~50 米。

生活习性：与上一个物种很像，但是该物种的第一背鳍尖端为钩状，而不是线状。再往西，在印度洋被几乎完全一样的横带连膜虾虎取代。

帆鳍虾虎

SMILING GOBY *Mahidolia mystacina*

分布：从东非到法属波利尼西亚，从日本南部到澳大利亚的印度洋－太平洋热带海域。

大小：最长达 10 厘米。

栖息地：潟湖的珊瑚碎石底部、沙质底部和泥质海底，隐蔽的礁石，栖息深度为 5~25 米。

生活习性：该物种常有两种不同的颜色，为灰色体表带棕色条纹，或者黄色体表带深色条纹，后者更常见。两种颜色的个体的第一背鳍都呈明显的旗状，很大，有条纹。与盲眼鼓虾共享一个洞穴。

MAGNIFICENT SHRIMPGOBY *Flabelligobius sp.*

黑帆虾虎

分布：未知，在从印度尼西亚和马来西亚到日本南部的海域出现过。

大小：最长达 10 厘米。

栖息地：沿海礁坪有洋流经过的珊瑚碎石底部或细沙质底部，栖息深度为 15~60 米。

生活习性：外表漂亮，仍没有文献描述。大大的背鳍上有褐色斑点，深褐色和白色相间的身体上有金黄色斑点。鼻孔为管状，腹鳍、臀鳍和尾鳍上有显眼的电蓝色条纹。

MOTTLED SHRIMP GOBY *Tomiyamichthys oni*

富山虾虎

分布：从安达曼群岛到密克罗尼西亚和日本南部的印度洋-太平洋中海区热带海域。

大小：最长达 10 厘米。

栖息地：沿海礁石的碎石质、沙质和淤泥质斜坡，栖息深度为 10~30 米。

生活习性：一般为色彩单一的浅褐色，第一背鳍很大，有斑点，通常保持直立。常被发现单独活动于洋流充沛的水域，与共生虾住在一个洞穴中。再往西——从红海到印度洋西部——被几乎完全一样的红海富山虾虎取代。

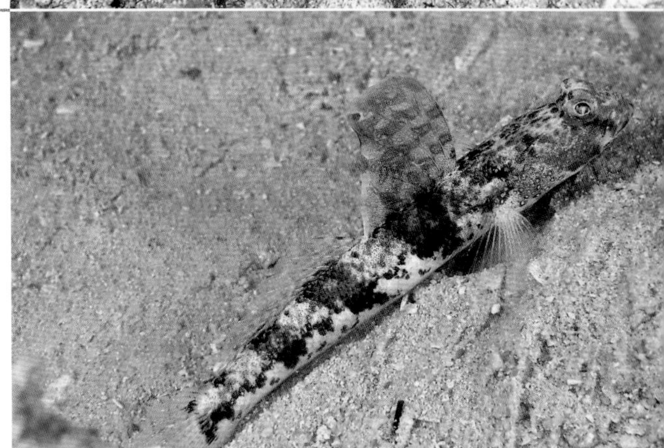

RAY-FIN GOBY *Tomiyamichthys sp.*

鳍条虾虎

分布：未知，在印度尼西亚加里曼丹岛和马来西亚加里曼丹岛沙巴洲海域出现过。

大小：最长达 7 厘米。

栖息地：隐蔽的沿海礁石的珊瑚碎石底部，栖息深度为 5~40 米。

生活习性：身体前部为深褐色，后部为白色，有深色斑点。外表漂亮，第一背鳍为丝状，背鳍后部有亮蓝色斑点。伪装得极其巧妙，偶尔被发现成对悬停在与盲眼共生虾共享的洞穴之上。科学文献中尚无描述。

BLACKBARRED REEF GOBY *Priolepis nocturna*

夜栖虾虎

分布：从东非到巴布亚新几内亚和法属波利尼西亚的印度洋-太平洋热带海域。

大小：最长达 4.5 厘米。

栖息地：外围礁石和沿海礁石的沙质底部的珊瑚头下面，礁石突出部分的珊瑚头下面，栖息深度为 5~30 米。

生活习性：体表为亮白色或灰色，有黑色或深褐色条纹。单独活动，非常隐秘，总是深藏在珊瑚头下方或者小缝隙中，可能在分布区不常见，潜水员很少拍到它们。

十二条虾虎

BANDED REEF GOBY *Priolepis cincta*

分布：从东非到密克罗尼西亚和夏威夷的印度洋–太平洋热带海域。

大小：最长达 7 厘米。

栖息地：沿海礁石和外围礁石的突出部分下面和悬垂物下面，栖息深度为 2~70 米。

生活习性：体表为浅绿色，有浅色条纹。偶尔被发现悬停在悬垂物顶部、突出部分上方或者大型管状海绵里。有好几个相似物种，都有条纹，都属于同一属。

橙礁虾虎

ORANGE REEF GOBY *Priolepis sp.*

分布：印度尼西亚北苏拉威西省海域。

大小：最长达 4 厘米。

栖息地：沿海淤泥质海底的海绵中或悬垂物下面，栖息深度为 2~30 米。

生活习性：体表为亮橘黄色，身体前部有深色条纹。尚无描述，常被发现成对栖居在废弃的椰壳中。分布非常局部化，图中个体是在印度尼西亚北苏拉威西省蓝碧海峡拍摄的。

六带虾虎

RED-LINED PYGMY GOBY *Trimma striatum*

分布：从马尔代夫到巴布亚新几内亚的印度洋–太平洋热带海域。

大小：最长达 3.5 厘米。

栖息地：潟湖和沿海礁石的洞穴内或悬垂物下面，栖息深度为 10~30 米。

生活习性：体表为浅紫色，头部有清晰可见的红色条纹。上下颠倒地悬停在礁石之上或者大型管状海绵中。常被发现松散地聚成小群活动。以小型底栖无脊椎动物为食。

丝背虾虎

RED PYGMY GOBY *Trimma naudei*

分布：从塞舌尔到新喀里多尼亚和日本南部的印度洋–太平洋热带海域。

大小：最长达 3.5 厘米。

栖息地：沿海礁石的洞穴中、突出部分下面或者悬垂物下面，栖息深度为 5~30 米。

生活习性：体表为白色或黄色，几乎完全被大的不规则的红色斑点覆盖。常被发现悬停在开阔水域，上下颠倒着在洞穴顶部或者悬垂物下面休息。像大多数虾虎鱼一样，以小型底栖无脊椎动物为食。

LARGE-EYE PYGMY GOBY
Trimma flammeum

焰色虾虎

分布：从马来西亚和印度尼西亚到巴布亚新几内亚的印度洋-太平洋中海区热带海域。

大小：最长达 3 厘米。

栖息地：沿海礁石和外围礁石的珊瑚密集区的海绵上或海绵内，栖息深度为 10~30 米。

生活习性：身体半透明，有美丽的亮红色或橘黄色斑点。分布区内还有几个相似物种有待描述。通常栖息在海绵里，等待食物（主要是底栖无脊椎动物和浮游动物）飘过来。

BLUESTRIPE PYGMY GOBY
Trimma tevegae

底斑虾虎

分布：从红海到密克罗尼西亚、日本南部和澳大利亚的印度洋-太平洋热带海域。

大小：最长达 3 厘米。

栖息地：沿海礁石和外围礁石的洞穴内、较深的黑暗缝隙里，栖息深度为 10~50 米。

生活习性：体表为金橘色，有亮白色条纹；尾巴根部有一道深紫色条纹，前部有一道白色条纹。常被发现松散地聚在洞穴中活动，常上下颠倒着悬停于水中。极为机警。

MELASMA PYGMY GOBY
Eviota melasma

黑体虾虎

分布：从科科斯群岛到萨摩亚、日本南部和澳大利亚的印度洋-太平洋中海区热带海域。

大小：最长达 2 厘米。

栖息地：沿海礁石和外围礁石，栖息深度为 5~15 米。

生活习性：身体半透明，有红色斑点，眼睛为亮黄色。很容易与分布区内的其他相似物种混淆。常被发现栖息在开阔水域的海绵上或者珊瑚头上，等待浮游动物或者小型无脊椎动物飘过来，常在领地内巡游。

SEBREE'S PYGMY GOBY
Eviota sebreei

稀氏虾虎

分布：从红海到密克罗尼西亚，从日本南部到澳大利亚的印度洋-太平洋热带海域。

大小：最长达 2 厘米。

栖息地：沿海礁石和外围礁石，栖息深度为 1~15 米。

生活习性：身体半透明，带褐色光泽，体侧有珍珠串状的金黄色斑点。很常见，常被发现松散地聚成小群栖息在光线好的水域的大型滨珊瑚的珊瑚头上。几条成鱼和幼鱼经常被发现聚集在同一个珊瑚头上方。

条尾虾虎

ZEBRA GOBY *Eviota zebrina*

分布：从印度尼西亚到新喀里多尼亚，从日本南部到澳大利亚的印度洋–太平洋中海区热带海域。

大小：最长达 2 厘米。

栖息地：沿海礁石的隐蔽碎石区，栖息深度为 10~50 米。

生活习性：半透明的身体上有白色、酒红色斑点。同一分布区内有许多相似物种。在分布区很常见，通常栖息于开阔水域，在界限明确的领地内巡游。有时被描述为胸斑虾虎。

粉线虾虎

ERYTHROPS GOBY *Bryaninops erythrops*

分布：从红海到日本南部和澳大利亚大堡礁的印度洋–太平洋热带海域。

大小：最长达 1.5 厘米。

栖息地：沿海礁石和外围礁石的珊瑚密集区，栖息深度为 5~15 米。

生活习性：体形非常小，很容易从半透明身体上的亮红色或粉色条纹辨认出它们。常被发现松散地聚成小群活动，栖息在开阔水域的大珊瑚头周围，等待浮游动物飘过来。

漂游珊瑚虾虎

PURPLE-EYED GOBY *Bryaninops natans*

分布：从红海到密克罗尼西亚，从日本南部到澳大利亚的印度洋–太平洋热带海域。

大小：最长达 2 厘米。

栖息地：清澈水域的珊瑚密集区，栖息深度为 5~20 米。

生活习性：身体半透明，腹部为亮金黄色，眼睛为亮紫红色。偶尔被发现松散地聚成小群悬停于枝杈状鹿角珊瑚附近，但是由于体形太小，常被潜水员忽视。

杨氏吸虾虎

SEAWHIP GOBY *Bryaninops yongei*

分布：从红海到法属波利尼西亚，从日本南部到澳大利亚的印度洋–太平洋热带海域。

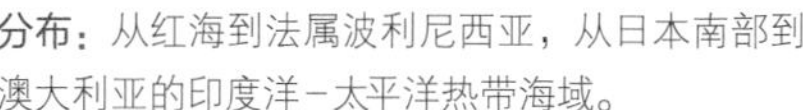

大小：最长达 4 厘米。

栖息地：只栖息于洋流充沛水域的鞭角珊瑚上，栖息深度为 3~40 米。

生活习性：身体半透明，有许多深色鞍状斑，有几个物种与其很相像，都与柳珊瑚、鞭珊瑚和黑珊瑚共生，通常栖息于深水区多洋流的水域。

脂鳚虾虎

PEPPERMINT GOBY
Coryphopterus lipernes

分布：从美国佛罗里达州到加勒比海的大西洋西部海域。

大小：最长达 2.5 厘米。

栖息地：沿海礁石和外围礁石的珊瑚密集区，栖息深度为 10~40 米。

生活习性：体表为黄色或金黄色，身体半透明，有浅色条纹，头部有精致的电蓝色条纹。可能是大西洋西部海域最艳丽的虾虎鱼，常被发现栖息于加勒比海开阔水域的大珊瑚头上方，在领地内巡游，等待飘过来的浮游动物。

长体腹瓢虾虎

SLENDER SPONGE GOBY
Pleurosicya elongata

分布：从印度尼西亚和马来西亚到巴布亚新几内亚和澳大利亚的印度洋-太平洋中海区热带海域。

大小：最长达 4 厘米。

栖息地：隐蔽的沿海礁石上的下垂的叶状海绵下面，栖息深度为 2~10 米。

生活习性：体形较大，身体扁平，半透明，但是通常整个身体为叶状海绵的颜色。常被发现好几条寄居在同一个寄主身上。可能以浮游动物和小型底栖无脊椎动物为食。

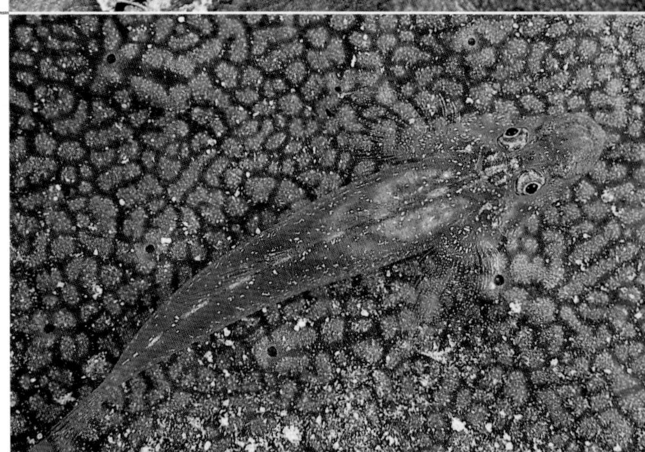

多机虾虎

MOZAMBIQUE GHOSTGOBY
Pleurosicya mossambica

分布：从红海到法属波利尼西亚，从日本南部到澳大利亚的印度洋-太平洋热带海域。

大小：最长达 3 厘米。

栖息地：与沿海礁石和外围礁石的各种寄主共生，栖息深度为 3~30 米。

生活习性：最常见的共生虾虎鱼，常见于软珊瑚、海鞘、海绵和柳珊瑚上。一般为红色或紫色，全身有白点，但是在不同地区颜色会发生变化。

新鳚虾虎

SAND GOBY
Fusigobius neophytus

分布：从东非到法属波利尼西亚，从日本南部到澳大利亚的印度洋-太平洋热带海域。

大小：最长达 5.5 厘米。

栖息地：洞穴内的沙质突出部分和碎石突出部分，栖息深度为 5~50 米。

生活习性：纺锤虾虎鱼复合种中的一种。该复合种都是底栖鱼类，身体半透明，有金黄色或褐色斑点，常见于洞穴中或悬崖下，经常展开色彩鲜艳的第一背鳍，有节奏地上下扇动，以此彰显自己对领地的所有权和吸引雌性。

黑点鹦虾虎

MUD REEF GOBY
Exyrias belissimus

分布：从东非到密克罗尼西亚，从日本南部到澳大利亚的印度洋－太平洋热带海域。

大小：最长达 20 厘米。

栖息地：隐蔽的沿海礁石、红树林和潟湖的淤泥质或泥质底部，栖息深度为 2~30 米。

生活习性：体形大，常被发现含着一大口沙子或淤泥过滤食物颗粒。体表为浅绿褐色，有深色散射状斑点。有几个物种与其很相像，都有很大的旗形背鳍，因栖息地隐蔽，多被潜水员忽视。

黑带虾虎

BLACK-LINED MUD GOBY
Myersina nigrivirgata

分布：从马来西亚和印度尼西亚到菲律宾和巴布亚新几内亚的印度洋－太平洋热带海域。

大小：最长达 10 厘米。

栖息地：沿海水域的柔软的淤泥质或泥质斜坡，栖息深度为 10~30 米。

生活习性：常见有两种明显不同的颜色，淡棕褐色或金黄色，不过两种颜色的体表都有深色竖条纹。常被发现成对或松散地聚在一起活动。由于栖息地水质混浊，很少有人潜入，故很难被发现。

刺盖虾虎

SPINECHEEK GOBY
Oplopomus oplopomus

分布：从红海到法属波利尼西亚，从日本南部到澳大利亚的印度洋－太平洋热带海域。

大小：最长达 12 厘米。

栖息地：隐蔽的海湾和潟湖的淤泥质或沙质底部，栖息深度为 2~12 米。

生活习性：体形健壮，体表略带白色，全身有许多珍珠蓝色、黑色和金黄色斑点，第一背鳍上有带蓝边的黑点。常见于细沙质或淤泥质海底，常靠近红树林，单独或成对栖息于在柔软海底挖的洞穴中。

鞍带虾虎

BROADBARRED GLIDER GOBY
Valenciennea wardii

分布：从红海和东非到日本南部和澳大利亚的印度洋－太平洋热带海域。

大小：最长达 12 厘米。

栖息地：隐蔽的潟湖和沿海礁石的淤泥质或泥质底部，栖息深度为 10~35 米。

生活习性：体表发白，体侧有三条较宽的褐色条纹，第一背鳍上有明显的边缘为浅色的黑点，面颊上有珍珠蓝色条纹。相当罕见，偶尔被发现成对活动于较浅水域的淤泥质海底。非常机警，不易接近。

六点虾虎

SIXSPOT GOBY *Valenciennea sexguttata*

分布：从红海到密克罗尼西亚，从日本南部到澳大利亚的印度洋–太平洋热带海域。

大小：最长达 16 厘米。

栖息地：孤立的珊瑚丛底部的沙质、淤泥质海底，栖息深度为 1~30 米。

生活习性：体表为白色或浅灰色，面颊上有六个珍珠蓝色斑点，第一背鳍上有黑点。在分布区常见，易接近，栖息于海底，常被发现成对或松散地聚成小群活动。栖息于洞穴中。

红带虾虎（又名：丝条凡塘鳢）

BLUEBAND GOBY *Valenciennea strigata*

分布：从东非到法属波利尼西亚，从日本南部到澳大利亚的印度洋–太平洋热带海域。

大小：最长达 20 厘米。

栖息地：礁顶和碎石海底，栖息深度为 6~30 米。

生活习性：体表为白色或浅灰色，吻为亮黄色，眼睛下方有荧光蓝色条纹。常被发现亲密地成对栖息于同一个洞穴中，常悬停在海底附近。一口一口地吞吃泥沙过滤食物颗粒。

小虾虎

LITTLE GLIDER GOBY *Valenciennea parva*

分布：从塞舌尔到日本南部和澳大利亚的印度洋–太平洋热带海域。

大小：最长达 10 厘米。

栖息地：沙质、淤泥质和珊瑚碎石海底，栖息深度为 5~25 米。

生活习性：体表为白色或浅灰色，体侧有两道橘黄色条纹，是该属最不艳丽的物种。通过过滤口中的沙子来吃底栖生物。常被发现成对或小群活动，在海底同住一个洞穴。

石壁虾虎（又名：石壁凡塘鳢）

MURAL GLIDER GOBY *Valenciennea muralis*

分布：从安达曼群岛到澳大利亚大堡礁的印度洋–太平洋中海区热带海域。

大小：最长达 15 厘米。

栖息地：隐蔽的海湾、潟湖的粗沙质底部和淤泥质底部，栖息深度为 10~30 米。

生活习性：体表为浅灰色，体侧有粉橘色条纹，嘴唇为黄色，第一背鳍上有明显的黑点。常见成对活动，共享一个在柔软海底挖的洞穴，通过有规律地过滤口中的沙子来摄食底栖生物。

双带虾虎（又名：双带凡塘鳢）

TWOSTRIPE GOBY *Valenciennea helsdingenii*

分布：从红海和东非到法属波利尼西亚、日本南部和澳大利亚的印度洋–太平洋热带海域。

大小：最长达 25 厘米。

栖息地：沙质、珊瑚碎石海底，常靠近海藻茂密的区域，栖息深度为 10~40 米。

生活习性：体表为浅灰色或白色，有两道边缘清晰的红褐色条纹，第一背鳍上有边缘为浅色的黑点。常被发现成对活动，同住一个在柔软海底挖的洞穴，从满嘴的沙子中过滤食物颗粒。

兰氏虾虎

GREENBAND GLIDER GOBY *Valenciennea randalli*

分布：从新加坡到法属波利尼西亚和日本南部的太平洋亚洲热带海域。

大小：最长达 20 厘米。

栖息地：沙质、淤泥质或珊瑚碎石海底，栖息深度为 10~30 米，很少栖息在更深处。

生活习性：体表为浅灰色或浅紫色，面颊有明显的带橘黄色边缘的蓝绿色条纹。偶尔被发现成对活动，从满口的沙子中过滤食物颗粒和小型底栖无脊椎动物。

点带虾虎（又名：大鳞凡塘鳢）

ORANGESPOTTED GLIDER GOBY *Valenciennea puellaris*

分布：从红海和东非到密克罗尼西亚、日本南部和澳大利亚的印度洋–太平洋热带海域。

大小：最长达 15 厘米。

栖息地：淤泥质、珊瑚碎石海底，栖息深度为 3~30 米。

生活习性：体表为白色或浅灰色，体侧有两排鲜艳的、边缘清晰的橘黄色斑点，面颊上有珍珠蓝色斑点和条纹。常被发现成对活动，同住一个在柔软海底挖的洞穴。

背斑梵虾虎

TWIN-SPOTTED SHRIMP GOBY *Vanderhorstia ambanoro*

分布：从东非到日本南部和澳大利亚大堡礁的印度洋–太平洋热带海域。

大小：最长达 12 厘米。

栖息地：潟湖和海湾的淤泥质、泥质斜坡，栖息深度为 10~40 米。

生活习性：体表为浅色，有深色斑点，在同一环境中有许多相像的物种。常见于柔软的淤泥质海底，悬停在洞口，但是常被潜水员忽视。珍珠色泽是浑浊水域中的物种共有的，用于进行物种间交流。

黄点梵虾虎

ORNATE SHRIMP GOBY
Vanderhorstia ornatissima

分布：从东非到日本南部和澳大利亚的印度洋－太平洋热带海域。

大小：最长达 9 厘米。

栖息地：隐蔽的海湾和潟湖的泥质、细淤泥质斜坡，栖息深度为 15~40 米。

生活习性：体表为浅色，分布着许多蓝边金色斑点和条纹，雄鱼的第一背鳍为长长的细丝状。同一分布区有几个非常相像的物种，它们的栖息地和生活习性相同，都属于同一种属。

梵虾虎鱼属未定种

UNDESCRIBED SHRIMP GOBY
Vanderhorstia sp.

分布：目前未知，但是在沙巴州和菲律宾之间的苏禄海多次发现该物种。

大小：最长达 12 厘米。

栖息地：沿海航道中的淤泥质、泥质斜坡，栖息深度为 15~40 米。

生活习性：一种非常美丽但尚未被描述的虾虎鱼，属于梵虾虎鱼属。沿海的泥质栖息地有许多有趣而美丽的新物种。

黄体叶虾虎

YELLOW CORAL GOBY
Gobiodon okinawae

分布：从科科斯群岛到马来西亚、日本南部和大堡礁的印度洋－太平洋热带海域。

大小：最长达 3 厘米。

栖息地：隐蔽礁石上密集的枝杈状珊瑚间，栖息深度为 1~15 米。

生活习性：体形健壮，体表为亮黄色。有许多物种与其很相像，一般为黄色或红色，通常都有细条纹，住在同一栖息地。非常隐秘，但是常被细心的潜水员发现，栖息于浅水区的枝杈状珊瑚群或台面珊瑚群中。

普弹涂鱼

SILVERLINED MUDSKIPPER
Periophthalmus argentilineatus

分布：从安达曼群岛到密克罗尼西亚的印度洋－太平洋热带海域。

大小：最长达 27 厘米。

栖息地：红树林和滩涂。

生活习性：最常见的弹涂鱼属物种之一，常见于微咸的红树林河口的泥质河岸。能长时间离开水生存，事实上它们大部分时间都在岸上，趴在露出水面的红树气生根上。最容易从突出的青蛙状眼睛和帆形背鳍辨认出它们。领地意识很强，以沿岸甲壳动物和软体动物为食。

鳚鳢科 DART GOBIES *Microdesmidae*

该科与虾虎科关系密切，有12属，超过45种，被划分为两个亚科。该科物种为虫状或鱼雷状，通常色彩艳丽，经常被潜水员发现成对悬停在洞穴的入口。大多数物种都以浮游生物为食，极为害羞，稍有风吹草动就钻进洞穴中。

水下摄影提示：鳚鳢科鱼类以上镜闻名，如果你有耐心，靠近它们并不是很难。好办法——对虾虎鱼等害羞的鱼类都是这样——是到更深的水域接近目标，因为较低的水温会使它们对摄影师和潜水员的反应能力降低。

大口线塘鳢

FIRE GOBY *Nemateleotris magnifica*

分布：从东非到法属波利尼西亚、日本南部和新喀里多尼亚的印度洋-太平洋热带海域。

大小：最长达7.5厘米。

栖息地：外围礁石和沿海礁石的洋流多的突出部分的沙质、珊瑚碎石底部，栖息深度为10~60米。

生活习性：头部为黄色，身体前部为白色，后部变为亮红色，第一背鳍为长丝状。常被发现单独或成对活动，悬停在海底附近和洞穴入口。非常害羞，以开阔水域的浮游动物为食。

华丽线塘鳢

ELEGANT FIRE GOBY *Nemateleotris decora*

分布：从东非到密克罗尼西亚、日本南部和新喀里多尼亚的印度洋-太平洋热带海域。

大小：最长达7.5厘米。

栖息地：清澈水域的外围礁石的突出部分的沙质或珊瑚碎石底部，栖息深度为10~50米。

生活习性：体表为浅黄色，吻为紫色，鱼鳍边缘为蓝色。与上一个物种的栖息地相同，但是栖息深度更深。常被发现单独或成对悬停在海底上方的开阔水域。非常机警。

黑尾鳍塘鳢

SCISSORTAIL DARTFISH *Ptereleotris evides*

分布：从红海和东非到法属波利尼西亚、日本南部和澳大利亚的印度洋-太平洋热带海域。

大小：最长达12厘米。

栖息地：外围礁石的洋流多的珊瑚碎石底部，栖息深度为3~50米。

生活习性：身体前部为浅灰色，后部为蓝黑色。奇鳍很大，保持直立，尾鳍分叉，特征明显。常被发现成对活动，悬停在海底上方，如果被靠近得速度太快或靠得太近，会马上钻进洞穴中。

纵带鳍塘鳢

LINED DARTFISH *Ptereleotris grammica*

分布：从印度尼西亚到巴布亚新几内亚、日本南部和澳大利亚的印度洋-太平洋中海区热带海域。

大小：最长达 10 厘米。

栖息地：洋流多的水域和深水区的沙质、珊瑚碎石海底，栖息深度为 40~60 米。

生活习性：体表为浅灰色或白色，有金属蓝色和黄色横条纹，第一背鳍很大，通常保持直立，有非常明显的蓝色和金黄色斑点。外表漂亮，但是由于常待在深水区，所以很少被潜水员发现。

尾斑鳍塘鳢

SPOT-TAIL DARTFISH *Ptereleotris heteroptera*

分布：从红海到法属波利尼西亚、日本南部和澳大利亚的印度洋-太平洋热带海域。

大小：最长达 10 厘米。

栖息地：沙质海底和珊瑚碎石海底，栖息深度为 5~50 米。

生活习性：体表为浅色或亮蓝色，尾巴为黄色且有黑点。常被发现成对悬停于海底上方，幼鱼有时松散地聚成小群。有好几个同属的相似物种广泛分布于印度洋-太平洋中海区。

眼带蚓虾虎鱼

CURIOUS WORMFISH *Gunnellichthys curiosus*

分布：从东非到法属波利尼西亚、夏威夷和澳大利亚大堡礁的印度洋-太平洋热带海域。

大小：最长达 10 厘米。

栖息地：外围礁石的沙质底部，栖息深度为 10~50 米。

生活习性：身体为蠕虫状，呈蓝白色，体侧有亮橘黄色条纹，尾巴根部有明显的黑斑。同一分布区内至少有三个非常相像的物种，都很活跃，蜿蜒曲折地游动，常被发现悬停在水中等待浮游动物飘过去。

蓝子鱼科 RABBITFISHES *Siganidae*

蓝子鱼科只有 1 属，大约有 30 种，该科所有物种的习性都很相似。身体浑圆，小小的吻部微微突出，胸鳍上有尖利的毒刺。该科物种都是食草动物，常被发现成大群体聚集在海草区附近。

水下摄影提示：蓝子鱼非常害羞，白天不会让感兴趣的潜水员靠得太近。夜间在珊瑚间睡觉时，它们的颜色会发生变化，甚至会完全褪色。要想拍到好照片必须非常有耐心，可以使用中焦镜头。

斑蓝子鱼

GOLD-SPOTTED RABBITFISH *Siganus punctatus*

分布：从科科斯群岛到新喀里多尼亚的印度洋-太平洋热带海域。

大小：最长达 30 厘米。

栖息地：沿海珊瑚礁和外围珊瑚礁，栖息深度为 1~40 米。

生活习性：体表为浅褐色或浅蓝色，有许多密集的黄铜色或橘黄色小斑点。常被发现聚成大群活动，以沿海的海藻为食，偶见于浑水中。

点蓝子鱼

BROWN-SPOTTED RABBITFISH *Siganus stellatus*

分布：从红海到安达曼群岛和印度尼西亚的印度洋海域。

大小：最长达 35 厘米。

栖息地：沿海礁石和外围礁石，栖息深度为 1~30 米。

生活习性：与上一个物种非常像，在同一分布区内与其混杂在一起，但是点蓝子鱼的尾鳍有明显的白边。据记载，红海的物种有黄色的尾巴。常见成对或成群活动，以海藻为食。

爪哇蓝子鱼

JAVA RABBITFISH *Siganus javus*

分布：从波斯湾到密克罗尼西亚、日本南部和澳大利亚的印度洋-太平洋热带海域。

大小：最长达 53 厘米。

栖息地：沿海礁石和微咸水水域的红树林，栖息深度为 1~15 米。

生活习性：体表为银色，有许多不规则的浅蓝色和深灰色细条纹、斑点，吻和奇鳍为黄色。常被发现聚成大群在开阔水域的海底活动，以浮游动物和漂浮在水中的海藻为食。

蓝带蓝子鱼

VIRGATE RABBITFISH *Siganus virgatus*

分布：从印度到西巴布亚省、日本南部和澳大利亚的印度洋-太平洋热带海域。

大小：最长达 30 厘米。

栖息地：沿海礁石，栖息深度为 1~12 米。

生活习性：身体上黄下白，头部有两道黑色条纹，全身有许多不规则的蓝色图案和斑点。常被发现聚成小群活动于沿海的浑浊水域，以海藻和开阔水域中的浮游动物为食。马来西亚蓝子鱼与其很像。

MASKED RABBITFISH *Siganus puellus*

眼带蓝子鱼

分布：从科科斯群岛到新喀里多尼亚的印度洋－太平洋热带海域。

大小：最长达 16 厘米。

栖息地：沿海礁石和外围礁石的珊瑚密集区，栖息深度为 3~12 米。

生活习性：真正的珊瑚礁“居民”，很容易从亮黄色体表和浅蓝色竖条纹、横条纹辨认出它们，显著特征是眼睛上有一道黑条纹。以海绵、被囊动物和薄壳状海藻为食。

GOLDEN RABBITFISH *Siganus guttatus*

星蓝子鱼

分布：从安达曼群岛到西巴布亚省和日本南部的印度洋－太平洋热带海域。

大小：最长达 35 厘米。

栖息地：沿海岩礁和红树林，栖息深度为 1~25 米。

生活习性：体表为浅灰色，有许多铜橘色圆点，尾巴根部有清晰可见的特征明显的亮黄色鞍状斑。常被发现一动不动地成群聚集于珊瑚丛中。金线蓝子鱼与其非常相像（但是金线蓝子鱼有不规则的细条纹，没有斑点），分布于从马尔代夫到新喀里多尼亚的海域。

CORAL RABBITFISH *Siganus corallinus*

凹吻蓝子鱼

分布：从塞舌尔到新喀里多尼亚、日本南部和澳大利亚的印度洋－太平洋热带海域。

大小：最长达 25 厘米。

栖息地：沿海礁石和外围礁石的珊瑚密集区，栖息深度为 1~20 米。

侵害习性：真正的珊瑚礁蓝子鱼，很容易从亮黄色或橘黄色体表上的蓝色小点辨认出它们。常被发现成对栖息于台面珊瑚间。分布区西部与相似物种似眼蓝子鱼的分布区重叠。

FOXFACE RABBITFISH *Siganus vulpinus*

狐蓝子鱼

分布：从印度尼西亚到新喀里多尼亚的印度洋－太平洋中海区热带海域。

大小：最长达 24 厘米。

栖息地：珊瑚密集的沿海礁石和外围礁石，栖息深度为 1~30 米。

生活习性：很容易从突出的长吻、亮黄色的身体和头部黑白分明的面罩状图案辨认出它们。与其相像的单斑蓝子鱼的体侧有一个黑色斑点。常见于珊瑚密集的珊瑚礁中，成对或成小群栖息于鹿角珊瑚丛中。

镰鱼科 MOORISH IDOLS *Zanclidae*

经常被潜水初学者误认为蝴蝶鱼，实际上角镰鱼属于单种科镰鱼科，与蓝子鱼科、刺尾鱼科的关系更紧密。不过，这个美丽的物种没有蓝子鱼的毒刺和刺尾鱼尾巴上的“手术刀”，很容易从侧扁的圆盘状体形、突出的吻、带条纹的体表和细长的背鳍鳍条辨认出它们。

水下摄影提示：非常漂亮，拍摄单条鱼和鱼群都很好看。小心谨慎些，你就能很容易地接近它们，从侧面拍最漂亮。优质的微距镜头能够拍出眼睛和前额的细节。

角镰鱼

MOORISH IDOL *Zanclus cornutus*

分布：从东非到科隆群岛和墨西哥，从日本南部到澳大利亚的印度洋－太平洋热带海域。

大小：最长达 16 厘米。

栖息地：岩壁，潟湖，沿海礁石和外围礁石的斜坡、断层，栖息深度为 5~180 米。

生活习性：很容易从体表上宽宽的黑色、白色和黄色条纹，突出的长吻和耷拉着的细长的背鳍长须辨认出它们。单独活动，常被发现聚成小群和大群活动，以海绵和苔藓虫为食。

刺尾鱼科 SURGEONFISHES *Acanthuridae*

该科很大，非常重要，而且该科鱼类都很显眼，超过 6 属，大约有 70 种，热带和温带海域都有分布。大多数物种都有特征明显的侧扁的椭圆形身体，尾柄上有两根或更多根朝前的尖利毒刺，或者也可以称为“手术刀”（得名于它们的英文通用名），用来进行防御或种内斗争。大多数物种都是群居的食草动物，但是也经常吃浮游动物，经常聚成大群到珊瑚礁上摄食死珊瑚上的海藻。

水下摄影提示：许多刺尾鱼的色彩都很艳丽，是非常有趣的拍摄对象，尤其是成群聚集的时候。然而，大多数刺尾鱼都很害羞，不允许被靠得很近，只有隆头鱼为它们清洁身体时例外。

蓝刺尾鱼

BLUE TANG *Acanthurus coeruleus*

分布：从美国纽约州到佛罗里达州、加勒比海、百慕大群岛和巴西的大西洋西部海域。

大小：最长达 20 厘米。

栖息地：浅水区的礁坪和礁顶，栖息深度为 3~18 米。

生活习性：全身都为蓝色，尾巴根部有黄色的棘，颜色能随意变深或变浅。幼鱼为亮黄色。常被发现密集地聚成一群摄食海藻，偶尔与其他物种混杂在一起。是大西洋西部热带海域最常见的刺尾鱼。

ORANGEBAND SURGEONFISH *Acanthurus olivaceus*

橙斑刺尾鱼

分布： 从科科斯群岛到法属波利尼西亚，从日本南部到澳大利亚的印度洋-太平洋热带海域。

大小： 最长达35厘米。

栖息地： 沿海礁石和外围礁石的沙质底部，栖息深度为3~45米。

生活习性： 颜色极为多变，体表颜色能在瞬间从深橄榄色变为棕黄色或深蓝色，眼睛后面总是有明显的边缘为蓝色的椭圆形橘黄色斑点。常被发现单独或成群摄食长在珊瑚头间的海藻。

MIMIC SURGEONFISH *Acanthurus pyroferus*

黑鳃刺尾鱼

分布： 从印度尼西亚和菲律宾到新喀里多尼亚，从日本南部到澳大利亚大堡礁的太平洋热带海域。

大小： 最长达25厘米。

栖息地： 沿海礁石和潟湖，栖息深度为4~60米。

生活习性： 颜色多变，能在几秒内由橄榄色变为褐色，再变为黄色。显著特征是尾巴边缘为黄色，胸鳍根部有亮橘黄色斑点。在分布区常见，通常单独或聚成松散的一群在沙质区或岩石上摄食海藻。

WHITECHEEK SURGEONFISH *Acanthurus nigricans*

白面刺尾鱼

分布： 从印度尼西亚到夏威夷，从日本南部到大堡礁的印度洋-太平洋热带海域。

大小： 最长达21厘米。

栖息地： 浪大的水域，沟槽，通道，或者沿海礁石和外围礁石，栖息深度为1~40米。

生活习性： 体表为深褐色、深天鹅绒蓝色或黑色，白色的尾巴上有黄色条纹，奇鳍根部为黄色，有黄色的尾棘，眼睛下方有明显的白色斑点。常被发现成群在波涛汹涌的海底和礁石的裸露部分活动，在沟槽和通道中摄食海藻。

POWDERBLUE SURGEONFISH *Acanthurus leucosternon*

白胸刺尾鱼

分布： 从东非到苏门答腊岛和印度尼西亚巴厘岛的印度洋海域。

大小： 最长达38厘米。

栖息地： 外围礁坪和礁顶，栖息深度为1~25米。

生活习性： 特征明显，体表为亮蓝色，面部为黑色，喉部、尾巴和腹鳍为白色，背鳍为亮黄色。常被发现在浅水区聚成大群——尤其是在马尔代夫——常与其他刺尾鱼混杂在一起。再往东的海域被非常相像的日本刺尾鱼（见下个条目）取代。

日本刺尾鱼

JAPAN SURGEONFISH
Acanthurus japonicus

分布：从印度尼西亚到日本南部的太平洋亚洲热带海域。

大小：最长达 21 厘米。

栖息地：清澈水域的潟湖、外围礁顶，栖息深度为 2~12 米。

生活习性：与上一个物种非常相像，但是身体后部为黄色，黑色的奇鳍上有橘黄色条纹。吻为白色，而不是黑色。偶尔被发现聚成大群摄食海藻，并进入雀鲷的海藻“果园”。

暗色刺尾鱼

YELLOWMASK SURGEONFISH
Acanthurus mata

分布：从红海到法属波利尼西亚，从日本南部到大堡礁的印度洋-太平洋热带海域。

大小：最长达 50 厘米。

栖息地：沿海礁石和外围礁石，通常栖息于浑水中，栖息深度为 5~30 米。

生活习性：体形大而纤细，体表为浅蓝色，有许多细细的深蓝色或黄色条纹，眼睛上有一个清晰可见的黄色“面罩”。常被发现聚成大群在沿海礁石和河口周围的开阔水域中摄食浮游动物。

黑尾刺尾鱼

BLACKSTREAK SURGEONFISH
Acanthurus nigricauda

分布：从东非到法属波利尼西亚，从日本南部到澳大利亚的印度洋-太平洋热带海域。

大小：最长达 40 厘米。

栖息地：沿海礁石、外围礁石和潟湖的沙质底部，栖息深度为 3~30 米。

生活习性：体表为浅灰色或褐色，尾鳍呈弧度很大的新月形，眼睛后方有明显的黑色细长斑点，尾鳍棘上有一道深色条纹。单独或小群活动，常被发现在岩石露头间或者珊瑚头间的沙质海底摄食海藻。

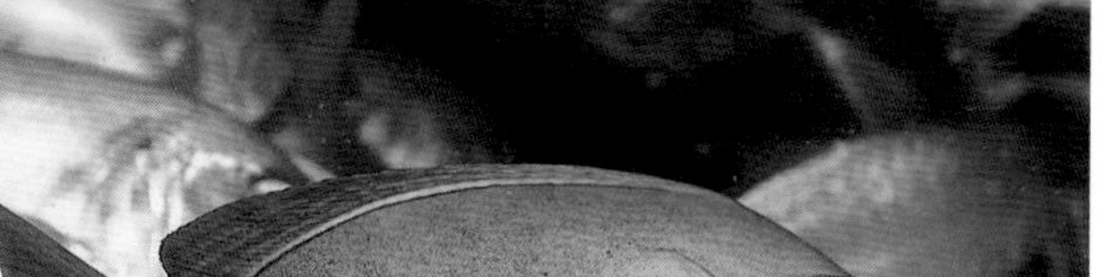

黄鳍刺尾鱼

YELLOWFIN SURGEONFISH
Acanthurus xanthopterus

分布：从东非到墨西哥，从日本南部到澳大利亚和新喀里多尼亚的印度洋-太平洋热带海域。

大小：最长达 56 厘米。

栖息地：沿海礁石，外围礁石，断层，栖息深度为 10~100 米。

生活习性：最大的刺尾鱼。体表为浅蓝色、浅黄色或浅褐色，有浅黄色的胸鳍，眼睛上有黄色斑块，尾柄上有白色条纹。单独或小群活动，偶尔被发现在海底摄食，以海藻为食。

WHITETAIL SURGEONFISH
Acanthurus thompson

黄尾刺尾鱼

分布：从东非到夏威夷，从日本南部到澳大利亚的印度洋-太平洋热带海域。

大小：最长达 27 厘米。

栖息地：外围礁石和断层，栖息深度为 5~75 米。

生活习性：尾巴为白色，体表颜色能在几秒内从黑褐色变成浅灰色。常被发现松散地聚成大群活动，在外围礁石的斜坡和断层前的开阔水域中摄食浮游动物。

STRIPED SURGEONFISH
Acanthurus lineatus

纵带刺尾鱼

分布：从东非到法属波利尼西亚，从日本南部到新喀里多尼亚的印度洋-太平洋热带海域。

大小：最长达 38 厘米。

栖息地：外围礁顶和沿海礁顶，栖息深度为 1~5 米。

生活习性：特征明显，非常漂亮，体表为黄色，有带黑边的亮蓝色条纹，腹部为白色。有领地意识，单独活动，对其他刺尾鱼有攻击性，偶尔会攻击闯入领地的潜水员。常见于浪大的水域、浅水区的礁顶和礁坪顶部。

PALETTE SURGEONFISH
Paracanthurus hepatus

黄尾副刺尾鱼

分布：从东非到密克罗尼西亚，从日本南部到澳大利亚的印度洋-太平洋热带海域。

大小：最长达 30 厘米。

栖息地：有洋流经过的外围礁顶，栖息深度为 2~25 米。

生活习性：特征明显，体表为亮蓝色，有明显的黑色的钳子形图案，尾巴为亮黄色。最漂亮的刺尾鱼之一，偶尔被发现单独或聚成松散的小群活动于洋流多的水域和平坦礁冠的浅水区。

BRUSHTAIL TANG
Zebrasoma scopas

小高鳍刺尾鱼

分布：从东非到法属波利尼西亚，从日本南部到大堡礁的印度洋-太平洋热带海域。

大小：最长达 20 厘米。

栖息地：沿海礁石，外围礁石，潟湖，栖息深度为 5~50 米。

生活习性：体表由浅褐色渐变为黑色。幼鱼（如图）为金褐色，全身有许多亮蓝色斑点和条纹。单独或聚成松散的小群活动，常被发现在礁顶摄食海藻。

高鳍刺尾鱼

SAILFIN TANG
Zebrasoma veliferr

分布：从印度尼西亚到法属波利尼西亚，从日本南部到澳大利亚的太平洋热带海域。

大小：最长达 40 厘米。

栖息地：潟湖，沿海礁石和外围礁石的珊瑚丛，栖息深度为 2~45 米。

生活习性：外表漂亮，奇鳍永远伸展着，使身体呈明显的椭圆形，体表有褐色和灰色条纹以及很细的黄色和蓝色条纹，头部有黄色小点。常被发现在珊瑚间摄食海藻。尾部没有斑点，可据此与下面的相似物种（在印度洋取代了高鳍刺尾鱼）区分开。

德氏高鳍刺尾鱼

DESJARDIN'S SAILFIN TANG
Zebrasoma desjardinii

分布：从红海和东非到安达曼群岛和印度尼西亚苏门答腊岛的印度洋海域。

大小：最长达 40 厘米。

栖息地：沿海礁石和外围礁石的珊瑚密集区，栖息深度为 3~30 米。

生活习性：与上一个物种几乎一样漂亮，可以从它们的分布区和带蓝点的尾巴与上一个物种区分开。偶尔被发现单独或聚成小群在珊瑚丛中摄食海藻。

栉齿刺尾鱼

LINED BRISTLETOOTH
Ctenochaetus striatus

分布：从东非到法属波利尼西亚，从日本南部到澳大利亚的印度洋－太平洋热带海域。

大小：最长达 26 厘米。

栖息地：潟湖，沿海礁石和外围礁石，栖息深度为 2~35 米。

生活习性：体表为橄榄色或褐色，有许多细细的蓝色条纹。单独或聚成松散的一群活动，通常在任何珊瑚礁中的任何地方都很常见，总能被看见。和所有刺尾鱼一样，用刚毛似的牙齿从岩石或死珊瑚上啃食海藻。

缘栉齿刺尾鱼

BLUESPOTTED BRISTLETOOTH
Ctenochaetus marginatus

分布：从密克罗尼西亚到法属波利尼西亚和中美洲的太平洋中部和西部海域。

大小：最长达 25 厘米。

栖息地：浅水区的裸露礁石的浪大的水域和洋流充沛的水域，栖息深度为 2~10 米。

生活习性：体表为浅蓝褐色，有亮白色小点，前额高高突起，嘴唇厚实多肉。偶尔被发现成对或聚成小群在波涛汹涌的水域活动，从岩石和死珊瑚上啃食海藻。

印尼栉齿刺尾鱼

ORANGETIP BRISTLETOOTH
Ctenochaetus tominiensis

分布：从印度尼西亚到密克罗尼西亚的印度洋-太平洋中海区热带海域。
大小：最长达 15 厘米。
栖息地：潟湖和外围礁坡，栖息深度为 5~40 米。
生活习性：特征明显，体表为浅褐色，背鳍和臀鳍上有清晰可见的橘黄色边缘，尾巴为亮白色。偶尔被发现单独或聚成松散的小群活动于珊瑚密集区，以海藻为食，啃食死珊瑚和岩石上的海藻。

单板鼻鱼

BARRED UNICORNFISH
Naso thynnoides

分布：从东非到澳大利亚和日本的印度洋-太平洋热带海域。
大小：最长达 30 厘米。
栖息地：外围礁石和潟湖，栖息深度为 3~30 米。
生活习性：体表为浅珍珠灰色，体形为典型的鱼雷状，体表有许多很短的蓝灰色竖条纹，体侧有淡黄色条纹，眼睛很大、很黑。幼鱼和亚成鱼常聚成密集的大群快速游动，在断层附近的开阔水域觅食。

长吻鼻鱼

BLUESPINE UNICORNFISH
Naso unicornis

分布：从红海和东非到夏威夷，从日本南部到澳大利亚的印度洋-太平洋热带海域。
大小：最长达 70 厘米。
栖息地：外围礁石和断层，栖息深度为 1~80 米。
生活习性：体形大，令人印象深刻。体表为浅橄榄色（偶尔有浅色条纹），蓝色尾棘清晰可见。前额的短角不会超过吻，尾部有长须。常被发现密集地聚成一群在斜坡和断层前活动。

短棘鼻鱼

HUMPBACK UNICORNFISH
Naso brachycentron

分布：从东非到法属波利尼西亚，从日本南部到澳大利亚的印度洋-太平洋热带海域。
大小：最长达 60 厘米。
栖息地：外围礁破和断层，栖息深度为 5~30 米。
生活习性：背部为蓝灰色，腹部为浅色，边缘清晰，背部有明显的奇怪的突起（使该物种看起来很畸形），雄鱼的嘴的上方有一个长长的突出的尖角，尾鳍有长须。偶尔被发现聚成小群在斜坡和断层前活动。

短吻鼻鱼

SPOTTED UNICORNFISH
Naso brevirostris

分布：从红海和东非到科隆群岛，从日本南部到澳大利亚大堡礁的印度洋－太平洋热带海域。

大小：最长达 50 厘米。

栖息地：潟湖，沿海礁石，外围礁石，栖息深度为 5~45 米。

生活习性：体表为蓝灰色或浅褐色，有许多深色细条纹和不规则的条纹，嘴上方有一个发达的、根部宽宽的、突出的角。常被发现聚成小群在断层上活动，以浮游动物为食。

六棘鼻鱼

SLEEK UNICORNFISH
Naso hexacanthus

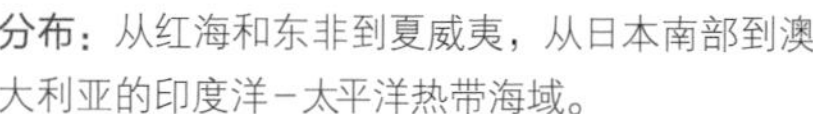

分布：从红海和东非到夏威夷，从日本南部到澳大利亚的印度洋－太平洋热带海域。

大小：最长达 75 厘米。

栖息地：外围礁石的断层，栖息深度为 10~135 米。

生活习性：体形大而细长，背部为深蓝灰色，腹部为浅黄色。颜色非常多变，经常全身变成浅粉蓝色。很容易从鳃盖上明显的深色斜纹辨认出它们。常被发现聚成巨大的一群活动，以断层和斜坡前的浮游动物为食。

瘤鼻鱼

HUMPNOSE UNICORNFISH
Naso tuberosus

分布：从东非到密克罗尼西亚，从日本南部到新喀里多尼亚的印度洋－太平洋热带海域。

大小：最长达 60 厘米。

栖息地：外围礁坡和入海口，栖息深度为 3~20 米。

生活习性：长相奇怪，体形怪异，吻为圆球状，背部中间拱起。体表从浅灰色渐变为浅黄色，常被发现聚成小群活动，偶尔与其他鼻鱼混杂在一起。在分布区内的任何地方都不常见。

丝尾鼻鱼

BIGNOSE UNICORNFISH
Naso vlamingii

分布：从东非到科隆群岛，从日本南部到新喀里多尼亚的印度洋－太平洋热带海域。

大小：最长达 50 厘米。

栖息地：外围礁坡和断层，栖息深度为 4~50 米。

生活习性：非常漂亮，特征明显。体表为浅灰色或蓝色，头部和臀鳍为黄色，全身有蓝色细条纹和斑点，眼睛前方有蓝色斑点。尾巴为月牙形，有丝状鳍条。体色能在几秒内变深或变浅。常被发现单独在断层上活动，以水中的浮游动物为食。

ORANGESPINE UNICORNFISH *Naso lituratus*

颊吻鼻鱼

分布：从红海和东非到夏威夷，从日本南部到澳大利亚的印度洋–太平洋热带海域。

大小：最长达 30 厘米。

栖息地：潟湖，沿海礁石，外围礁石，栖息深度为 2~70 米。

生活习性：体表为浅丝绒灰色，臀鳍为黄色，尾鳍上有亮橘黄色斑点，尾巴为浅灰色或白色，吻上有黑色和黄色标记。常被发现单独活动，偶尔聚成小群在珊瑚密集区的通道上摄食海藻。

YELLOWTAIL SURGEONFISH *Prionurus punctatus*

斑纹光刺尾鱼

分布：太平洋东部海域。

大小：最长达 60 厘米。

栖息地：沿海礁石和外围礁石的浪大的巨石斜坡，栖息深度为 1~30 米。

生活习性：体表为蓝灰色，尾巴为亮黄色，清晰可见，浅色的吻上有两道黑色条纹。常被发现密集地聚成一群在浪大的水域和洋流充沛的水域活动，用刚毛似的牙齿从岩石和死珊瑚上啃食海藻。

魣科 BARRACUDAS *Sphyraenidae*

该科物种非常强壮，是身体呈流线型的捕食者，只有 1 属，大约有 20 种。大多数魣鱼在水下难以区分，因为大多数物种都具有该科的共同特征：长长的流线型身体，小小的奇鳍，长矛状的嘴，可怕的牙齿。常聚成大群，大多数魣鱼对潜水员没有威胁，然而，有文字记载大鳞魣曾袭击过人类，对误闯者和潜水员造成了致命伤害。

水下摄影提示：魣鱼在水下很容易接近。有些物种（如大鳞魣）实际上有靠近潜水员的习惯，令人不安，它们在潜水过程中始终跟着潜水员。它们的体表反光强烈，因此拍照时要考虑这个因素。注意！靠近它们时千万不要佩戴能反光的物体，因为这有可能激发它们的攻击性。

GREAT BARRACUDA *Sphyraena barracuda*

大鳞魣

分布：环热带海域。

大小：最长达 2 米。

栖息地：珊瑚礁和断层，栖息深度为 1~15 米。

生活习性：体形很大，银色的鱼雷状身体令人印象深刻。大眼睛，下颌突出，有尖利的牙齿，体侧有分散的深色斑点和浅色条纹。是身体强壮的捕食者，具有闪电般的速度，有令人畏惧、危险的撕咬能力，会向反光物体（如珠宝、手链）发动攻击，错把反光物体当成猎物。好奇心强，偶尔允许潜水员慢慢靠近它们。

大眼魣

BIGEYE BARRACUDA *Sphyraena forsteri*

分布：从东非到法属波利尼西亚、日本南部和澳大利亚的印度洋-太平洋热带海域。

大小：最长达 70 厘米。

栖息地：沿海礁石和外围礁石，栖息深度为 10~300 米。

生活习性：体表为银色，体形细长，眼睛大而圆，牙齿尖利，下颌突出。深色的后背鳍的尖端为白色，白天常被发现成群在断层前悬停或漂移。

斑条魣

PICKHANDLE BARRACUDA *Sphyraena jello*

分布：从东非到斐济、日本南部和澳大利亚的印度洋－太平洋热带海域。

大小：最长达 1.5 米。

栖息地：沿海礁石和外围礁石，栖息深度为 1~60 米。

生活习性：体形大，呈圆筒状，体表为银色，鳍为深色，头部很尖，眼睛大而圆，下颌突出，牙齿尖利。身体上部有一排清晰的竖条纹，大约有二十道。白天常被发现密集地聚成大群沿着断层活动。在分布区很常见。

暗鳍魣

BLACKFIN BARRACUDA *Sphyraena qenie*

分布：从红海到巴拿马、日本南部和澳大利亚的印度洋-太平洋热带海域。

大小：最长达 1 米。

栖息地：外围礁坡和断层，栖息深度为 1~50 米。

生活习性：体形细长，身体强壮，体表为银色，体侧大约有二十道深色 V 形条纹。头部尖而长，眼睛大而圆，下颌突出。白天常被发现聚成大群沿着朝向大海的断层活动，夜间可能会散开。

黄带魣

HELLER'S BARRACUDA *Sphyraena helleri*

分布：从东非到夏威夷，从日本南部到澳大利亚的印度洋-太平洋热带海域。

大小：最长达 90 厘米。

栖息地：潟湖，沿海礁石和外围礁石，栖息深度为 1~60 米。

生活习性：体表为银色，体形细长，与上一个物种相比，“结尾”更平缓。体侧有两道黄铜色条纹，头部尖长，眼睛大而圆，下颌突出。同一分布区内有好几个相似物种。白天常被发现聚成大群，夜间散开。

鲭科 TUNAS AND MACKERELS *Scombridae*

该科很大，与捕鱼业和罐头行业的巨大商业利益有关，总共有 15 属、50 多种。它们都是海洋中的“流浪者”，有异常强壮的身体、强有力的肌肉、光滑细小的银色鳞片、流线型身体和突出的头部。它们是强壮的、有攻击性的、游速极快的捕食者，事实上，该科许多物种的体温比周围环境的温度高好几度，即它们像哺乳动物和部分鲨鱼一样属于恒温动物。由于商业船队的过度捕捞，全世界好几个物种处于严重濒危状态。

水下摄影提示：该科物种偶尔沿着珊瑚礁游动，看起来飞快，为利用环境光拍摄动感照片提供了绝佳机会。要想拍出理想效果，快速的快门和大光圈是必备的，要始终盯着开阔水域！

DOGTOOTH TUNA *Gymnosarda unicolor*

裸狐鲣

分布：从红海和东非到法属波利尼西亚、日本南部和澳大利亚的印度洋－太平洋热带海域。

大小：最长达 1.8 米。

栖息地：外围礁石的断层和斜坡，栖息深度为 5~60 米。

生活习性：令人印象深刻，偶尔令人畏惧的大型鲭鱼。身体呈钢灰色，上部颜色较深，尾巴很大，呈镰刀状，嘴很大，有清晰可见的尖利牙齿。常被发现单独或成对从远洋进入礁石区捕食鲹鱼。是热带珊瑚礁中最常见的鲭鱼。

SPANISH MACKEREL *Scomberomorus commerson*

康氏马鲛

分布：从红海和东非到日本南部和澳大利亚的印度洋－太平洋热带海域。

大小：最长达 2.3 米。

栖息地：远洋，偶见于外围礁石的斜坡和断层上，栖息深度为 1~60 米。

生活习性：令人印象深刻的捕食者。体形为鱼雷状，体表为钢灰色，有许多深色波浪状条纹。头部突出，眼睛大而圆，镰刀状尾巴很大。常被发现单独活动，偶尔聚成小群（3~12 条）从远洋进入珊瑚礁中。

鲆科、冠鲽科和牙鲆科 FLOUNDERS *Bothidae Samaridae Paralichthyidae*

鲆科很大，大约有 15 属、100 多种。该科物种很擅长伪装，身体侧面扁平，为椭圆形，眼睛在头部左侧。身体上部有保护色，下部（右侧）没有颜色。它们生来是“正常”的，但是到了一定年龄，眼睛就偏到左侧，横着活动。是底栖鱼类，以小鱼和无脊椎动物为食，从来不离开海底。它们通常被发现趴在海底的开阔水域或藏起来，身体的一半或全部埋进柔软的海底中，只露出眼睛。

水下摄影提示：鲆鱼拍起来很容易，只要你能看见它们。它们经常被潜水员和摄影师忽视，但是用微距镜头给它们拍照非常有趣。

凹吻鲆

PEACOCK FLOUNDER *Bothus mancus*

分布：从红海和东非到夏威夷、日本南部和澳大利亚的印度洋–太平洋热带海域。

大小：最长达 45 厘米。

栖息地：沙质海底或岩石海底，栖息深度为 1~80 米。

生活习性：体表为浅灰绿色，有许多蓝点和圆圈，雄鱼有细长的胸鳍鳍条。常被发现趴在开阔水域的沙质区或裸露的岩石上，用极其隐秘的伪装避开捕食者。

豹鲆

LEOPARD FLOUNDER *Bothus pantherinus*

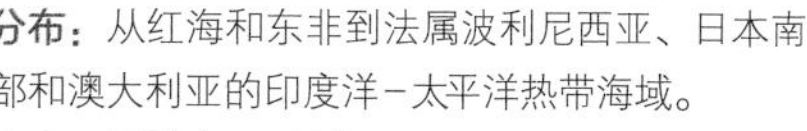

分布：从红海和东非到法属波利尼西亚、日本南部和澳大利亚的印度洋–太平洋热带海域。

大小：最长达 40 厘米。

栖息地：沙质海底或淤泥质海底，栖息深度为 2~250 米。

生活习性：体表为浅灰色，有许多带深色边缘的浅色斑点和圆圈，身体后部通常有颜色更深的斑点，雄鱼有细长的胸鳍鳍条。常见于柔软的海底，身体常半埋在海底，只把眼睛露在外面。

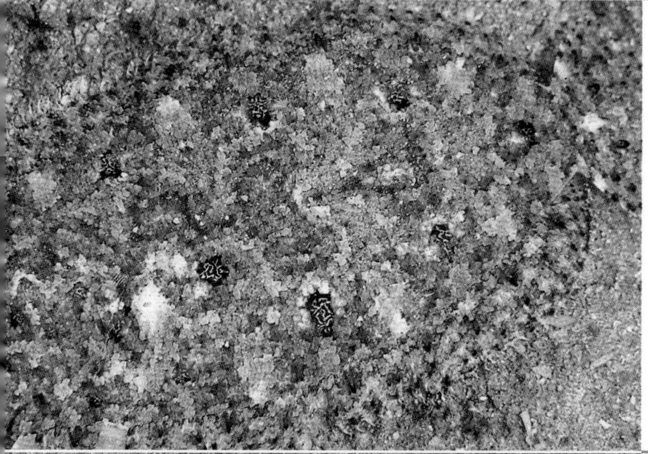

科科斯短额鲆

ANGLER FLOUNDER *Asterorhombus cocosensis*

分布：从东非到日本南部和澳大利亚大堡礁的印度洋–太平洋热带海域。

大小：最长达 20 厘米。

栖息地：珊瑚礁附近的沙质或淤泥质海底，栖息深度为 1~30 米。

生活习性：体表有灰色和褐色斑点，伪装巧妙，有眼睛的体侧有黑点和浅色的网状图案。嘴上有一个奇怪的诱饵，大概是用来引诱粗心的猎物的。偶见于珊瑚礁附近的沙质或淤泥质海底。

冠鲽

COCKATOO FLOUNDER *Samaris cristatus*

分布：从泰国到澳大利亚大堡礁的印度洋–太平洋中海区热带海域。

大小：最长达 23 厘米。

栖息地：隐蔽礁石的沙质和淤泥质底部，栖息深度为 5~70 米。

生活习性：属冠鲽科。有眼睛的体侧有深浅不同的褐色斑点，明显是在模仿栖息于海底的大乌贼。遇到危险时会突然展开头部前面的细长的白色背鳍鳍条，当被触碰时可能会用鳍条模仿海参排出的白色线状物。

OCELLATED FLOUNDER *Pseudorhombus dupliciocellatus*

双瞳斑鲆

分布：从安达曼群岛到澳大利亚和日本南部的印度洋－太平洋中海区热带海域。

大小：最长达 40 厘米。

栖息地：沿海礁石的沙质和淤泥质底部，栖息深度为 5~150 米。

生活习性：属牙鲆科。体表为浅灰色，有褐色斑点、圆圈和斑块，眼睛为深褐色，有眼睛的体侧有成对的深色斑点，每对深色斑点在一个浅色圆圈中。常见于沿海礁石的淤泥质和沙质底部，和所有鲆鱼一样，以小鱼和底栖无脊椎动物为食。

鳎科 SOLES *Soleidae*

我们可以很容易地将鳎科与鲆科区分开，因为鳎科物种的眼睛在身体右侧，而不是左侧。该科很大，大约有 30 属、100 多种，一般比眼睛在左侧的鲆鱼小，但是它们伪装得同样巧妙，以便能存活下来。像鲆科鱼类一样，鳎科鱼类也都是底栖鱼类，以小型猎物为食，一生中大部分时间都把身体半埋在海底的泥沙里，只露出眼睛。

水下摄影提示：像鲆鱼一样，该科物种也常被潜水员和摄影师忽视，因为它们有保护色，所以通常不会被人类发现。事实上，该科鱼类非常有趣，容易接近，你可以用微距镜头拍出非常漂亮的照片。

WHITE-MARGINED SOLE *Synaptura marginata*

暗斑箬鳎

分布：从东非到印度尼西亚和日本的印度洋－太平洋热带海域。

大小：最长达 40 厘米。

栖息地：沿海的沙质、淤泥质海底，栖息深度为 2~50 米。

生活习性：体形大，体表为浅灰色或浅褐色，全身有不规则的深色斑块和白色小点。白天偶见于淤泥质海底，常将身体半埋在沙子里，只露出眼睛，以小鱼和底栖无脊椎动物为食，傍晚和黎明在开阔水域捕食。

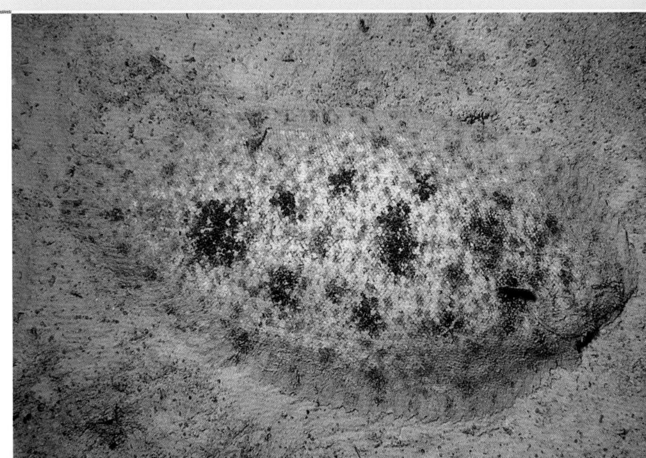

BANDED SOLE *Soleichthys heterorhinos*

异吻角鳎

分布：从红海和东非到密克罗尼西亚和日本南部的印度洋－太平洋热带海域。

大小：最长达 15 厘米。

栖息地：沙质海底、珊瑚碎石海底，栖息深度为 1~20 米。

生活习性：体形细长，体表为浅色，有许多深色细条纹，身体中后部、奇鳍和尾鳍有明显的黑边。在海底滑行，偶尔在开阔水域像扁虫那样上下起伏地游动。偶尔能在夜间见到。

眼斑豹鳎

PEACOCK SOLE *Pardachirus pavoninus*

分布：从马尔代夫到密克罗尼西亚、日本南部和澳大利亚的印度洋－太平洋热带海域。

大小：最长达 22 厘米。

栖息地：沿海礁石的沙质底部或淤泥质底部，栖息深度为 3~40 米。

生活习性：体表为褐色或浅红色，有许多边缘为深色的浅黄色或棕黄色圆点，有些圆点的中心颜色更深。和该科其他许多物种一样，奇鳍根部进化出的腺体能分泌牛奶状有毒物质来避免被捕食。

鳞鲀科 TRIGGERFISHES *Balistidae*

鳞鲀科鱼类是十分引人注目的珊瑚礁“居民”，该科很大，有 12 属，大约有 40 种。显著特征是头部很大，身体侧扁，背鳍分为两部分，互相扣在一起，牙齿强有力。大多数物种的体表都有色彩艳丽、特征明显的图案，使它们成为珊瑚礁中最容易辨认的鱼类。有些物种的领地意识非常强，会毫不犹豫地攻击潜水员，常会追逐很远的距离，偶尔会用它们强有力的双颌狠狠地咬一口。通常以甲壳动物、贝类动物和海胆为食。

水下摄影提示：该科鱼类极其有趣，个性独特，行为迷人。它们的行为不可预测，通常非常机警，但是在摄食和筑巢时可以被靠得很近。留心守卫领地的雄性蓝纹炮弹，因为它们咬人很疼。

女王炮弹（又名：姬鳞鲀）

QUEEN TRIGGERFISH *Balistes vetula*

分布：从美国马萨诸塞州到百慕大群岛、美国佛罗里达州、加勒比海、墨西哥湾和巴西的大西洋西部热带海域，以及大西洋东部。

大小：最长达 60 厘米。

栖息地：清澈水域的珊瑚礁顶和斜坡，栖息深度为 3~15 米。

生活习性：体形大，体表呈深浅不同的蓝色、蓝绿色和黄色。眼睛周围有深色的放射状条纹，吻上有亮蓝色条纹。外表漂亮，但是非常害羞，通常不允许人类靠得太近，以海胆为食。

小丑炮弹（又名：圆斑拟鳞鲀）

CLOWN TRIGGERFISH *Balistoides conspicillum*

分布：从东非到密克罗尼西亚、日本南部和澳大利亚的印度洋－太平洋热带海域。

大小：最长达 50 厘米。

栖息地：清澈水域的珊瑚密集的沿海礁石、外围礁石，栖息深度为 5~75 米。

生活习性：外表漂亮，特征明显，即使从远处看也很漂亮。背部有浅色的网状图案，黑色肚皮上有白色斑点，吻上有黄色条纹，嘴唇为橘黄色。体形大，单独活动，常见于密集的珊瑚丛中。很常见，可能是鳞鲀科鱼类中最漂亮的一种。

PICASSO TRIGGERFISH *Rhinecanthus aculeatus*

鸳鸯炮弹（又名：叉斑锉鳞鲀）

分布：从东非到法属波利尼西亚、日本南部和澳大利亚的印度洋-太平洋热带海域。

大小：最长达 25 厘米。

栖息地：浅水区的隐蔽潟湖，栖息深度为 1~4 米。

生活习性：特征明显，很容易从浅色身体以及浅蓝色和深红褐色交叉的斜条纹辨认出它们。吻上有鲜明的橘黄色条纹，眼睛上有蓝色条纹。外表漂亮，但是很少被潜水员发现，因为它们只栖息于浅水区的礁坪上。机警，不允许被靠得太近。

BLACKPATCH TRIGGERFISH *Rhinecanthus verrucosus*

黑腹炮弹（又名：毒锉鳞鲀）

分布：从塞舌尔到密克罗尼西亚、日本南部和大堡礁的印度洋-太平洋热带海域。

大小：最长达 23 厘米。

栖息地：沙质环境中和海草环境中的礁坪浅水区，栖息深度为 1~20 米。

生活习性：背部为浅棕黄色，腹部为白色，体侧有深褐色大圆点或黑色斑块，吻上有红色条纹。常单独活动，和该科大多数物种一样，有很强的领地意识，但是很少被潜水员发现，因为它们只在潟湖和光秃的礁坪上的浅水区活动。

GILDED TRIGGERFISH *Xanthichthys auromarginatus*

金边炮弹（又名：金边黄鳞鲀）

分布：从毛里求斯到夏威夷和日本南部的印度洋-太平洋热带海域。

大小：最长达 22 厘米。

栖息地：外围礁壁和断层，栖息深度为 15~140 米。

生活习性：体表为蓝灰色，鳞片上有白色斑点，奇鳍和尾鳍上有黄边，颌上有亮紫蓝色斑点（仅限于雄鱼）。常被发现松散地聚成一群沿着断层的开阔水域捕食浮游动物，深度通常很深。

PINKTAIL TRIGGERFISH *Melichthys vidua*

红尾炮弹（又名：黑边角鳞鲀）

分布：从东非到科隆群岛，从日本南部到澳大利亚的印度洋-太平洋热带海域。

大小：最长达 30 厘米。

栖息地：清澈水域的外围礁石，栖息深度为 4~60 米。

生活习性：体表为浅褐色或深褐色，尾巴为白色，背鳍和臀鳍为白色，边缘为黑色，吻、眼睛和胸鳍都为浅黄色。常被发现松散地聚成一群沿着斜坡和断层的开阔水域在海底活动。以浮游动物、漂浮的海藻和小型底栖无脊椎动物为食。

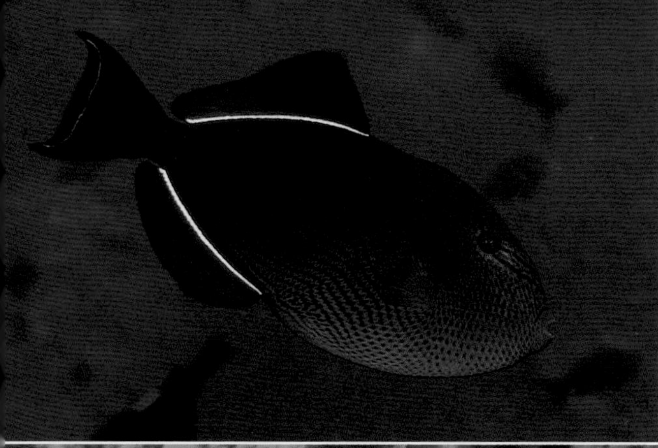

黑炮弹（又名：角鳞鲀）

BLACK TRIGGERFISH *Melichthys niger*

分布：环热带海域。

大小：最长达 35 厘米。

栖息地：清澈水域的外围礁石，栖息深度为 2~70 米。

生活习性：体表为黑色或深蓝色，面颊为浅黄色，背鳍和臀鳍根部有白色条纹。单独或聚成松散的一群在开阔水域游动。在红海和印度洋很容易与非常相似的印度角鳞鲀混淆。以浮游动物、漂浮的海藻和小型底栖无脊椎动物为食。

魔鬼炮弹（又名：红牙鳞鲀）

REDTOOTH TRIGGERFISH *Odonus niger*

分布：从红海和东非到法属波利尼西亚、日本南部和澳大利亚的印度洋-太平洋热带海域。

大小：最长达 30 厘米。

栖息地：清澈水域的外围礁坡，栖息深度为 5~40 米。

生活习性：体表为蓝紫色，面颊为浅蓝色，突出的牙齿为红色，尾巴为月牙形。常被发现聚成大群沿着外围礁坡在开阔水域捕食浮游动物。非常害羞，被靠近时会迅速躲进狭窄的洞里，尾巴露在外面。极为常见。

单角鲀科 FILEFISHES *Monacanthidae*

外表与鳞鲀科鱼类非常像，在澳大利亚，其英文通用名也叫“leatherjackets”。该科很大，约有 30 属、100 多种。色彩鲜艳，体形各异，通常很隐秘，游动缓慢。皮肤没有鳞片，非常像皮革。该科大多数物种很容易通过第一背鳍上长长的鳍条辨认，背鳍鳍条一般保持直立，可以锁定在固定位置。通常在海底附近活动，一般以海藻和小型底栖无脊椎动物为食。

水下摄影提示：单角鲀科鱼类很容易接近（但是有些物种特别害羞，在任何情况下都无法靠得太近），非常有趣，一般情况下很顺从。从侧面拍时最好能拍出它们的怪异外形。

棘皮鲀

WEEDY FILEFISH *Chaetodermis penicilligerus*

分布：从马来西亚和印度尼西亚到日本南部和澳大利亚大堡礁的印度洋-太平洋中海区热带海域。

大小：最长达 30 厘米。

栖息地：隐蔽的沿海珊瑚礁的沙质底部和海草底部，栖息深度为 2~30 米。

生活习性：体表为浅黄绿色，体侧有两个或更多斑点，有许多海藻似的皮瓣。游动缓慢，非常机警，总是侧面对着观察者。外表引人注目，但是伪装得也非常巧妙。

LONGNOSE FILEFISH
Oxymonacanthus longirostris

尖吻鲀

分布：从东非到密克罗尼西亚、日本南部和澳大利亚的印度洋-太平洋热带海域。

大小：最长达 10 厘米。

栖息地：清澈水域的沿海礁顶和外围礁顶，栖息深度为 1~35 米。

生活习性：异常艳丽，体表为蓝绿色，有许多橘黄色斑点，吻细长，嘴很小。常被发现成对或密集地聚成小群在鹿角台面珊瑚周围快速游动，有时头朝下，以珊瑚虫和小型无脊椎动物为食。非常机警，不允许被靠得太近。

MIMIC FILEFISH
Paraluteres prionurus

锯尾副革鲀

分布：从东非到密克罗尼西亚、日本南部和澳大利亚的印度洋-太平洋热带海域。

大小：最长达 10 厘米。

栖息地：外围礁石和礁壁上的珊瑚间，栖息深度为 2~25 米。

生活习性：体表为白色，有褐色或黑色鞍状斑，体侧有不规则细条纹，模仿的横带扁背鲀非常像，人类很容易将二者混淆。常被发现单独或成对活动于礁顶和岩壁附近的密集珊瑚丛中。

BRISTLE-TAIL FILEFISH
Acreichthys tomentosus

白线鬃尾鲀

分布：从东非到斐济、日本南部和澳大利亚的印度洋-太平洋热带海域。

大小：最长达 10 厘米。

栖息地：隐蔽礁石的沙质底部和朝向大海的底部，栖息深度为 1~15 米。

生活习性：身体呈菱形，有褐色、绿色和白色斑点，背鳍的第一鳍条通常保持直立。非常隐秘，偶见于海底人造物附近，如废弃的渔网和突堤塔桥等，在海草茂盛的海底常见全绿色个体。

SPECTACLED FILEFISH
Cantherhines fronticinctus

纵带前孔鲀

分布：从东非到密克罗尼西亚、巴布亚新几内亚和日本南部的印度洋-太平洋热带海域。

大小：最长达 23 厘米。

栖息地：外围礁石的珊瑚密集区，栖息深度为 15~40 米。

生活习性：体表为浅褐色或浅黄色，有黑色斑点，眼睛周围颜色较深，尾巴根部有明显的白色条纹。单独活动，非常机警，偶尔被发现在珊瑚丛中摄食，但是不易接近。

细斑前孔鲀

WIRENET FILEFISH *Cantherhines pardalis*

分布：从红海到法属波利尼西亚、日本南部和澳大利亚的印度洋-太平洋热带海域。

大小：最长达 25 厘米。

栖息地：外围礁石的珊瑚密集区，栖息深度为 2~20 米。

生活习性：体表为浅褐色或浅黄色，有浅蓝色的网状纹，吻上有蓝色条纹。背鳍的第一根鳍条通常保持直立。单独活动，不容易接近，偶尔被发现在朝向大海的礁坡上的珊瑚丛中觅食。

白点前孔鲀

WHITESPOTTED FILEFISH *Cantherhines macrocerus*

分布：从美国佛罗里达州到巴哈马群岛、加勒比海、百慕大群岛和巴西的大西洋西部热带海域。

大小：最长达 40 厘米。

栖息地：沿海礁顶和外围礁顶，栖息深度为 6~20 米。

生活习性：体表上部为橄榄色或灰色，体侧和腹部为黄色或橘黄色。尾部颜色较深，鱼鳍透明，带点儿浅黄色。腹部皮瓣完全展开，个别个体全身有发白的斑点。体形大，不害羞，常见成对活动，通常能被靠得相当近。以底栖无脊椎动物为食。

黑头前角鲀

BLACK-HEAD FILEFISH *Pervagor melanocephalus*

分布：从印度尼西亚到密克罗尼西亚、日本南部和澳大利亚的印度洋-太平洋中海区热带海域。

大小：最长达 10 厘米。

栖息地：沿海礁石和外围礁石的珊瑚密集区，栖息深度为 2~40 米。

生活习性：头部为深色，通常带有浅蓝色色泽，体表为红色或亮橘黄色，尾巴为红色或橘黄色。非常隐秘、机警，偶见于浓密的珊瑚丛中，常靠近遮蔽物。同一分布区的粗尾前角鲀与其非常相像，但是粗尾前角鲀的头部和身体前部有小黑点。

侧纹前角鲀

BLACK-LINED FILEFISH *Pervagor nigrolineatus*

分布：从马来西亚和印度尼西亚到澳大利亚和所罗门群岛的印度洋-太平洋中海区热带海域。

大小：最长达 10 厘米。

栖息地：外围礁石和潟湖的珊瑚密集区，栖息深度为 3~25 米。

生活习性：身体为褐色，从吻到背鳍根部有明显的亮白色条纹，体侧常有不规则的白色细条纹。行动隐秘，非常机警，偶尔被发现单独或成对在密集的珊瑚丛中觅食小型底栖无脊椎动物和珊瑚虫。

STRAPWEED FILEFISH
Pseudomonacanthus macrurus

斑拟单角鲀

分布：从马来西亚到菲律宾和巴布亚新几内亚的印度洋-太平洋中海区海域。

大小：最长达 45 厘米。

栖息地：沿海礁石的沙质底部和有海草的海底，栖息深度为 1~15 米。

生活习性：体形大，体色浅，有绿色和褐色斑点，皮肤上有许多小皮瓣。在分布区很常见，但是非常隐秘，与环境巧妙地融合在一起。以底栖无脊椎动物为食，单独或成对活动，游动缓慢，潜水员通常很容易与其接近。

SCRIBBLED FILEFISH
Aluterus scriptus

拟态革鲀

分布：环热带海域。

大小：最长达 75 厘米。

栖息地：远洋，通常栖息于沿海礁石和外围礁石上，栖息深度为 2~80 米。

生活习性：体表为棕黄色或灰色，有许多黑点和亮蓝色条纹，在珊瑚中休息或睡觉时斑点颜色会变深。常单独活动，也会聚成小群活动于礁顶和斜坡附近。以海藻和无脊椎动物为食。第一背鳍的鳍条很长，通常保持直立。是该科最常见的物种，但很机警，不易接近。

箱鲀科 BOXFISHES *Ostraciidae*

该科鱼类非同寻常、非常有趣，有 6 属，大约有 20 种。在水下很容易从六边形骨质盾板构成的半活动的僵直身体辨认出它们：具有像铠甲一样的坚固有孔的箱型结构，箱子上的“孔”就是眼睛、嘴、鳃、鳍和尾巴所在的位置。尽管它缺少灵活性，但是它异常敏捷，游速非常快。有好几个物种的眼睛和“箱子”角上面的犄角很尖利。

水下摄影提示：非常迷人，通常色彩艳丽、形状怪异。一般难以靠近，一定要避免直接与其接触，好奇心会促使它们向你靠近。千万不要试图追逐它们，因为它们行动敏捷，游速非常快。

LONG-HORN COWFISH
Lactoria cornuta

角箱鲀

分布：从红海到法属波利尼西亚、日本南部和澳大利亚的印度洋-太平洋热带海域。

大小：最长达 50 厘米。

栖息地：沿海礁石的沙质底部和有海草的海底，栖息深度为 1~50 米。

生活习性：体表为灰色、橄榄色或浅黄色，有许多蓝色斑点，尾巴为长扫帚形，眼睛上面有一对长长的尖角，身体的下后部还有一对稍短的角。单独活动，被发现在沙滩上用吹水的方式觅食底栖小动物。

线纹角箱鲀

THORN-BACK COWFISH
Lactoria fornasini

分布：从东非到法属波利尼西亚、日本南部和澳大利亚的印度洋–太平洋热带海域。

大小：最长达 20 厘米。

栖息地：隐蔽沿海礁石和潟湖的沙质、淤泥质、碎石底部和有海草的底部，栖息深度为 1~30 米。

生活习性：体表为棕黄色或浅黄色，有亮蓝色的不规则条纹，眼睛上面和身体下方后部各有一对短角，背部中间有一个带钩的斜角。单独活动，常被发现在海底吹水，觅食底栖无脊椎动物。

白点箱鲀

SPOTTED BOXFISH
Ostracion meleagris

分布：从东非到下加利福尼亚半岛，从日本南部到澳大利亚的印度洋–太平洋热带海域。

大小：最长达 20 厘米。

栖息地：沿海礁石和外围礁石，栖息深度为 2~30 米。

生活习性：非常艳丽，特征明显。背部为黑色，有白色斑点，体侧为蓝色，有橘黄色斑点。常单独或成对活动，在分布区比较常见，但是非常机警。常见于珊瑚密集的水域，被靠近时会逃走，但是出于好奇，如果未受惊扰，常会停下来，转身游回去看看。

点斑箱鲀

CUBE BOXFISH
Ostracion cubicus

分布：从红海和东非到法属波利尼西亚、日本南部和新西兰的印度洋–太平洋热带海域。

大小：最长达 45 厘米。

栖息地：沿海礁石和外围礁石，栖息深度为 5~40 米。

生活习性：体形大，体表为浅褐色或紫色，有许多颜色稍暗的斑点，最明显的特征是有黄色裂缝状细条纹。单独活动，在分布区常见。幼鱼似珠宝般美丽（第 153 页），体表为亮黄色，有黑点。和所有箱鲀一样，该物种在遇险时会分泌一种毒性很大的黏液。

大鼻箱鲀

SHORTNOSE BOXFISH
Rhynchostracion nasus

分布：从东非到密克罗尼西亚、日本南部和澳大利亚的印度洋–太平洋热带海域。

大小：最长达 30 厘米。

栖息地：沿海礁石的沙质或岩石底部，栖息深度为 2~80 米。

生活习性：体表为灰色或浅绿色，有许多簇状小黑点。辨认困难，因为该物种与吻鼻箱鲀非常相像，后者常见于 15~50 米或更深的水域。受惊扰时会分泌一种有毒的黏液。

蓝带箱鲀

SOLOR BOXFISH *Ostracion solorensis*

分布：从印度尼西亚到巴布亚新几内亚，从日本南部到澳大利亚大堡礁的印度洋-太平洋中海区热带海域。
大小：最长达 10 厘米。
栖息地：沿海礁顶和外围礁顶的珊瑚密集区，栖息深度为 2~20 米。
生活习性：背部为黑色，有浅蓝色迷宫状图案，头部和体侧为蓝色，有带黑边的白点和不规则条纹。单独或成对活动，非常机警，不易接近，常被发现靠近珊瑚丛中的遮蔽物。

鲀科 PUFFERFISHES *Tetraodonidae*

鲀科鱼类能把身体鼓起来吓退捕食者。该科大约有 20 属、100 多种，被分为许多亚科。大多数物种的体外（皮肤）或体内（身体器官）都有毒，对其他鱼类和人类有致命危险，有些无害物种（例如豚鱼）会模仿鲀鱼以躲避捕食。很常见，容易接近，但是千万不要为了看它们鼓起来而吓唬它们。

水下摄影提示：虽然鲀鱼很敏捷，但是它们也很容易接近。色彩艳丽，是非常理想的拍摄对象，尤其在夜间当它们躲在珊瑚间睡觉时。但是千万不要经不住诱惑而用手摸它们，它们口中的牙齿非常坚韧锋利，能轻易将手指咬断。

纹腹鲀

WHITESPOTTED PUFFER *Arothron hispidus*

分布：从红海和东非到巴拿马，从日本南部到澳大利亚的印度洋-太平洋热带海域。
大小：最长达 50 厘米。
栖息地：沿海礁顶、外围礁顶和斜坡，栖息深度为 1~50 米。
生活习性：体形大，体表为灰色，有亮白色圆点，胸鳍根部有大黑点，眼睛为橘黄色，锋利的牙齿突出而清晰可见。以底栖无脊椎动物为食，如甲壳动物和贝类。单独活动，在分布区比较常见。

网纹鲀

RETICULATED PUFFERFISH *Arothron reticularis*

分布：从印度到斐济，从日本南部到澳大利亚的印度洋-太平洋中海区热带海域。
大小：最长达 30 厘米。
栖息地：潟湖、红树林和河口的沙质、淤泥质底部，栖息深度为 1~20 米。
生活习性：体表为浅褐色，身体后部有白色斑点，眼睛周围和身体前部的胸鳍根部有白色条纹。单独活动，以硬壳底栖无脊椎动物为食，如甲壳动物和贝类。常被发现活动于淤泥质海底。

星斑鲀

STARRY PUFFERFISH *Arothron stellatus*

分布：从红海和东非到法属波利尼西亚，从日本南部到新西兰的印度洋-太平洋热带海域。

大小：最长达 90 厘米。

栖息地：沿海礁石和外围礁石，栖息深度为 3~60 米。

生活习性：体形大，令人印象深刻。体表为浅灰色，有许多小黑点，构成迷宫状图案。口中强有力的聚合式牙齿非常尖利。单独活动，在分布区常见，经常在台面珊瑚下或者小洞穴底部休息。

线纹叉鼻鲀

NARROW-LINED PUFFER *Arothron manilensis*

分布：从加里曼丹岛到密克罗尼西亚、日本南部和澳大利亚的印度洋-太平洋中海区热带海域。

大小：最长达 30 厘米。

栖息地：隐蔽的海湾的沙质和淤泥质底部，红树林和有海草的海底，栖息深度为 2~20 米。

生活习性：体表为棕黄色或浅褐色，有褐色条纹，胸鳍根部有大黑斑，眼睛为金绿色。常被发现单独或聚成松散的小群在海底活动。

辐纹叉鼻鲀

MAP PUFFER *Arothron mappa*

分布：从东非到新喀里多尼亚、日本南部和大堡礁的印度洋-太平洋热带海域。

大小：最长达 70 厘米。

栖息地：沿海礁石和外围礁石，栖息深度为 4~30 米。

生活习性：体色非常多变，体表为浅灰色，有深色斑点、条纹和不规则条纹，或棕黄色白点和不规则条纹；眼睛周围有放射状条纹，这是其显著特征。体形大，呈奇怪的“膨胀状”。单独活动，常被发现悬停在台面珊瑚下或者小洞穴里休息。以硬壳底栖无脊椎动物为食。

白点鲀

WHITE-SPOTTED PUFFER *Arothron meleagris*

分布：从东非到下加利福尼亚半岛，从日本南部到澳大利亚的印度洋-太平洋热带海域。

大小：最长达 50 厘米。

栖息地：沿海礁石和外围礁石，栖息深度为 1~20 米。

生活习性：体表为黑色，有许多亮白色斑点。常被发现在珊瑚密集的水域活动，主要以活珊瑚和底栖无脊椎动物为食。但是和大多数鲀鱼一样，几乎能吃各种东西，不管是死的还是活的。偶尔能见到不寻常的明黄色（全身为明黄色）变种。

BLACK-SPOTTED PUFFER *Arothron nigropunctatus*

黑斑鲀

分布：从红海和东非到新喀里多尼亚、日本南部和澳大利亚的印度洋-太平洋热带海域。

大小：最长达 35 厘米。

栖息地：沿海礁石和外围礁石，栖息深度为 3~25 米。

生活习性：颜色极为多变，有白色、黄色、淡棕黄色和蓝色，但体表总是有分散的黑色斑点、黑嘴唇，嘴唇上面有白色区域。单独活动，常见于密集的珊瑚丛中，是擅长抓住机会的捕食者，主要以活珊瑚为食，但是几乎任何猎物都吃。

BENNETT'S TOBY *Canthigaster bennetti*

点线扁背鲀

分布：从东非到科隆群岛，从日本南部到澳大利亚的印度洋-太平洋热带海域。

大小：最长达 10 厘米。

栖息地：隐蔽的沿海礁石和潟湖的沙质、淤泥质底部，栖息深度为 2~15 米。

生活习性：背部为橄榄色，腹部略带白色，从眼睛到嘴周围有蓝色和橘黄色放射形条纹，背鳍根部有带蓝边的黑点。全身有紫蓝色和橘黄色斑点，在求偶季节斑点更鲜艳（如图）。单独或聚成松散的小群活动。

SPOTTED TOBY *Canthigaster solandri*

细斑扁背鲀

分布：从东非到法属波利尼西亚、日本南部和澳大利亚的印度洋-太平洋热带海域。

大小：最长达 10 厘米。

栖息地：沿海礁石和外围礁石的珊瑚密集区，栖息深度为 1~35 米。

生活习性：体表为褐色，有许多浅蓝绿色斑点和条纹，背鳍根部有带蓝边的黑点，眼睛为橘黄色。单独或成对活动，常被发现觅食海藻、珊瑚虫和底栖无脊椎动物，很容易和上一个物种混淆。

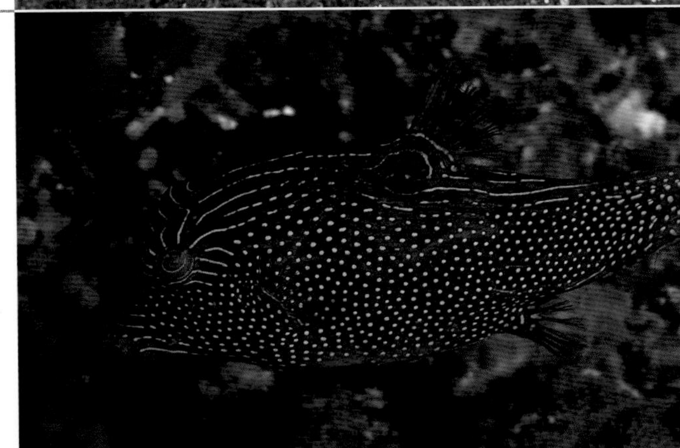

PAPUAN TOBY *Canthigaster papua*

巴布亚扁背鲀

分布：从印度尼西亚到澳大利亚的印度洋-太平洋中海区热带海域。

大小：最长达 9 厘米。

栖息地：沿海礁石和外围礁石的珊瑚密集区，栖息深度为 1~35 米。

生活习性：体表为浅橘黄色或红褐色，体侧有许多亮蓝绿色小点；背部和吻部有条纹，背鳍根部有深色斑点；眼睛为绿色，嘴巴为橘黄色。偶尔被发现单独或成对活动于珊瑚密集的水域，觅食珊瑚虫和小型底栖无脊椎动物。

细纹扁背鲀

FINGERPRINT TOBY
Canthigaster compressa

分布：从印度尼西亚和马来西亚到密克罗尼西亚和日本南部的印度洋－太平洋中海区热带海域。

大小：最长达 10 厘米。

栖息地：沙质、淤泥质海底，经常在浑水中，栖息深度为 2~25 米。

生活习性：体表为浅褐色，肚皮为浅色，全身有许多亮蓝绿色条纹或小点，或二者兼有，背鳍根部有带亮蓝色边缘的深色眼斑。很容易与前两个物种混淆，但是该物种常见于浑浊水域，常在码头下面活动。

圆斑扁背鲀

SPLENDID TOBY
Canthigaster janthinoptera

分布：从红海和东非到法属波利尼西亚、日本南部和澳大利亚的印度洋－太平洋热带海域。

大小：最长达 10 厘米。

栖息地：沿海礁顶和外围礁顶的珊瑚密集区，栖息深度为 1~30 米。

生活习性：体表为褐色，有许多浅绿色或白色斑点。非常隐秘，不常见，偶见于珊瑚密集的遮蔽物附近，很容易与上一个物种混淆，背鳍根部没有眼斑，可以据此在水下辨认该物种。

花冠扁背鲀

CROWN TOBY
Canthigaster coronata

分布：从红海和东非到夏威夷、日本南部和澳大利亚的印度洋－太平洋热带海域。

大小：最长达 14 厘米。

栖息地：外围礁石的沙质、淤泥质和碎石底部，栖息深度为 10~80 米。

生活习性：与上一个物种很像，体表为白色，有深色鞍状斑，但是色彩更艳丽，鞍状斑有橘黄色边缘，眼睛周围有蓝色和橘黄色的放射状条纹。单独或聚成松散的小群活动，与大多数鲀鱼相比，偶见于更深的水域。

横带扁背鲀

BLACK SADDLED TOBY
Canthigaster valentini

分布：从红海和东非到法属波利尼西亚、日本南部和澳大利亚的印度洋－太平洋热带海域。

大小：最长达 9 厘米。

栖息地：沿海礁石和外围礁石，栖息深度为 1~50 米。

生活习性：体表为白色，有暗褐色或黑色鞍状斑，体侧有浅褐色斑点。可能是最常见的鲀鱼，常被锯尾副革鲀模仿，在水下很容易将它们混淆。如果被惊扰，会和其他鲀鱼一样分泌毒液，不宜食用。

YELLOW-STRIPE TOADFISH *Torquigener brevipinnis*

黄带窄额鲀

分布：从印度尼西亚到日本和新喀里多尼亚的印度洋－太平洋中海区热带海域。

大小：最长达 20 厘米。

栖息地：隐蔽的海湾和河口的沙质、淤泥质底部和海草床，栖息深度为 2~100 米。

生活习性：背部扁平，体表为褐色，有许多斑点，腹部为白色，体侧有黄色条纹。偶尔被发现松散地聚成小群卧在海底，常将身体半埋在沙子里，在夜间猎取硬壳底栖无脊椎动物时更活跃。

刺鲀科 PORCUPINEFISHES *Diodontidae*

刺鲀科鱼类在外形上和鲀科鱼类很像，它们也能把身体鼓起来，而且有很大的朝外的硬棘刺，使它们变成带硬刺的“气球”，就连鲨鱼也很难把它们吞下去。强有力的锋利前牙聚合成坚固的喙，使它们能轻易咬开底栖无脊椎动物的硬壳，如甲壳动物和贝类，大多数在夜间捕食。

水下摄影提示：非常笨拙，游动的姿势很难看，常在白天睡觉。它们发亮的眼睛是很好的微距拍摄对象，但是请不要摆弄它们，让它们鼓起来，因为这样做会使它们很有压力。它们能轻易咬断人的手指。

BLACK-BLOTCHED PORCUPINEFISH *Diodon liturosus*

布氏刺鲀

分布：从红海和东非到法属波利尼西亚、日本南部和澳大利亚的印度洋－太平洋热带海域。

大小：最长达 50 厘米。

栖息地：沿海珊瑚礁和外围珊瑚礁，栖息深度为 1~90 米。

生活习性：体形大，体表为浅棕黄色，有带白边的褐色或黑色大斑点，向后的可移动的棘刺非常短。单独活动，常被发现白天在大台面珊瑚下休息。在夜间主要以甲壳动物和贝类为食。

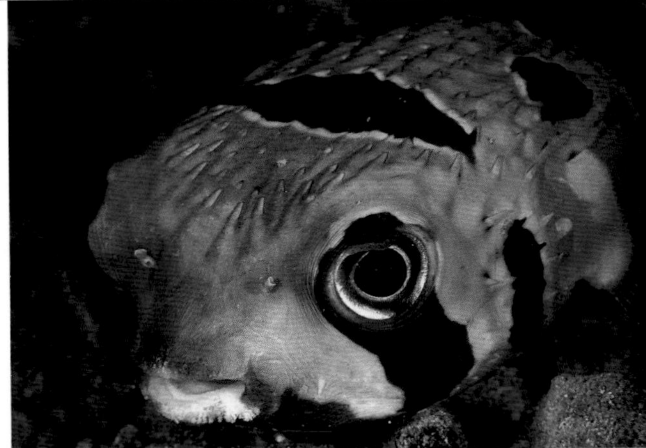

PORCUPINEFISH *Diodon hystrix*

密斑刺鲀

分布：全世界的热带、亚热带和温带海域。

大小：最长达 70 厘米。

栖息地：沿海珊瑚礁、外围珊瑚礁和岩礁，栖息深度为 1~50 米。

生活习性：体形大，体表为浅棕黄色、浅黄色或灰色，肚皮为白色；全身有许多小黑点；能活动的棘刺非常短。夜间单独活动，白天常被发现在大鹿角台面珊瑚、悬垂物下面休息或睡觉。像对待大多数刺鲀那样，可以通过缓慢而不具威胁性的移动靠近它们。

短棘圆刺鲀

ORBICULAR BURRFISH *Cyclichthys orbicularis*

分布：从红海和东非到日本南部和大堡礁的印度洋－太平洋热带海域。

大小：最长达 20 厘米。

栖息地：海湾和潟湖的沙质、淤泥质底部，栖息深度为 5~30 米。

生活习性：体表为浅红褐色，肚皮为白色，有深色斑点；棘刺很短，通常为浅黄色，基本上是固定不动的。单独活动，但是偶尔被发现松散地聚成小群在开阔水域的海底休息。常被发现在海绵里或者轮胎之类的沉没物里休息。

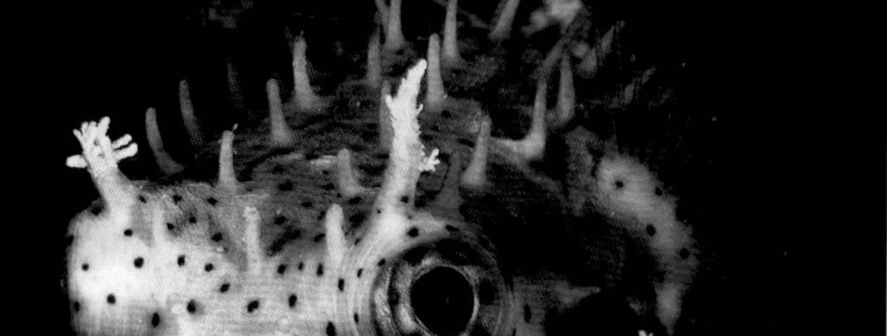

触角圆刺鲀

BRIDLED BURRFISH *Chilomycterus antennatus*

分布：从佛罗里达州到巴哈马群岛和加勒比海的大西洋西部热带海域。

大小：最长达 30 厘米。

栖息地：海草床和珊瑚礁，栖息深度为 2~12 米。

生活习性：体表为棕黄色，有深色斑点，偶尔有斑块图案，棘刺很短，总是直立着。全世界的热带海域有好几个相似物种，通常分布都很局部化。睁着大眼睛关注着目标，和大多数鲀鱼一样，有许多发光的蓝绿色斑点。

翻车鲀科 SUNFISHES *Molidae*

目前翻车鲀科有三种已被描述的物种，即翻车鱼、矛尾翻车鲀和斑点长翻车鲀。它们与扳机鱼、箱鲀、鲀鱼和刺鲀同属鲀形目。雌鱼每次能产 3 亿颗卵，这是目前有记载的脊椎动物产卵的最高纪录。尽管它们只吃胶状浮游动物，但是它们的体重能达到 2 吨多。

水下摄影提示：遇见翻车鲀的机会确实是非常罕见而珍贵的，因此千万不要错过拍摄时机。由于它们个头很大，所以高档的广角镜头是最佳选择，利用环境光并尽可能让潜水员也进入镜头能给照片增色不少。

翻车鱼

OCEAN SUNFISH *Mola mola*

分布：全世界的热带、亚热带和温带海域。

大小：最长达 3 米。

栖息地：远洋，从海面到 600 米深的海域，偶尔进入外围礁石清理寄生虫。

生活习性：体形巨大，特征明显，非常奇怪。呈圆盘状，有很长的背鳍和臀鳍，但是没有尾巴。体表主要为银灰色，或略带白色，无害。通常活动于远洋，但是偶尔或季节性地（如在巴厘岛）出现在沿海礁石附近凉爽的涌升流水域，常聚成小群活动。

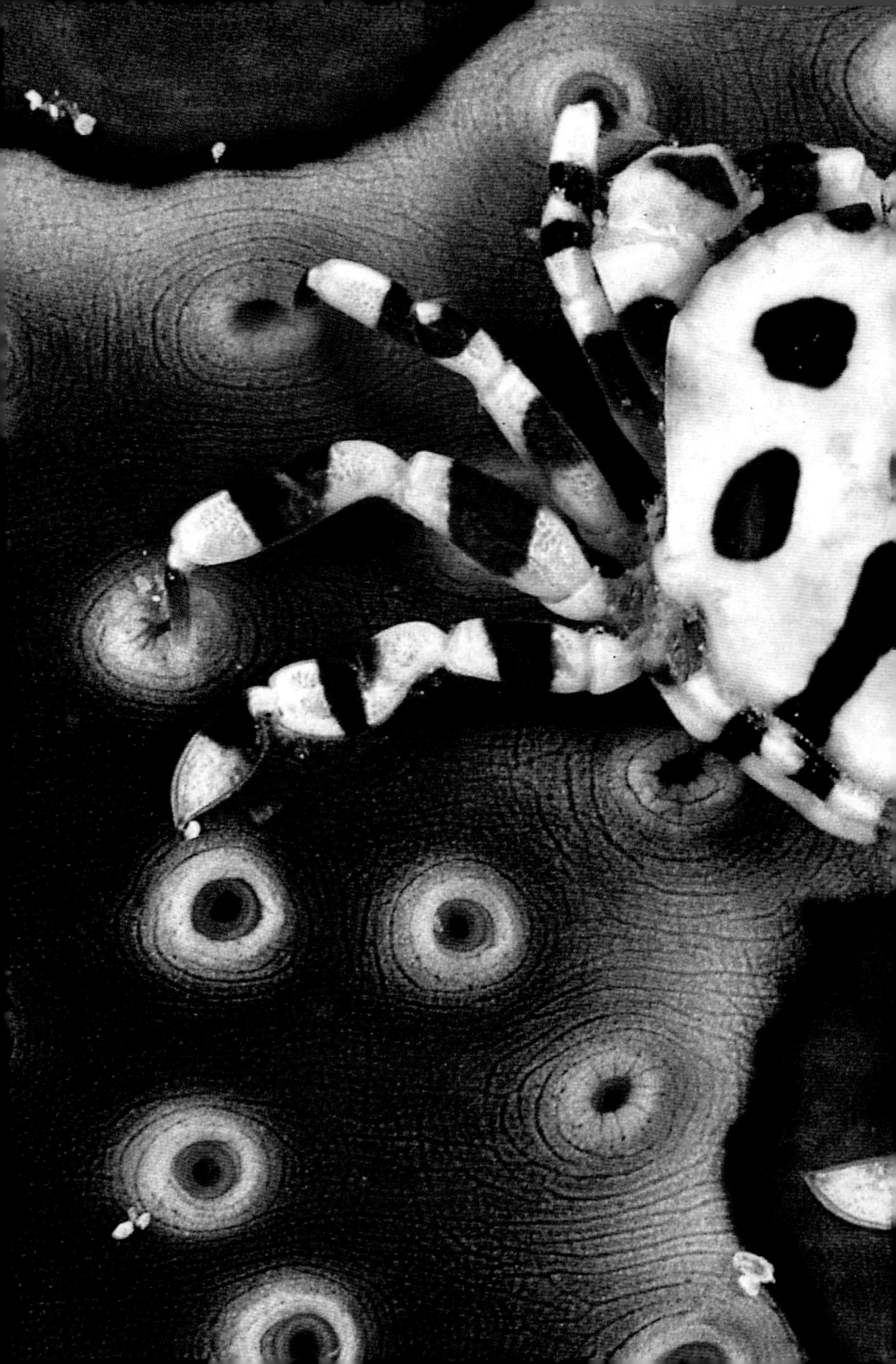

甲壳动物
——虾、螃蟹和龙虾

CRUSTACEANS
Shrimps, crabs and lobsters

甲壳动物的特征是外部有由碳酸钙构成的铠甲状骨骼，有一个僵硬的甲壳保护头部和感觉器官，有两套触角、复眼和有关节的腿，在生长的过程中，坚硬的骨骼会阻碍自身生长，所以需要定期蜕皮。在珊瑚礁中发现的大部分甲壳动物和陆地上的昆虫、蜘蛛、蝎子、千足虫、蜈蚣等同属节肢动物门，在75万多个物种当中，有45000多个物种属于十足目动物（有十条腿），并且在夜间活动。它们以活的或死的生物为食，而且被它们的同类、头足类动物和鱼类大量捕杀。尽管它们的习性不太引人注目，但是许多物种都进化出了艳丽的外表和有趣的外形。事实上，许多虾类和寄主的共生关系是珊瑚礁中最有趣的现象。

水下摄影提示：大多数甲壳动物都是不寻常的拍摄对象，适合用微距镜头拍摄。特别要留心与寄主共生的物种，或者从兴趣出发，留心那些非常隐秘的物种。

美人虾（又名：多刺猬虾）

BANDED CORAL SHRIMP *Stenopus hispidus*

分布：环热带海域。

大小：最长达 5 厘米。

栖息地：珊瑚礁、突堤桥塔、洞穴和适宜的遮蔽处，栖息深度为 1~40 米。

生活习性：身体和螯红白相间，长着长长的白色触须。很常见，容易被找到。在栖息处前面挥动着螯和触须，为路过的鱼提供服务，会认真地清理鱼皮肤上的碎屑和体外寄生虫。其习性使其不会被捕食，有时候它们甚至会给耐心的潜水员做清理。

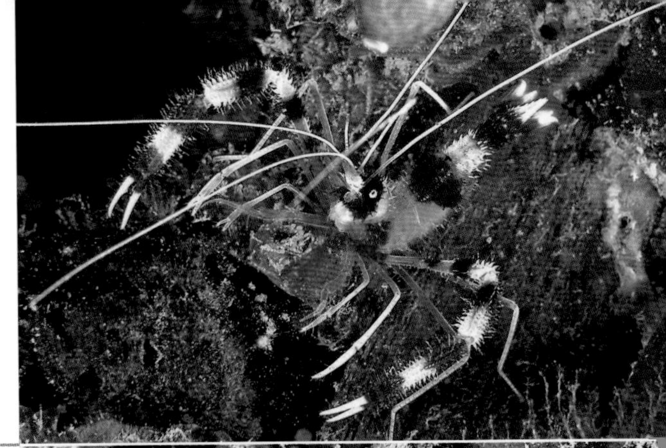

蓝美人虾

BLUE CORAL SHRIMP *Stenopus tenuirostris*

分布：从南非到印度尼西亚的印度洋-太平洋中海区热带海域。

大小：最长达 2 厘米。

栖息地：珊瑚礁表面和悬垂物下面，栖息深度为 1~15 米。

生活习性：体表为蓝色和紫色，尾巴和螯上有特征明显的白、红、黄色相间的条纹。色彩极为艳丽，常被发现成对聚居，在它们的“清洁站”为路过的鱼（包括捕食者）提供服务。没有其他“清洁工”那么常见。

清洁虾（又名：安波双鞭虾）

SCARLET CLEANER SHRIMP *Lysmata amboinensis*

分布：从红海到夏威夷的印度洋-太平洋热带海域，与其长得几乎完全一样的红白纹清洁虾分布于大西洋西部热带海域。

大小：最长达 6 厘米。

栖息地：珊瑚礁的洞穴、小洞、缝隙中和突出物上，栖息深度为 1~10 米。

生活习性：很容易辨认，体表为黄色，背部为红色，背部从头到尾节（尾部）处有一道白色条纹。常被发现在大鱼身体上啄食，特别是在石斑鱼和海鳝身上。在它们的“清洁站”前的开阔水域活动。

白斑拖虾（又名：安波托虾）

SQUAT ANEMONE SHRIMP *Thor amboinensis*

分布：环热带海域。

大小：最长达 2 厘米。

栖息地：共生于海葵、珊瑚上和角海葵的黏液管中，栖息深度为 3~20 米。

生活习性：体形小，但是非常艳丽，特征明显。体表为黄绿色，有带珍珠白色边缘的紫色或蓝色鞍状圈。雌虾比雄虾大一倍。常被发现头朝下、尾巴朝上，机械地收缩腿。多数情况下成群活动，尽管看起来很像清洁虾，但是该物种并不是清洁虾。

花斑扫帚虾（又名：乳斑扫帚虾）

MARBLED SHRIMP *Saron marmoratus*

分布：印度洋－太平洋热带海域。

大小：最长达 4 厘米。

栖息地：隐蔽的珊瑚碎石海底，栖息深度为 1~10 米。

生活习性：外表漂亮，有条纹、斑点和玫瑰形图案，但是异常隐秘。只在夜间活动，非常机警，天亮时立即回到珊瑚间。有好几个相似物种，都很漂亮，额剑上和背部通常有一小排硬毛（鞭须），许多物种仍没有文献描述。其生活习性使其很少被潜水员发现。

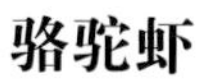

骆驼虾

HINGE–BEAK SHRIMP *Rhynchocinetes durbanensis*

分布：环热带海域。

大小：最长达 4 厘米。

栖息地：洞穴、缝隙、裂缝中或者悬垂物下面，栖息深度为 6~15 米。

生活习性：有好几个相似物种，都分布于热带海域。体表都为亮红色，有各种各样的白色条纹和小斑点，常被发现大群聚集在洞穴深处或者任何适宜的黑暗处，经常与大海鳝同住一个洞穴。白天在阴凉的地方相当活跃，受惊扰时会立刻退回到洞穴中。

锯片虾（又名：刺背船形虾）

SAW–BLADE SHRIMP *Tozeuma armatum*

分布：从红海和东非到日本南部和新喀里多尼亚的印度洋－太平洋热带海域。

大小：最长达 5 厘米。

栖息地：沿海礁石和外围礁石的黑珊瑚群中，栖息深度为 15~40 米。

生活习性：非常漂亮，异常隐秘，体形细长，有艳丽的条纹，身体半透明，能够在黑珊瑚上完美地伪装。锯齿状额剑几乎占了体长的 1/3。在大西洋被箭囊虾取代。

巴鲁坦星虾

DONALD DUCK SHRIMP *Leander plumosus*

分布：从马尔代夫到澳大利亚的印度洋－太平洋中海区热带海域。

大小：最长达 4 厘米。

栖息地：沿海礁石和外围礁石的悬垂物、突出部分下面或者海绵附近，栖息深度为 3~15 米。

生活习性：游动缓慢，隐秘，体表为带有红色光泽的浅褐色，腿部透明、细长，额剑扁平，被一簇须毛包围着。通常单独活动，偶尔成对或者三只一起行动。在分布区常见，但是常被潜水员忽视。

土佐岩虾

COMMENSAL SHRIMP
Ancylomenes tosaensis

分布：印度洋－太平洋海域，与其他几个相似物种在同一分布区内。

大小：最长达 2.5 厘米。

栖息地：与各种寄主共生，如海葵、海蘑菇、气泡珊瑚。

生活习性：身体透明，有白色、粉色和紫色鞍状斑，螯上有白色、深紫色或亮蓝色条纹。很容易与非常相像的霍氏岩虾混淆，常被发现聚成大群与海葵鱼共享一个海葵。

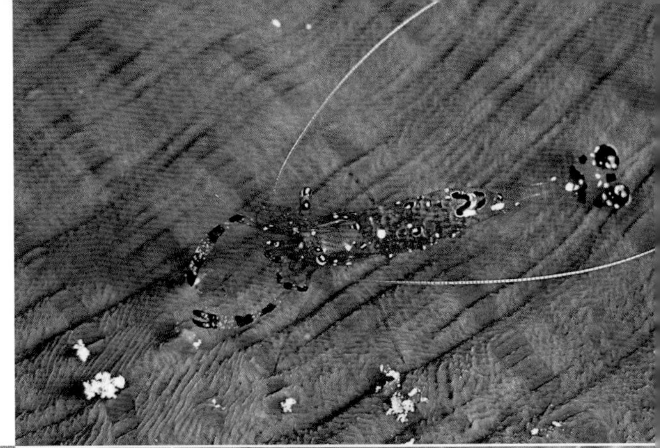

佩德森清洁虾

PEDERSEN CLEANER SHRIMP
Ancylomenes pedersoni

分布：从美国佛罗里达州到巴哈马群岛和加勒比海的大西洋西部热带海域。

大小：最长达 2 厘米。

栖息地：各种海葵，栖息深度为 3~18 米。

生活习性：身体透明，有许多紫色、蓝色或淡紫色斑点，有很长的白色触须。常见于多种海葵上，通过挥动清晰可见的触须展示其清洁工功能。和许多清洁虾一样，很容易接近。

仙女虾

VENUS ANEMONE SHRIMP
Ancylomenes venustus

分布：从马来西亚和印度尼西亚到日本南部和澳大利亚的印度洋－太平洋中海区热带海域。

大小：最长达 2.5 厘米。

栖息地：蘑菇珊瑚和海葵，栖息深度为 1~5 米。

生活习性：身体透明，有深浅不同的白色和蓝色斑点，大大的白色鞍状斑很显眼，腹部的突出部分中心为亮粉色。是真正的清洁虾，常见于极浅海域的海葵和其他寄主身上，通常在浑水中。

短腕岩虾

GLASS ANEMONE SHRIMP
Periclimenes brevicarpalis

分布：从红海和东非到澳大利亚的印度洋－太平洋热带海域。

大小：最长达 4 厘米。

栖息地：只栖息在珊瑚礁中的大海葵上。

生活习性：体形大，漂亮，常被发现单独或成对栖息于海葵上，身体透明，有许多亮白色斑点，尾巴为亮白色，有五个带黑边的橘黄色眼斑。大螯和腿是透明的，有蓝色或紫色条纹。很常见，容易接近。

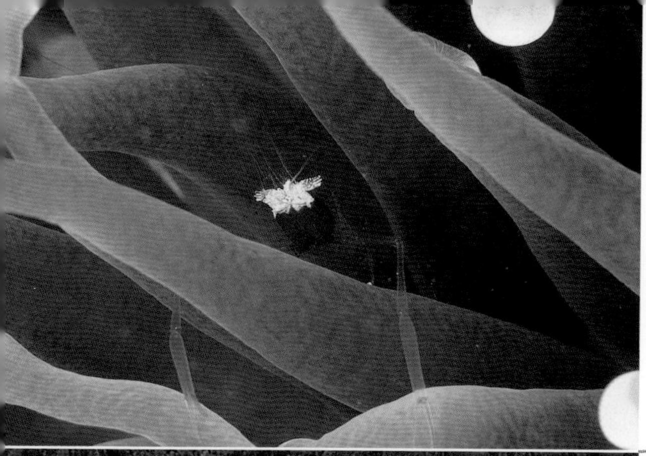

蘑菇珊瑚虾

MUSHROOM CORAL SHRIMP *Cuapetes kororensis*

分布：从马来西亚和印度尼西亚到马绍尔群岛的印度洋－太平洋中海区热带海域。

大小：最长达 4 厘米。

栖息地：在珊瑚礁中与海葵、蘑菇珊瑚共生。

生活习性：样子奇怪，常被潜水员忽视。螯很长，透明，体表为亮红色，头部和棘为白色。由于腹部是透明的，通常看不到它们的样子，外表看起来像小螃蟹，而不像虾。

姐妹岩虾

PARTNER SHRIMP *Zenopontonia soror*

分布：从红海和东非到夏威夷和加利福尼亚湾的印度洋－太平洋热带海域。

大小：最长达 1.3 厘米。

栖息地：只栖息于几种海星上。

生活习性：非常小，有一个很大的鸭嘴状额剑，常被发现与几种海星共生，包括指海星、棒棘海星、长棘海星、粒皮海星，尤其是面包海星。颜色随寄主变化，但是一般为红色、紫色、黄色、橘黄色或蓝色。常见于针垫状的面包海星上。

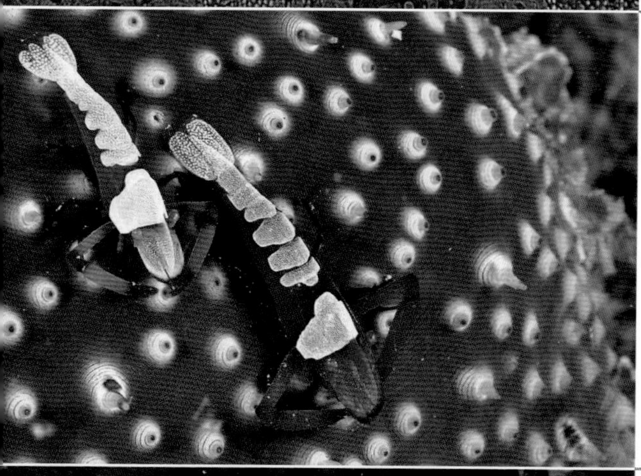

帝王虾（又名：象鼻岩虾）

EMPEROR SHRIMP *Zenopontonia rex*

分布：从红海和东非到日本南部和夏威夷的印度洋－太平洋热带海域。

大小：最长达 2 厘米。

栖息地：栖息于海参、海星和海蛞蝓上。

生活习性：外表漂亮，特征明显，体色多变，但是通常为亮橘黄色或红色，带点儿紫色，有白色鞍状斑。额剑很宽，呈鸭嘴状。常被发现成对栖息于海参上，但是也见于大型海蛞蝓或者海星上。

科尔曼虾

COLEMAN SHRIMPS *Periclimenes colemani*

分布：从马来西亚到澳大利亚的印度洋－太平洋热带海域。

大小：最长达 2 厘米。

栖息地：只栖息于火顽童海胆上。

生活习性：外表漂亮，为亮白色或浅黄色，有很大的带白边的紫色斑点，腿和螯上有紫色条纹。不常见，分布局部化。很少被潜水员发现，通常成对活动（雌虾比雄虾大），只栖息于有毒的火顽童海胆上。由于体内有寄生虫，所以体侧通常鼓胀。

CRINOID SHRIMP *Laomenes cornutus*

羽毛星共生虾

分布：广泛分布于从红海到澳大利亚的印度洋-太平洋热带海域。

大小：最长达 1.5 厘米。

栖息地：只栖息于珊瑚礁中的海百合上。

生活习性：常见，但非常隐秘，只见于海百合上。有好几个相似物种（如共栖岩虾、安波岩虾、角眼沙蟹），在水下不易区分。颜色单一，有斑点或条纹，但是都很鲜艳，总是与寄主海百合待在一起。

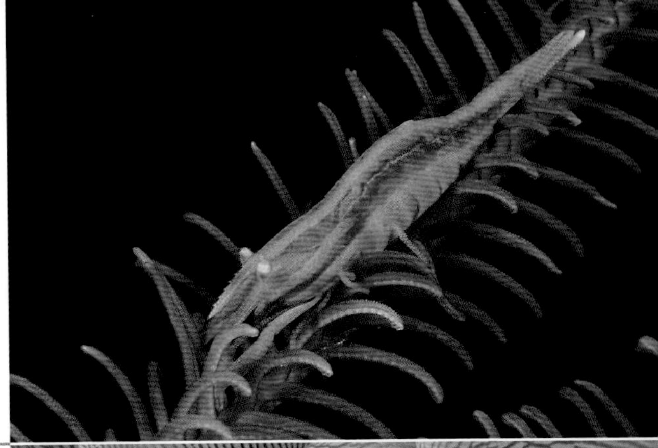

BUBBLE CORAL SHRIMP *Vir philippinensis*

气泡珊瑚虾

分布：从缅甸到日本南部和澳大利亚的印度洋-太平洋中海区热带海域。

大小：最长达 2 厘米。

栖息地：栖息于珊瑚礁中的气泡珊瑚上。

生活习性：身体完全透明，身体、腿和螯上有很细的紫色条纹，触须也是紫色的。很常见，常成对活动，但总是待在气泡珊瑚或葡萄珊瑚上。

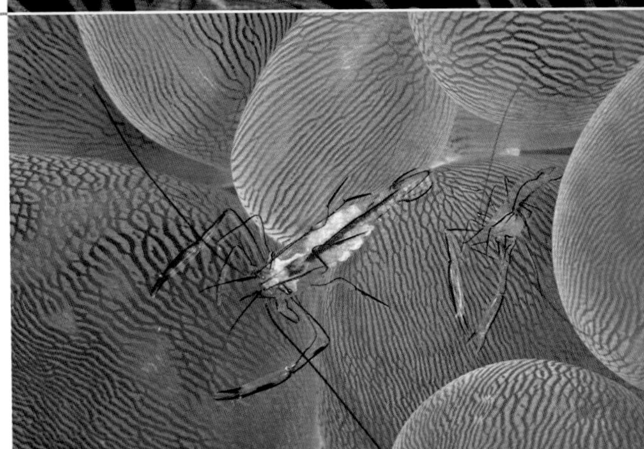

HARLEQUIN SHRIMP *Hymenocera elegans*

蓝拳击虾

分布：从红海到日本南部和澳大利亚的印度洋-太平洋热带海域。在太平洋东部海域被油彩蜡膜虾取代。

大小：最长达 5 厘米。

栖息地：浅潮间带的珊瑚礁。

生活习性：外表漂亮，有很大的桨状螯，体表为亮白色，有很大的带蓝边的褐色斑点（油彩蜡膜虾的斑点是红色的，斑点边缘是黄色的）。很少被潜水员发现，总是成对出现，只以浅水区的海星为食。

DRAGON SHRIMP *Miropandalus hardingi*

鞭角虾

分布：从马来西亚到日本南部的印度洋-太平洋中海区热带海域。

大小：最长达 2 厘米。

栖息地：只栖息于沿海礁石和外围礁石的线珊瑚、黑珊瑚上，栖息深度为 15~40 米。

生活习性：游动缓慢，非常罕见，伪装得非常巧妙。偶见于深水区，只栖息在角珊瑚上，如线珊瑚和黑珊瑚。不常见，对其生活习性所知甚少。

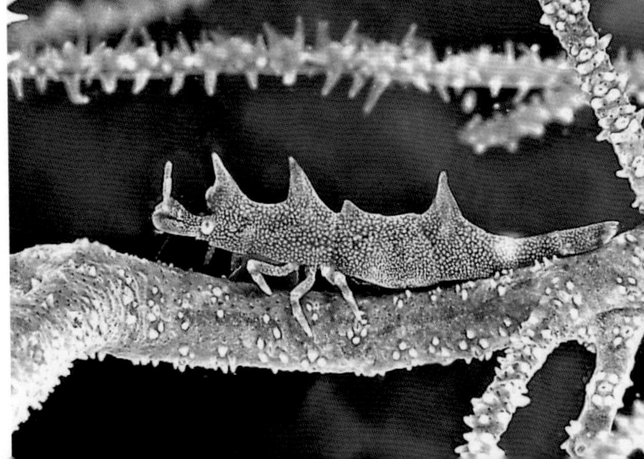

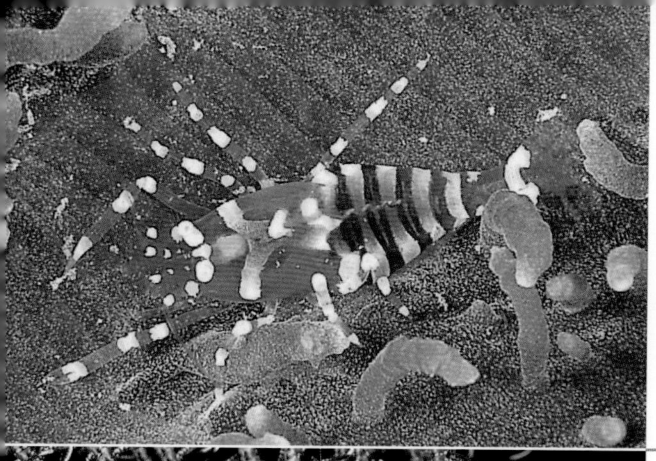

隐秘海葵虾

DISC ANEMONE SHRIMP *Pliopontonia furtiva*

分布：从东非到澳大利亚的印度洋－太平洋热带海域。

大小：最长达 2 厘米。

栖息地：沿海珊瑚礁，只栖息于石珊瑚上。

生活习性：怪异，游动缓慢，样子像蜘蛛，身体透明，外表漂亮，有白色条纹、白色和黄色斑点。只栖息于石珊瑚上，是其所在属的唯一物种。并不罕见，但是很少被潜水员发现。

史氏拟抢虾（又名：斯氏合鼓虾）

STIMPSON'S SNAPPING SHRIMP *Synalpheus stimpsoni*

分布：从东非到日本和澳大利亚的印度洋－太平洋热带海域。

大小：最长达 3.5 厘米。

栖息地：只栖息于珊瑚礁中与其共生的海百合上，栖息深度为 10~40 米。

生活习性：体色极为多变，但是通常色彩艳丽，与寄主的颜色保持一致，常见成对活动（雌虾总是比雄虾大），是几种海百合的共生物种，尤其是大羽花属、海齿花属和毛头星属海百合。巨大有力的螯非常显眼。

美丽异铠虾

CRINOID SQUAT LOBSTER *Allogalathea elegans*

分布：从红海到密克罗尼西亚的印度洋－太平洋热带海域。

大小：最长达 2 厘米。

栖息地：珊瑚礁，只栖息于寄主毛头星上。

生活习性：外形像壁虱，身体为扁平椭圆状，额剑长而尖，颜色多变，但是非常显眼，有条纹，总是与寄主海百合的颜色保持一致。单独活动，更常见成对活动，雌虾大于雄虾，但是只与海百合共生。轻轻抚摸海百合的下面，使海百合打开，就很容易看到美丽异铠虾。

蜷伏龙虾

HAIRY SQUAT LOBSTER *Lauriea siagiani*

分布：从马来西亚到西巴布亚省的印度洋－太平洋中海区热带海域。

大小：最长达 1.4 厘米。

栖息地：通常在大型桶状海绵里面，栖息深度为 10~40 米。

生活习性：外表漂亮，体表为亮霓虹粉色，有荧光紫色条纹，全身长满白色和粉色长毛。常见于深水区，单独或成对在大的锉海绵属桶状海绵的表面活动。由于该物种在深处能够吸收光，所以在水下看起来呈暗褐色。

YELLOWLINE ARROW CRAB
Stenorhynchus seticornis

箭头蟹

分布：从美国佛罗里达州到巴哈马群岛和加勒比海的大西洋西部热带海域。

大小：最长达 5 厘米。

栖息地：沿海珊瑚礁和外围珊瑚礁，栖息深度为 3~40 米。

生活习性：身体呈三角形，为黄褐色，有尖而长的额剑，有许多细细的黑色条纹。螯的尖端通常为亮紫色，腿纤细，使其看起来像蜘蛛。很常见，在印度洋-太平洋海域被其他物种取代。在多种环境中均有发现，容易接近。

PORCELAIN CRAB
Neopetrolisthes oshimai

粗点海葵蟹

分布：从马尔代夫到澳大利亚的印度洋-太平洋中海区热带海域。

大小：最长达 2.5 厘米。

栖息地：在珊瑚礁上与海葵共生，栖息深度为 1~15 米。

生活习性：身体呈浅棕黄色或白色，有许多红色的大斑点。与红斑新岩瓷蟹（图中右侧的）非常像，红斑新岩瓷蟹身体上的红点更多更小。两个物种都常被发现成对活动于浅水区，都与大海葵属、隐丛海葵属和异海葵属的大海葵共生。

BOXER CRAB
Lybia tessellata

花纹细螯蟹

分布：从东非到马绍尔群岛的印度洋-太平洋热带海域。

大小：最长达 1.5 厘米。

栖息地：碎石海底和死珊瑚下面，栖息深度为 1~5 米。

生活习性：体形小，但是非常漂亮。有明显的褐色和淡黄色方格，腿上有白色小点。极为机警和隐秘，很少被潜水员发现。螯上带着加勒比海葵属的小海葵，像拳击手一样朝捕食者挥舞螯。

ORANG-UTAN CRAB
Achaeus japonicus

日本英雄蟹

分布：从马来西亚和印度尼西亚到日本南部和所罗门群岛的印度洋-太平洋中海区热带海域。

大小：最长达 1.2 厘米。

栖息地：珊瑚礁，与几种海葵共生。

生活习性：特征明显，样子怪异，身体和腿上都有长长的柔顺的红毛。经常埋在海底的砂石碎片中。常被发现栖息在好几种海葵上，红眼睛清晰可见。“无毛”时颜色发白，有褐色条纹，但实际上此时完全无法被辨认出来。

红斑梯形蟹

RED–SPOTTED CORAL CRAB *Trapezia rufopunctata*

分布：除红海以外的广阔的印度洋–太平洋热带海域。

大小：最长达 1.5 厘米。

栖息地：外围礁石，硬珊瑚的枝杈间，栖息深度为 1~5 米。

生活习性：体形小，非常漂亮，很容易通过亮黄绿色眼睛和白色身体上的深红色小点辨认。常被发现与几个相像的物种、共生虾虎鱼一起在杯形珊瑚和萼柱珊瑚等硬珊瑚的枝杈间栖居，即使把珊瑚从水中拿走，它们也不会离开珊瑚。

斑蟹（又名：亚当斯斑蟹）

ZEBRA CRAB *Zebrida adamsii*

分布：从马来西亚到日本南部的印度洋–太平洋热带海域。

大小：最长达 2.5 厘米。

栖息地：沙质海底的沿海礁石，通常与火海胆共生。

生活习性：不常见，是极其漂亮的共生蟹，体表为白色，有紫褐色条纹，后腿带钩，专门用来抓牢火顽童海胆和火海胆之类的寄主。常被发现成对活动，栖居在毒性很大的海胆棘刺上。

隆背瓢蟹

ROUND–BACK CORAL CRAB *Carpilius convexus*

分布：从红海到日本的印度洋–太平洋热带海域。

大小：最长达 10 厘米。

栖息地：沿海珊瑚礁和外围珊瑚礁，栖息深度为 2~20 米。

生活习性：体形大，非常艳丽，有非常光滑的甲壳和腿，表面纹理像橘子皮。显著特征是身体为亮橘红色，有酒红色斑点，酒红色斑点中间有两个小白点。只在夜间活动，非常好动，通常以有壳的软体动物为食。

红斑瓢蟹

SPOT–BACK CORAL CRAB *Carpilius maculatus*

分布：从红海到日本的印度洋–太平洋热带海域。

大小：最长达 10 厘米。

栖息地：沿海珊瑚礁、外围珊瑚礁和岩礁，栖息深度为 3~35 米。

生活习性：移动缓慢，只在夜间活动，很容易从焦糖色体表和上面的七个褐色斑点辨认出它们。壳很光滑，有四个很钝的眶间棘刺。在分布区很常见，和大多数瓢蟹一样，以带壳的软体动物为食。常被大多数潜水员忽视，但是非常漂亮，拍起来非常容易。

SOFT CORAL CRAB *Hoplophrys oatesii*

软珊瑚蟹（又名：奥氏樱蛛蟹）

分布：从红海到日本的印度洋-太平洋热带海域。

大小：最长达 1.5 厘米。

栖息地：沿海珊瑚礁和外围珊瑚礁，仅发现与软珊瑚共生。

生活习性：非常小，但是异常漂亮，伪装得相当巧妙，只能在软珊瑚间找到它们，能够完美地模仿软珊瑚。身体半透明，浑身长满棘刺，有许多红色和白色条纹。亚洲的潜水员也将其称为“糖果蟹”。

HOLOTURIAN CRAB *Lissocarcinus laevis*

光滑光背蟹

分布：从红海到澳大利亚的印度洋-太平洋热带海域。

大小：最长达 3 厘米。

栖息地：珊瑚礁，沙质海底或者碎石海底，通常与海葵和软珊瑚共生。

生活习性：在分布区很常见，但经常被忽视，常栖息在软珊瑚和海葵上面。颜色会随地域发生变化，但通常为亮白色、红褐色或深酒红色，腿半透明，有四个较软的眶间棘刺。

HARLEGUIN CRAB *Lissocarcinus orbicularis*

紫斑光背蟹

分布：从红海到夏威夷的广阔的印度洋-太平洋热带海域。

大小：最长达 4 厘米。

栖息地：沙质海底或淤泥质海底，只与大海参和海葵共生，与海葵共生的较少。

生活习性：体形小，常与大海参共生，光滑的眶间没有棘刺。身体通常为白色，有褐色斑点，但是有的个体体表为褐色，斑点为白色。常被发现附着在海参下面，以其排泄物为食。

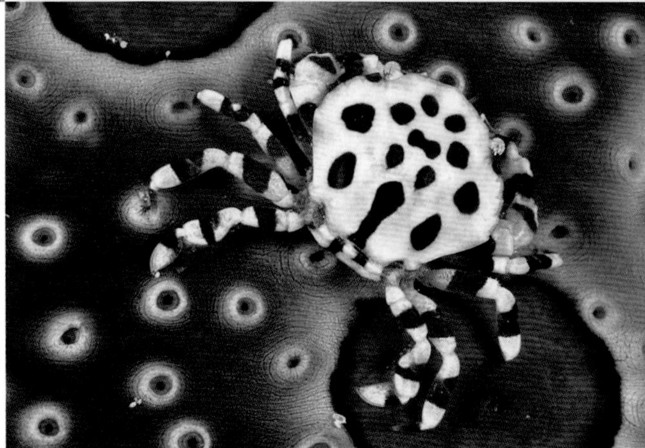

PEACOCK MANTIS SHRIMP *Odontodactylus scyllarus*

雀尾螳螂虾（又名：蝉形齿指虾蛄）

分布：从东非到日本南部、澳大利亚和夏威夷的印度洋-太平洋热带海域。

大小：最长达 18 厘米。

栖息地：珊瑚碎石海底和粗糙的沙质海底，栖息深度为 1~70 米。

生活习性：体表为亮绿色和蓝色，头部为蓝色，胸肢为黄色和红色，尾节为蓝色，带红边。是全世界热带螳螂虾中最艳丽的物种。住在管状洞穴中，能迅速从洞穴中冲出去，用强有力的前螯猛力夹住甲壳动物或鱼。

丽莎螳螂虾

LISA'S MANTIS SHRIMP
Lysiosquillina lisa

分布：从马尔代夫到巴布亚新几内亚的印度洋－太平洋中海区热带海域。

大小：最长达 30 厘米。

栖息地：沿海礁石的珊瑚碎石底部，栖息深度为 8~35 米。

生活习性：体形非常大，呈明显的矛状，很容易从其硕大的体形，体表的白色和锈红色条纹，前螯上的粉红色肢节辨认出它们。常被发现从垂直的带黏液的海底深洞中向外窥视，随时准备以闪电般的速度冲出去咬住经过的猎物。

杂色龙虾

PAINTED SPINY LOBSTER
Panulirus versicolor

分布：从红海和东非到日本南部和密克罗尼西亚的印度洋－太平洋热带海域。

大小：最长达 40 厘米。

栖息地：沿海礁石和外围礁石的斜坡，岩壁的缝隙和洞穴。

生活习性：常见于安静的礁石上，因人类的大量捕食而处于濒危状态。在夜间活动，白天躲在遮蔽处。体表为浅绿色，有黑白相间的条纹，腿部有白色和蓝色条纹，触须很长，呈白色，触须根部为亮珊瑚粉色。

密毛龙虾

PRONGHORN SPINY LOBSTER
Panulirus penicillatus

分布：从红海和东非到墨西哥的印度洋－太平洋热带海域。

大小：最长达 35 厘米。

栖息地：沿海珊瑚礁和外围珊瑚礁的洞穴和缝隙。

生活习性：印度洋－太平洋海域最常见的龙虾。体色多变，分布区有许多亚种，根部为亮蓝色的深色触须和有白色条纹的腿是其显著特征。和所有龙虾一样，在夜间活动，白天藏到洞穴和缝隙里，但是偶尔出来到远处开阔的安静水域中活动。

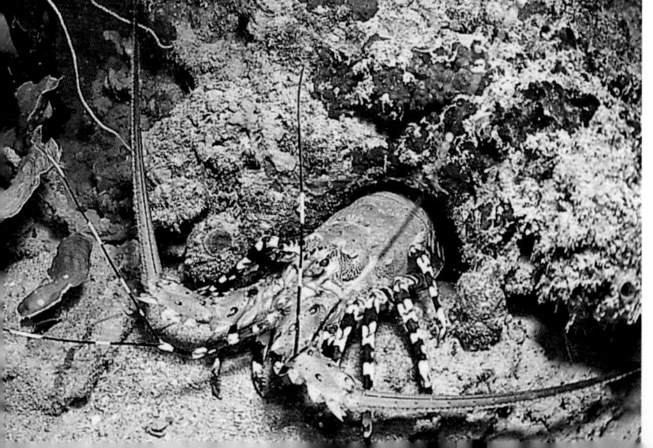

锦绣龙虾

ORNATE SPINY LOBSTER
Panulirus ornatus

分布：从红海到马来西亚的印度洋－太平洋热带海域。

大小：最长达 50 厘米。

栖息地：沙质海底、珊瑚海底或碎石海底，栖息深度为 5~50 米。

生活习性：非常艳丽，甲壳为蓝绿色，触须为橘红色，触须根部为亮蓝色，腿部为白色，有黑色条纹。常被发现白天藏在洞穴中或者悬垂物下面，但是夜间很活跃，在开阔水域觅食。成年龙虾长得很大，令人印象深刻。

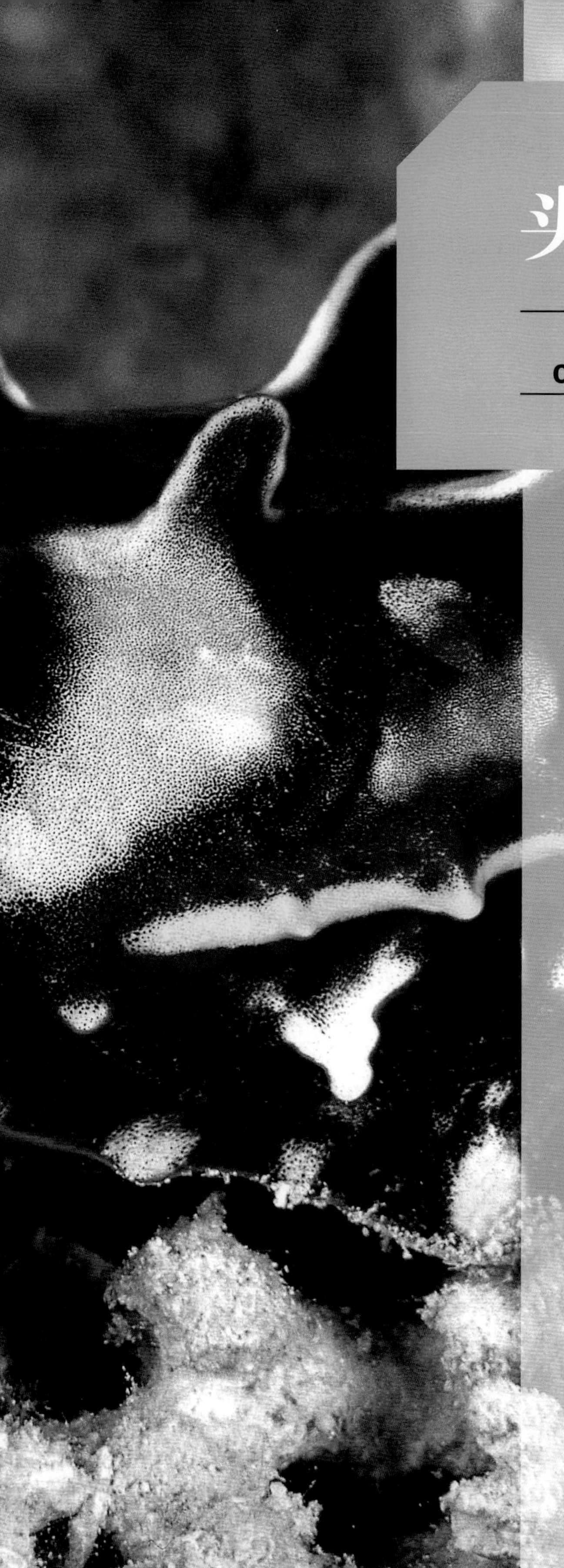

头足类动物
——章鱼、鱿鱼和乌贼

CEPHALOPODS
Octopi, squid and cuttlefish

头足类动物是最发达的软体动物，全世界有 700 多个海洋物种。它们都有柔软的身体，体内没有骨骼，身体强壮，非常灵活，肌肉发达的腕足上有角质吸盘，中间有像鹦鹉喙一样的角状嘴。大多数头足类动物有防御机制，它们的墨袋能朝攻击者喷出一股黑色液体，产生令人迷惑的“幻象”和一片烟幕。所有的头足类动物都是非常活跃的贪吃的捕食者，通常很聪明，视觉器官像人类的一样，它们还能任意改变体色、图案、皮肤纹理甚至体形，生活习性也变化多端，它们是珊瑚礁中最神奇的“居民”。

水下摄影提示： 章鱼、鱿鱼和乌贼都非常好看、变化多端。要用微距镜头拍摄，并且要非常有耐心，这样才能更容易地拍到它们捕食、交配和产卵的镜头。

鹦鹉螺

EMPEROR NAUTILUS *Nautilus pompilius*

分布：从安达曼群岛到日本南部和澳大利亚的印度洋－太平洋中海区热带海域。

大小：直径最大为 17 厘米。

栖息地：在非常深的水域（300~400 米），但偶尔会在日落后上升到 200 米深的水域。

生活习性：有六个非常相像的物种，远离潜水区，但是偶尔会被捉住展示给游客。它们都有由许多充满空气的腔室组成的外壳，眼睛简单，没有晶状体，有 90 根小小的脊状触手，受到威胁时，楔形肉质防护罩会把外壳封起来。

白斑乌贼

BROADCLUB CUTTLEFISH *Sepia latimanus*

分布：从安达曼群岛到日本南部和澳大利亚的太平洋中部海域。

大小：最长达 50 厘米。

栖息地：沿海珊瑚礁和外围珊瑚礁，栖息深度为 2~30 米。

生活习性：体形大，令人印象深刻，在分布区常见，细心的潜水员容易接近它们。体色极为多变，但是通常为浅色，处于放松状态时有深色条纹和斑点。常与观察者互动，有明显的表达“情绪”的迹象，好奇，有推测性智力。

火焰乌贼

FLAMBOYANT CUTTLEFISH *Metasepia pfefferi*

分布：从马来西亚到澳大利亚的印度洋－太平洋中海区热带海域。

大小：最长达 8 厘米。

栖息地：沙质海底和淤泥质海底，栖息深度为 1~10 米，常靠近珊瑚头。

生活习性：颜色非常艳丽，白色身体上有很宽的褐色和紫色斑纹，皮肤上有黄色肉赘，腕足为紫红色，保持直立。常被发现把皮瓣当后腿在海底漫游。不常见，但是特征明显，鲜亮的颜色可能代表其有毒。

莱氏拟乌贼

BIG-FIN REEF SQUID *Sepioteuthis lessoniana*

分布：印度洋－太平洋热带海域。

大小：最长达 36 厘米。

栖息地：沿海礁石，栖息深度为 1~100 米。

生活习性：全世界有好几个相像的物种，它们都有细长扁平的身体，大而圆的眼睛。常被发现成群聚集，傍晚或者夜间更活跃，展示它们的荧光斑点和条纹。机警，但非常好奇，在没受到威胁时很愿意和小心谨慎的潜水员互动。以鱼类和甲壳动物为食。被人类大量捕捞。

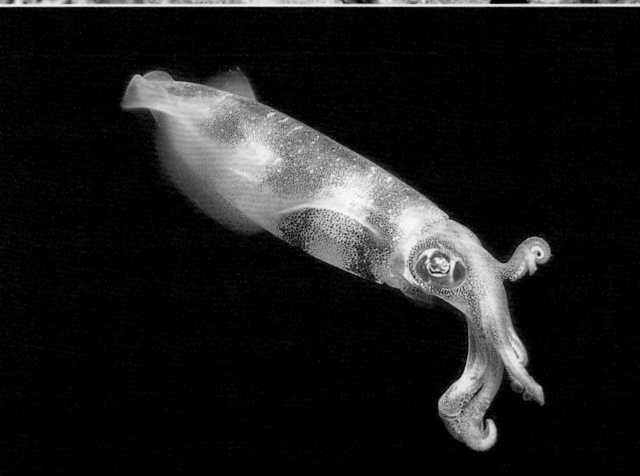

蓝环章鱼

BLUE-RING OCTOPUS *Hapalochlaena lunulata*

分布：从马来西亚到印度尼西亚的印度洋－太平洋中海区热带海域。

大小：最长达 7 厘米。

栖息地：密集的珊瑚丛和珊瑚碎石海底，栖息深度为 1~15 米。

生活习性：不常见，非常漂亮，特征明显。身体和触手为浅棕黄色或黄褐色，有许多斜着排列的荧光蓝圆圈。鲜艳的颜色表示它们有毒，它们的叮咬对人类是致命的。至少有五个非常相像的物种，属于蓝纹章鱼复合种。

蓝章鱼

DAY OCTOPUS *Octopus cyanea*

分布：印度洋－太平洋热带海域。

大小：最长达 80 厘米。

栖息地：沿海珊瑚礁和外围珊瑚礁，栖息深度为 1~30 米。

生活习性：全世界有许多非常相像的物种，它们都有相同的外形。身体为袋子状，眼睛突出，腕足很长，能在几秒内从光滑的状态变为布满褶皱的状态，单一颜色的体表能在几秒之内变出大量斑点、圆圈或者斑块。常见，但非常隐秘，被海鳝和石斑鱼大量捕食，夜间捕食贝类和甲壳动物。

豆丁章鱼

PYGMY OCTOPUS *Octopus joubini*

分布：从马来西亚和菲律宾到斐济的印度洋－太平洋中海区热带海域。

大小：最长达 8 厘米。

栖息地：珊瑚碎石海底的沿海珊瑚礁，栖息深度为 2~20 米。

生活习性：有好几个相似物种，统称“侏儒章鱼”，包括博氏侏儒章鱼和斐济侏儒章鱼，人类对它们所知甚少。体形都很小，加上腕足长度通常不到 8 厘米。它们整个白天都藏在珊瑚间，夜间捕食。

条纹蛸

VEINED OCTOPUS *Amphioctopus marginatus*

分布：印度洋－太平洋热带海域。

大小：最长达 15 厘米。

栖息地：沿海水域的沙质海底和淤泥质海底，栖息深度为 3~15 米。

生活习性：也被潜水者称为“椰子章鱼”，在中国鱼市上被称为“沙鸟”。很小很常见，常栖息于浅水区的沙质海底和淤泥质海底，钻到废弃的椰子壳和旧瓶子中。体表为浅色，有浅紫色血管状图案，白色吸盘和腕足的深紫色边缘颜色对比鲜明，有的个体眼睛下方有白色斑点。

拟态章鱼

MIMIC OCTOPUS
Thaumoctopus mimicus

分布： 从红海到新喀里多尼亚的印度洋-太平洋热带海域。
大小： 最长达 30 厘米。
栖息地： 隐蔽海湾的泥质和淤泥质底部，栖息深度为 3~30 米。
生活习性： 体表和腕足为白色，有紫褐色条纹，头袋很小，眼睛为柄眼。可能并不罕见，但是由于其习性隐秘，所以很少被发现，常埋在海底的泥沙里，只露出眼睛。能完美巧妙地模仿好几种海底生物（如鲆鱼、蓑鲉、海蛇）以迷惑捕食者。

斑马章鱼

WONDER OCTOPUS
Wunderpus photogenicus

分布： 从马来西亚和印度尼西亚到巴布亚新几内亚的印度洋-太平洋中海区热带海域。
大小： 最长达 20 厘米。
栖息地： 沙质、淤泥质和珊瑚碎石海底，栖息深度为 3~25 米。
生活习性： 与上一个物种很像，但是尚无文献描述。比上一个物种更加艳丽，体表为白色，有金黄色或深褐色条纹，不常模仿其他生物。头袋小（最长 3 厘米），眼睛为柄眼。受到威胁时会迅速藏到海底。体表的艳丽颜色暗示它们有毒。

长毛章鱼

HAIRY OCTOPUS
Octopus sp.

分布： 分布可能非常局部化。只在太平洋中部的北苏拉威西省海域出现过。
大小： 最长达 20 厘米。
栖息地： 隐蔽海湾的珊瑚碎石底部，栖息深度为 15~30 米。
生活习性： 不常见，异常隐秘，体表和腕足上有数量不等的毛状物。是科学文献中无记载的热带章鱼之一，偶尔被潜水员记录过。

长臂章鱼

LONG-ARMED OCTOPUS
Octopus sp.

分布： 未知。目前仅记载在印度洋-太平洋中海区的沙巴州和北苏拉威西省海域出现过。
大小： 最长达 15 厘米。
栖息地： 隐蔽海湾的沙质和淤泥质底部，栖息深度为 10~20 米。
生活习性： 体表为浅褐色，有非常细长的腕足，在海底附近游动时体形呈鲆鱼状或彗星状。白天偶尔被发现在开阔处游动，但是随时准备在受到威胁时钻进柔软的海底。全世界有好几个相像的物种，人类对其习性所知甚少。

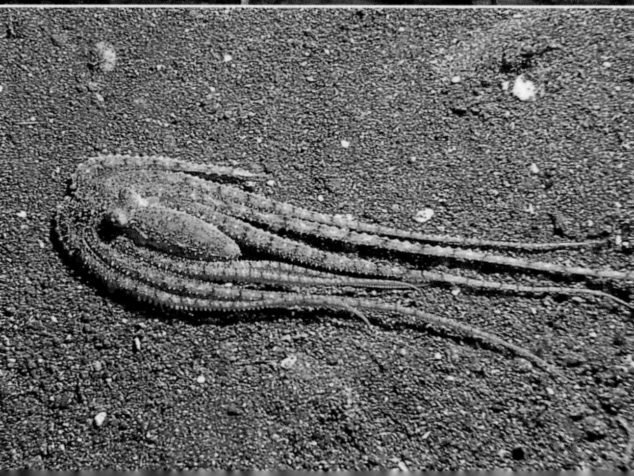

画廊——海洋贝类

海螺喜欢在夜间活动，属于腹足动物纲。最大的海螺是澳大利亚喇叭螺，这是一种印度尼西亚海螺，最长达90厘米，不过大多数海螺都很小。它们大多数都是高度发达的捕食者，其特征是有齿舌，舌头半僵硬，上面长满牙齿（多达75万个），用来捕捉、吞食猎物。有些物种非常危险，如芋螺属物种，它们都长着一个长嘴，能把有毒的飞镖射到猎物身上，毒液对人类也是致命的。而双壳类动物是滤食性动物，它们用一根虹吸管吸水，吸收其中的悬浮营养物质和氧气后，再把水从另一根管排出去。砗磲属物种利用身体组织内共生的单细胞海藻（虫黄藻）来提高能量利用率，珊瑚也采用同样的方式，虫黄藻使砗磲属物种的套膜呈现出漂亮的颜色。其他双壳类动物通过迅速收缩鳃盖来捕获猎物。

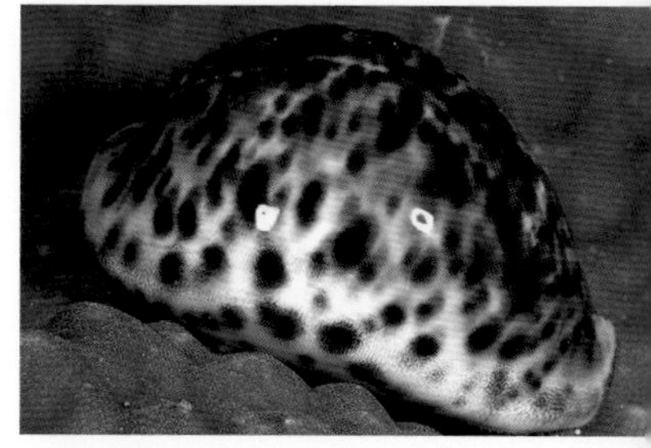
黑星宝螺（Tiger or Common Cowrie）

展开套膜的黑星宝螺（Tiger Cowrie）

箭头宝螺（Zigzag Cowrie）

白星宝螺（Pacific Deer Cowrie）

地图宝螺（Map Cowrie）

初雪宝螺（Mile Cowrie）

宝贝属未定种（Unidentified Cowrie）

紫口宝螺（Carnelian Cowrie）

黑星芋螺（Ivory Cone）

玛瑙宝螺（Onyx Cowrie）

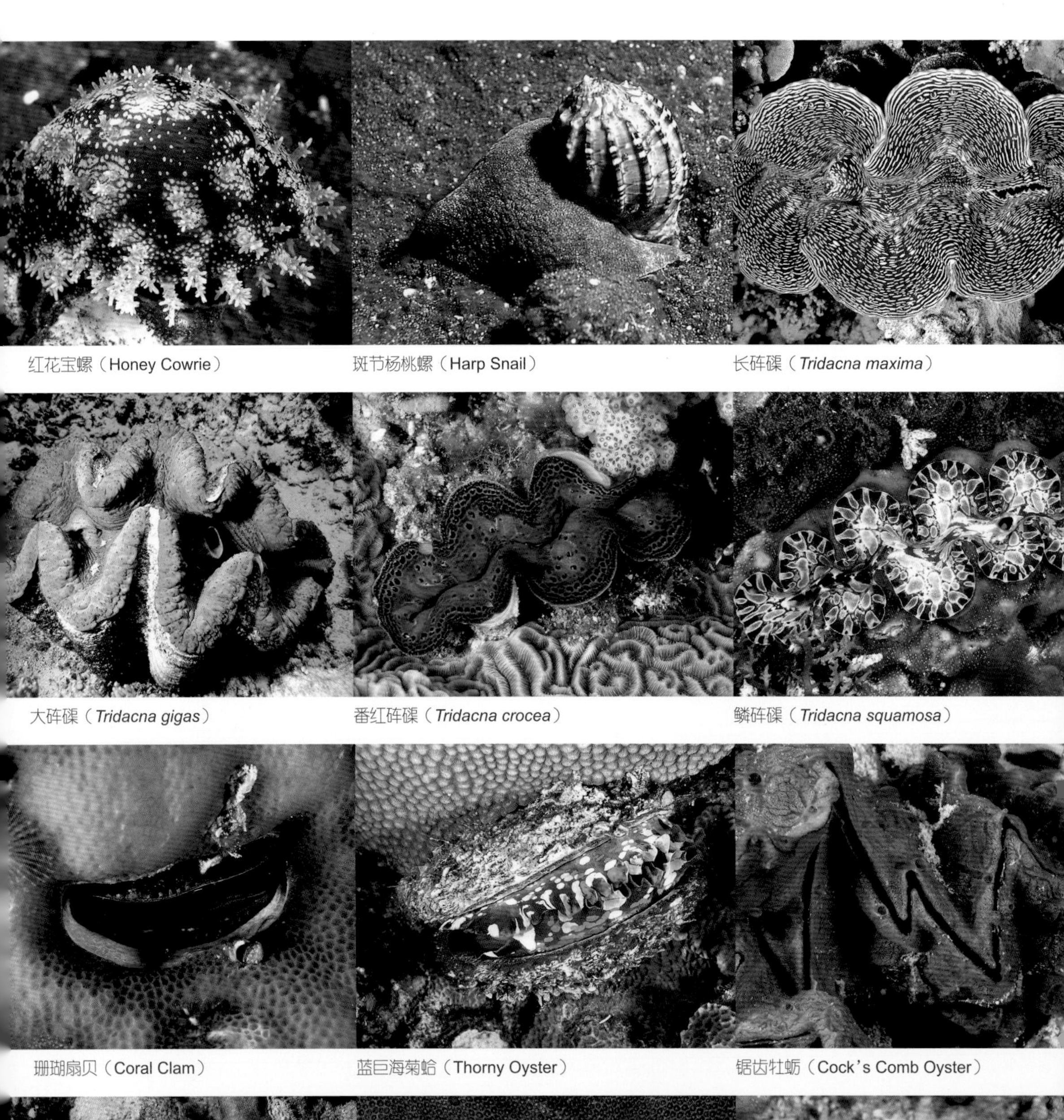

红花宝螺（Honey Cowrie）

斑节杨桃螺（Harp Snail）

长砗磲（*Tridacna maxima*）

大砗磲（*Tridacna gigas*）

番红砗磲（*Tridacna crocea*）

鳞砗磲（*Tridacna squamosa*）

珊瑚扇贝（Coral Clam）

蓝巨海菊蛤（Thorny Oyster）

锯齿牡蛎（Cock's Comb Oyster）

大法螺（Triton's Trumpet）

玉兔螺（Spotted Egg Cowrie）

海兔螺（Egg Cowrie）

蝙蝠涡螺（Bat Volute）

地纹芋螺（Geography Cone），对人类有致命威胁

珠母贝（*Pinctada margaritifera*）

企鹅珍珠贝（*Pteria penguin*）

骨螺（Murex Shell）

黑线车轮螺（Sundial）

蜘蛛螺（Spider Shell）

唐冠螺（Horned Helmet）

大千手螺（Murex Shell）

火焰贝（File Shell）

海菊贝（Thorny Oyster）

薄板螺（Velvet Snail）

良雄菱角螺（Slender Allied Cowry）

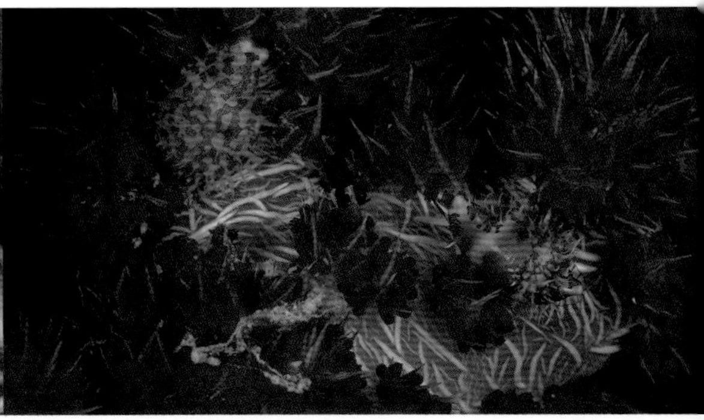

天禄海兔螺（*Pseudosimnia punctata*）

细沟海兔螺（*Dentiovula dorsuosa*）

火烈鸟舌钉螺（Flamingo Tongue）

次反射骗梭螺（*Phenacovolva gracilis*）

潜水员和大砗磲（Diver and *Tridacna gigas*），中国南海，弹丸礁

画廊——海胆

海胆与海星、海百合和海参同属棘皮动物门，海胆栖息于海底，移动缓慢，以海藻丛和海藻碎屑为食。它们在海底的活动是通过复杂的水管系统实现的，水通过这个系统被泵入上百条长着小吸盘的管足中。海胆在珊瑚礁的沙质、淤泥质和岩石质底部很常见，常栖息于硬珊瑚间，经常被大多数潜水员忽视——潜水员只想着避开海胆的尖刺——但是，它们确实值得一看，因为它们身上居住着非常有趣的共生生物，主要是虾类和小鱼。海胆一般都在夜间活动，对在夜间不小心碰到它们的粗心潜水员来说，海胆非常危险——尤其是长刺的冠海胆——造成的伤口非常疼，而且有感染的风险，因为尖刺会在某个压力点折断，嵌在皮肤中。

火海胆（*Asthenosoma ijimai*）

火顽童海胆（*Asthenosoma varium*）

星肛海胆（*Astropyga radiata*）

刺冠海胆（*Diadema* sp.）

环刺棘海胆（Banded Sea Urchin）

石笔海胆（Slate Pencil Urchin）

高腰海胆（Jewelbox Sea Urchin）

叶棘头帕海胆（Imperial Sea Urchin）

轮链头帕海胆（Thorn-spined Sea Urchin）

喇叭毒棘海胆（Flower Urchin）

画廊——海星

海星和海胆、海百合、海参一样，都属于棘皮动物门，海星（海星纲）和海蛇尾（海蛇尾纲）都呈辐射对称状，五条或五条以上的腕从中心向周围展开，呈放射形。海星和海蛇尾都是底栖动物，全身被许多大小不等的钙质板覆盖，用手触摸时感觉它们非常易碎。它们通常以死的或活的猎物为食，包括贝壳或者活珊瑚，反过来被蓝拳击虾捕食，偶尔被鳞鲀鱼捕食。在水下看到它们时，它们几乎静止不动，但是它们游得相对较快，这是由它们体内复杂的水管系统实现的，该系统将周围的水泵入数百条长着小吸盘的微小管足。借助由这种方式产生的力量，海星甚至能够打开坚固的双壳类动物。

棘冠海星（Crown-of-thorns Sea Sta

多棘槭海星（Comb Sea Star） 粒皮瘤海星（Granulated Sea Star） 馒头海星（Pincushion Sea Star）

赤丽棘海星（Tuberculated Sea Star） 印度海星（Indian Sea Star） 单链蛇星（Necklace Sea Star）

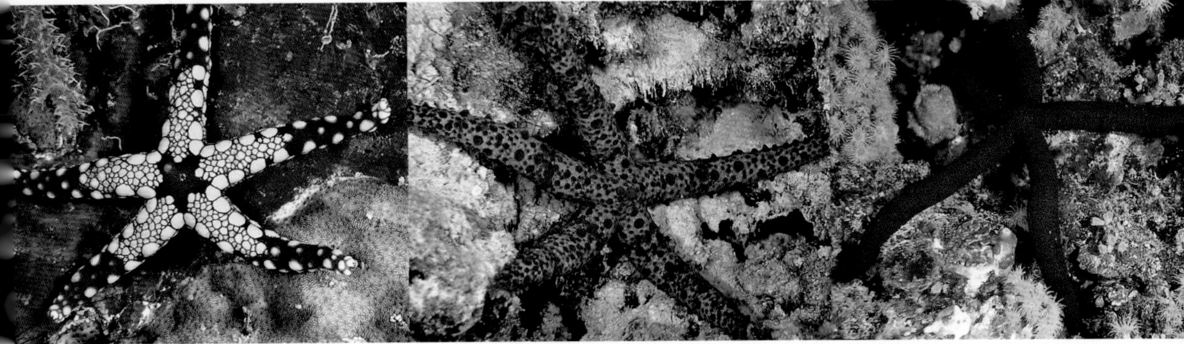

珠链海星（Noduled Sea Star） 埃及海星（Egyptian Sea Star） 红滑皮海星（Smooth Sea Star）

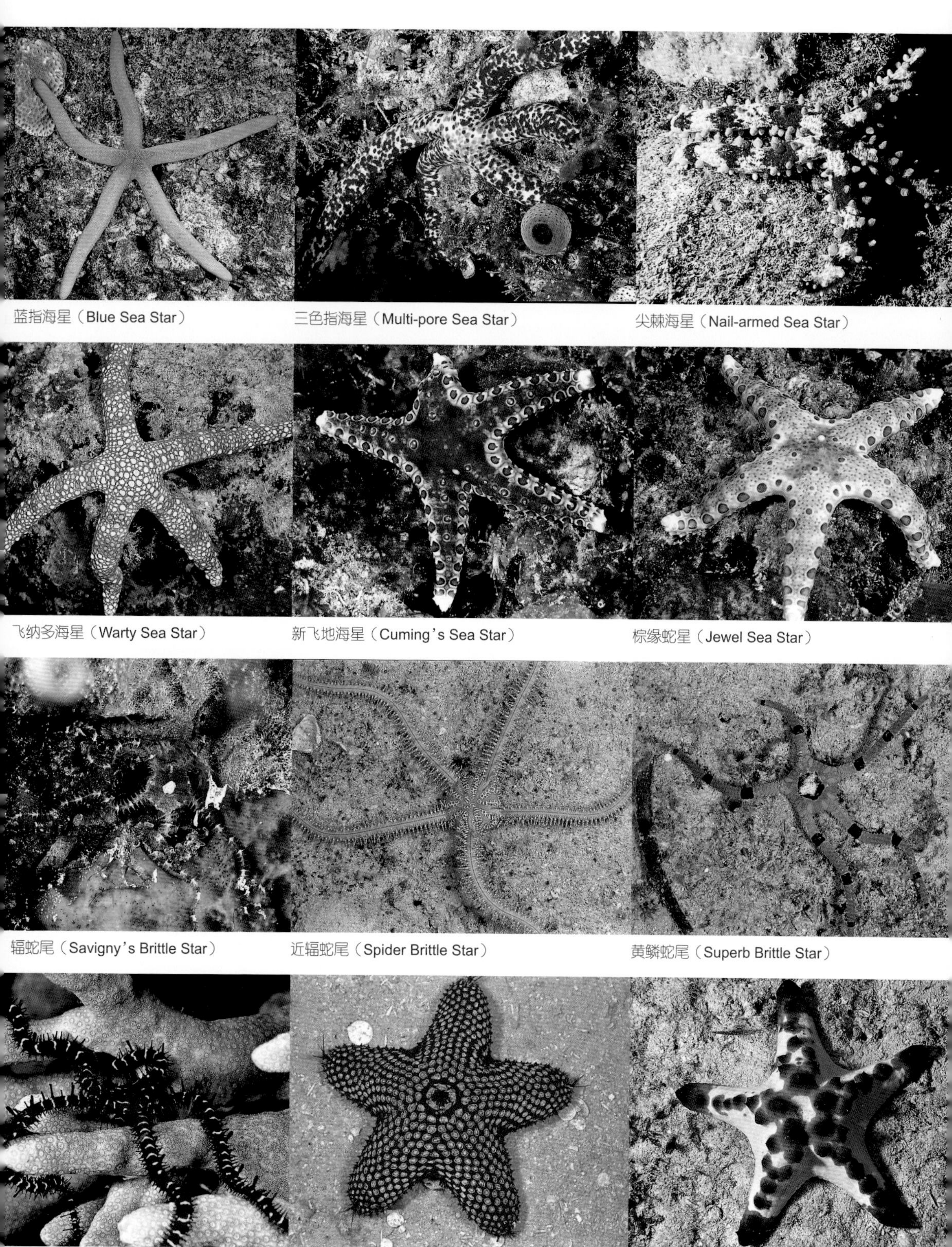

蓝指海星（Blue Sea Star）

三色指海星（Multi-pore Sea Star）

尖棘海星（Nail-armed Sea Star）

飞纳多海星（Warty Sea Star）

新飞地海星（Cuming's Sea Star）

棕缘蛇星（Jewel Sea Star）

辐蛇尾（Savigny's Brittle Star）

近辐蛇尾（Spider Brittle Star）

黄鳞蛇尾（Superb Brittle Star）

变异鞭蛇尾（Elegant Brittle Star）

白点红海星（Cushion Sea Star）

朱古力海星（Knobbly Sea Star）

画廊——海参

海参与海星、海胆关系密切，属棘皮动物门，它们进化出几乎呈圆筒形的细长身体，身体横截面为对称的五边形。不像其他棘皮动物，海参实际上有“头”和“尾”，它们通常趴在海底，身体的一侧朝下。通常白天活动，以底栖动物碎屑为食，用周围长满黏滑管足的口腔，连同大量的沙子一起吞下。海参在印度洋－太平洋海域的许多礁石上很常见，它们被大量捕捞，晒干后被制成叫作“海参”或者“干海参”的原料。过量捕食使整个物种濒临灭绝，在许多地方，这些无害而有用的生物的生存受到严重威胁。具有讽刺意味的是，海参在栖息地几乎没有天敌，除了多少会产生一些有毒物质外，它们会分泌大量黏稠有害的白色线体，把自己和入侵者粘到一起，阻碍入侵者行动。

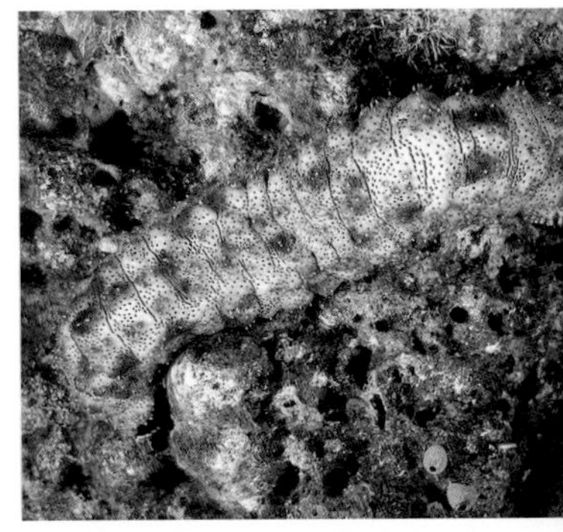

白尼参（*Bohadschia graeffei*），60 厘米

糙刺参（*Stichopus horrens*），35 厘米

子安辐肛参（*Actinopyga lecanora*），30 厘米

巨梅花参（*Thelenota anax*），60 厘米

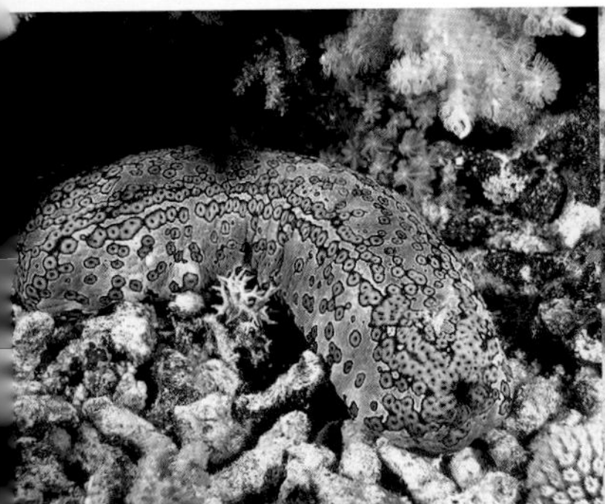

蛇目白尼参（*Bohadschia argus*），40 厘米

绿刺参（*Stichopus Chloronotus*），40 厘米

梅花参（*Thelenota ananas*），50 厘米

红线梅花参（*Thelenota rubralineata*），40 厘米

黄海参（*Colochirus robustus*），6 厘米

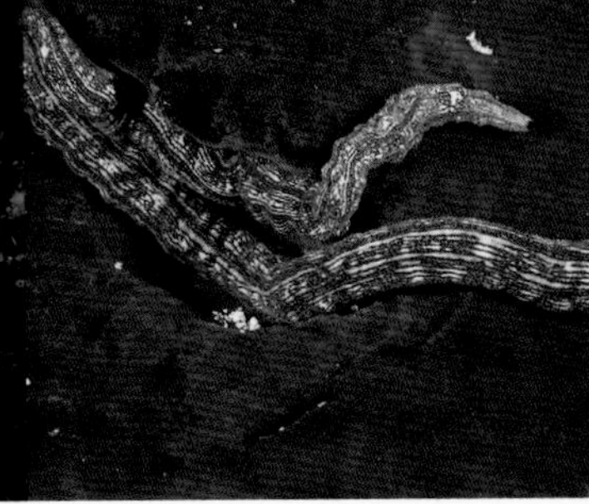

新锚参（*Synaptula* sp.），10 厘米

海参在防御捕食者时排出居维氏管（Cuverian tubules）

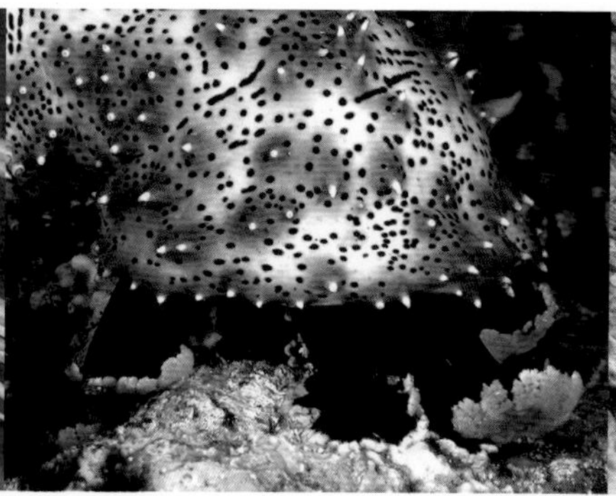
白尼参（*Bohadschia graeffei*）用带黏性的进食器官在海底捡拾食物颗粒

帝王虾（Emperor Shrimp）是几种海参上常见的共生物种

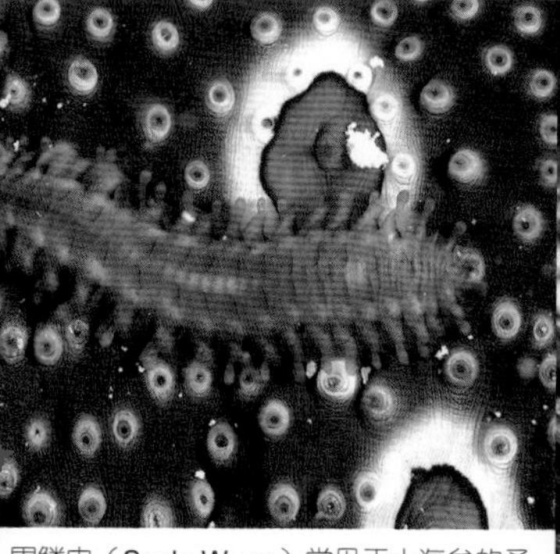
胃鳞虫（Scale Worm）常见于大海参的柔软的下侧

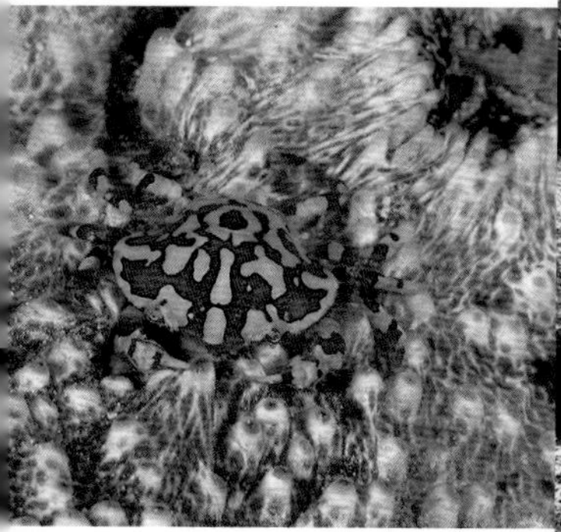

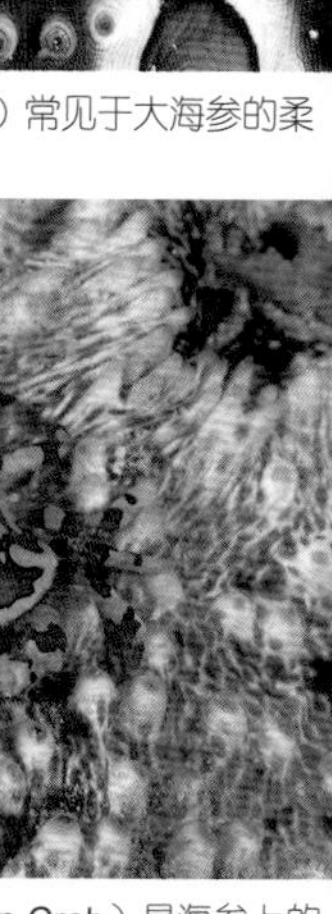
紫斑光背蟹（Harleguin Crab）是海参上的常见共生物种

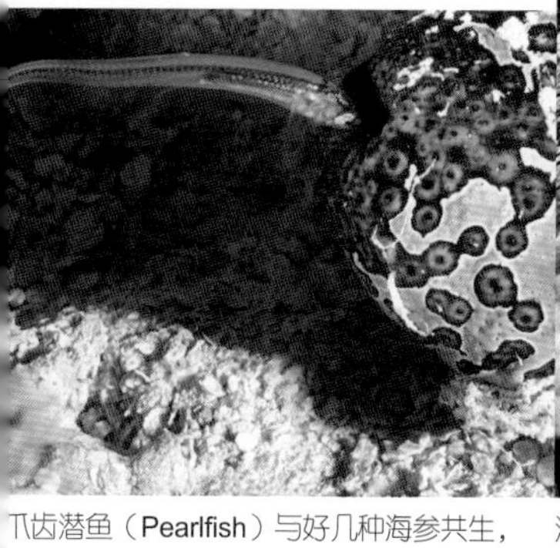

爪齿潜鱼（Pearlfish）与好几种海参共生，照片中的爪齿潜鱼正从肛门进入海参体内

潜水员和红线梅花参（Diver and *Thelenota rubralineata*）

画廊——扁虫

海洋扁虫属于涡虫纲，看起来非常像微小的“活地毯”，包括许多物种，其中有许多仍未被描述过。它们经常被误认为海蛞蝓，虽然二者的大小和颜色在某些情况下很相似（有时扁虫会模仿海蛞蝓），但是扁虫的体形为椭圆形，身体极薄，没有外鳃。它们的色彩通常令人眼花缭乱，可能是种警告信号，用艳丽的色彩警告潜在的捕食者自己有毒（事实上，大多数海蛞蝓也使用这种方式发出警告）。扁虫雌雄同体（而且身体残片能重新生成完整个体），是食肉的捕食者，主要以海鞘为食。运动方式很优雅，在海底滑动得非常快，通过由细小的腹部刚毛分泌出的黏液运动。栖息于珊瑚的厚板下面，当受到威胁时，会用上下起伏的方式迅速游走。

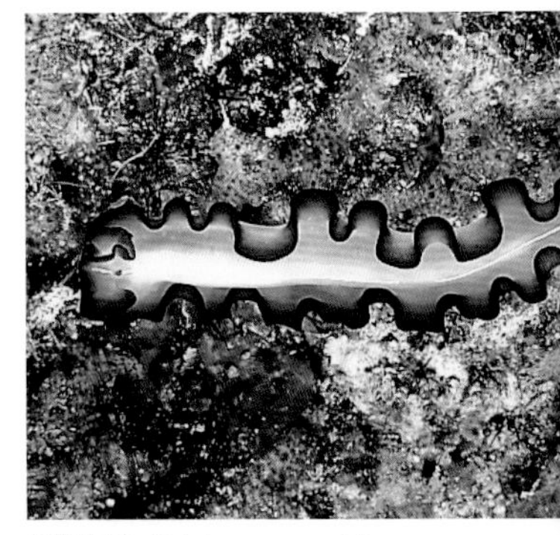
假角扁虫（*Maiazoon orsaki*）

波斯地毯扁虫（*Pseudobiceros bedfordi*）

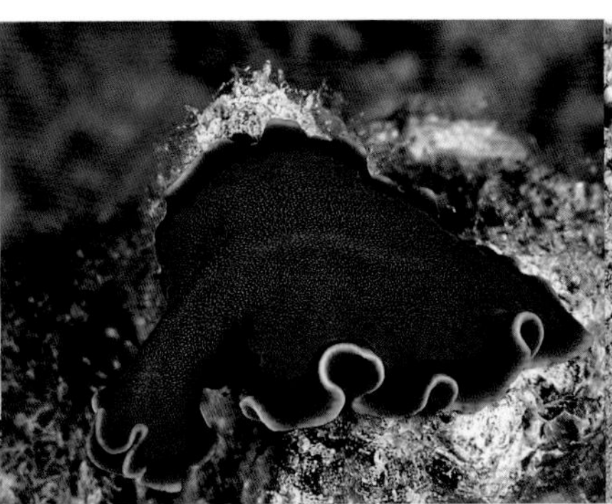
锈色伪角扁虫（*Pseudobiceros ferrugineus*）

枯叶扁虫（*Pseudobiceros flowersi*）

火焰扁虫（*Pseudobiceros fulgor*）

裙边扁虫（*Pseudobiceros gloriosus*）

汉考克扁虫（*Pseudobiceros hancockanus*）

琳达扁虫（*Pseudobiceros lindae*）

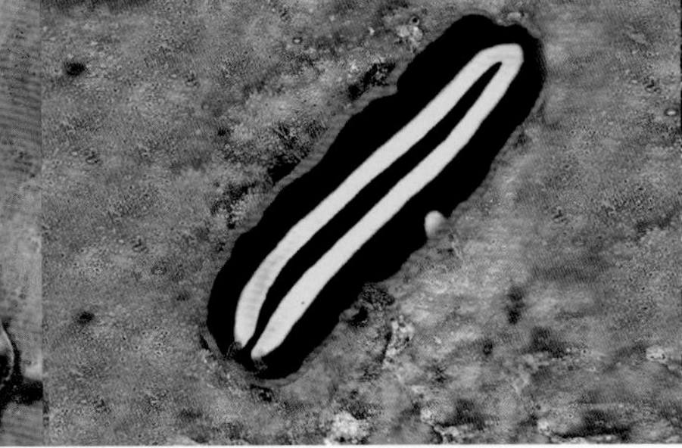
断裂伪角扁虫（*Pseudoceros dimidiatus*）

荷叶边扁虫（*Thysanozoan nigropapillosum*

画廊——海蛞蝓

尽管海蛞蝓一般都很小，但是它们是珊瑚礁中最耀眼、最有趣的生物种类之一。这些软体动物属于裸鳃亚目、后鳃亚纲，全世界共有3000多种，几乎每天都有新物种被发现和描述。海蛞蝓基本上相当于没有壳的海螺（或海参），头上有一对触手状突起，是它们的感觉器官（叫作“嗅角”），背部表面有明显的鳃簇（有些物种没有）。大多数海蛞蝓都相当活跃，游速非常快（相对它们从几毫米到300毫米的大小而言），多数都异常艳丽，会向潜在的捕食者发出信号，警告它们自己有毒。海蛞蝓能从它们的猎物（主要是水螅、海绵、海鞘和其他小型底栖生物）身上吸收有毒的化学物质。所有海蛞蝓都是捕食者，经常同类相残。雌雄同体，即一个个体同时具有雄性和雌性性器官。

迷人燕尾海蛞蝓（*Chelidonura amoena*）

多变燕尾海蛞蝓（*Chelidonura varians*）

加德纳海蛞蝓（*Philinopsis gardineri*）

长尾柱唇海蛞蝓（*Stylocheilus longicauda*）

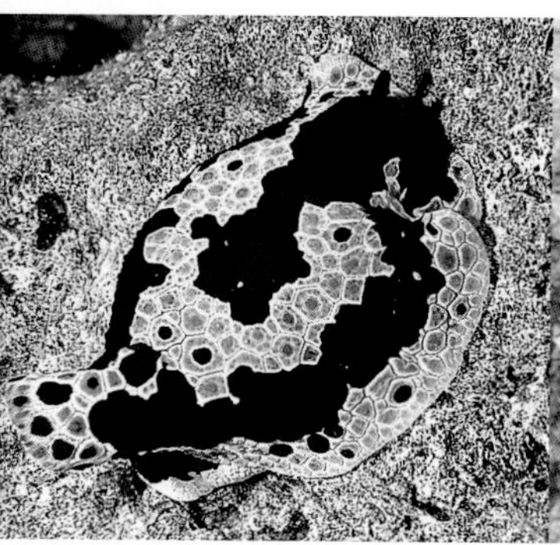
链路海蛞蝓（*Pleurobranchus grandis*）

瓢虫海蛞蝓（*Berthella martensi*）

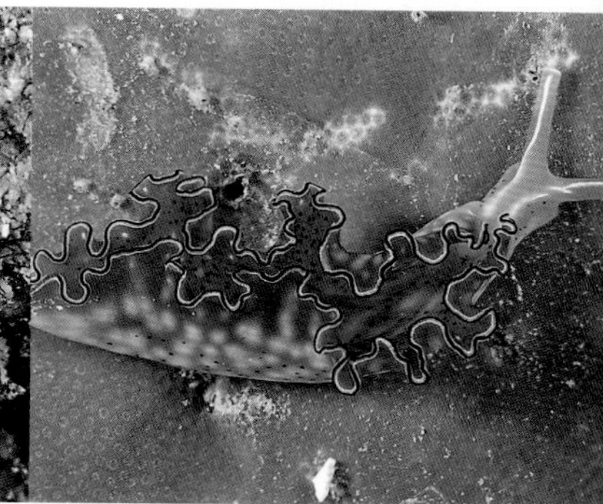
装饰海蛞蝓（*Elysia ornata*）

疣状海蛞蝓（*Elysia verrucosa*）

细长平鳃海蛞蝓（*Thuridilla bayeri*）

短蛸海蛞蝓（*Plakobranchus ocellatus*）

鸡冠多角海蛞蝓（*Nembrotha cristata*） 点斑多角海蛞蝓（*Nembrotha guttata*） 条凸卷角海蛞蝓（*Nembrotha Kubaryana*）

条凸多角海蛞蝓（*Nembrotha Kubaryana*） 宽纹多角海蛞蝓（*Nembrotha lineolata*） 米勒多角海蛞蝓（*Nembrotha milleri*）

紫纹多角海蛞蝓（*Nembrotha purpureolineata*） 多角海蛞蝓（*Nembrotha* sp.） 橙纹海蛞蝓（*Roboastra arika*）

纤细海蛞蝓（*Roboastra gracilis*） 蓝纹锈边海蛞蝓（*Tambja morosa*） 橙纹绣边海蛞蝓（*Tambja sagamiana*）

彩绘多角海蛞蝓（*Thecacera picta*） 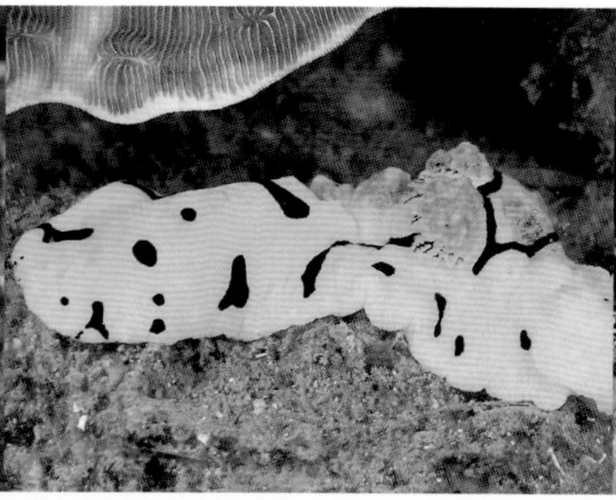　香蕉海蛞蝓（*Notodoris minor*） 　塞丽娜海蛞蝓（*Notodoris serenae*）

眼点枝鳃海蛞蝓（*Dendrodoris denisoni*） 　结节树纹海蛞蝓（*Dendrodoris tuberculosa*） 　八打雁海蛞蝓（*Halgerda batangas*）

镶嵌海蛞蝓（*Halgerda tessellata*）　威利海蛞蝓（*Halgerda willeyi*）　烙印盘海蛞蝓（*Jorunna funebris*）

红斑壶状海蛞蝓（*Jorunna rubrescens*）　条纹多彩海蛞蝓（*Chromodoris lineolata*）　桃叶多彩海蛞蝓（*Chromodoris annae*）

科林多彩海蛞蝓（*Chromodoris collingwoodi*）

黛安多彩海蛞蝓（*Chromodoris dianae*）

信实多彩海蛞蝓（*Chromodoris fidelis*）

孪生多彩海蛞蝓（*Chromodoris geminus*）

地缘多彩海蛞蝓（*Chromodoris geometrica*）

小站多彩海蛞蝓（*Chromodoris hintuanensis*）

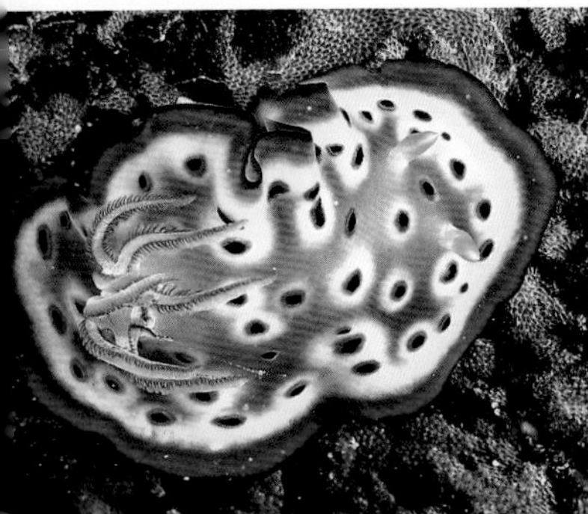

昆氏多彩海蛞蝓（*Chromodoris kuniei*）

壮丽多彩海蛞蝓（*Chromodoris magnifica*）

迈克尔多彩海蛞蝓（*Chromodoris michaeli*）

白边红醋多彩海蛞蝓（*Chromodoris reticulata*）

条纹多彩海蛞蝓（*Chromodoris striatella*）

海峡多彩海蛞蝓（*Chromodoris strigata*）

细纱多彩海蛞蝓（*Chromodoris tinctoria*） 威廉多彩海蛞蝓（*Chromodoris willani*） 装饰海蛞蝓（*Cadlinella ornatissima*）

边舌尾海蛞蝓（*Glossodoris atromarginata*） 暗衣舌尾海蛞蝓（*Glossodoris cincta*） 海库鲁舌尾海蛞蝓（*Glossodoris hikuerensis*）

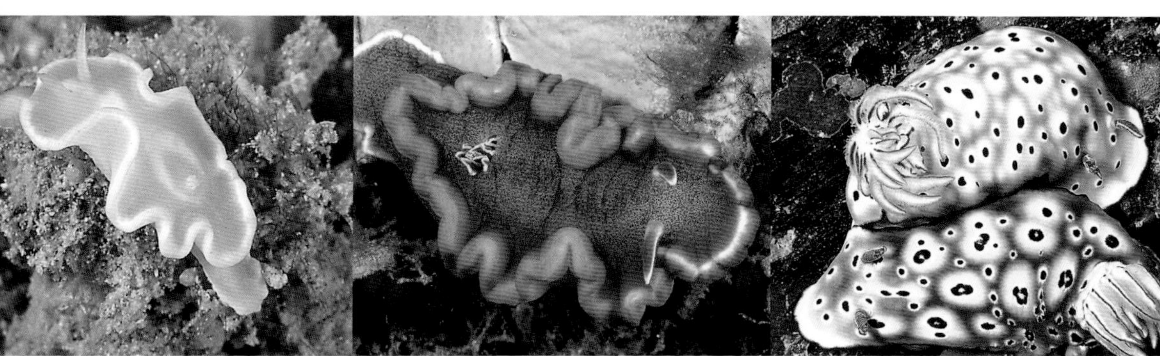

淡紫舌尾海蛞蝓（*Glossodoris pallida*） 多肉舌尾海蛞蝓（*Glossodoris rufromarginata*） 崔恩多彩海蛞蝓（*Risbecia tryoni*）

曲折海绵海蛞蝓（*Ceratosoma sinuatum*） 三叶海绵海蛞蝓（*Ceratosoma trilobatum*） 镶边多彩海蛞蝓（*Hypselodoris apolegma*）

公牛多彩海蛞蝓（*Hypselodoris bullockii*） 公牛多彩海蛞蝓（*Hypselodoris bullockii*） 公牛多彩海蛞蝓（*Hypselodoris bullockii*）

斑点多彩海蛞蝓（*Hypselodoris infucata*） 斑纹多彩海蛞蝓（*Hypselodoris maculosa*） 怀特多彩海蛞蝓（*Hypselodoris whitei*）

锡兰裸鳃海蛞蝓（*Gymnodoris ceylonica*） 瓢虫海蛞蝓（*Gymnodoris rubropapillosa*） 红边多彩海蛞蝓（*Mexichromis mariei*）

多疣多彩海蛞蝓（*Mexichromis multituberculatus*） 马场叶海蛞蝓（*Phyllidia babai*） 腔纹叶海蛞蝓（*Phyllidia coelestis*）

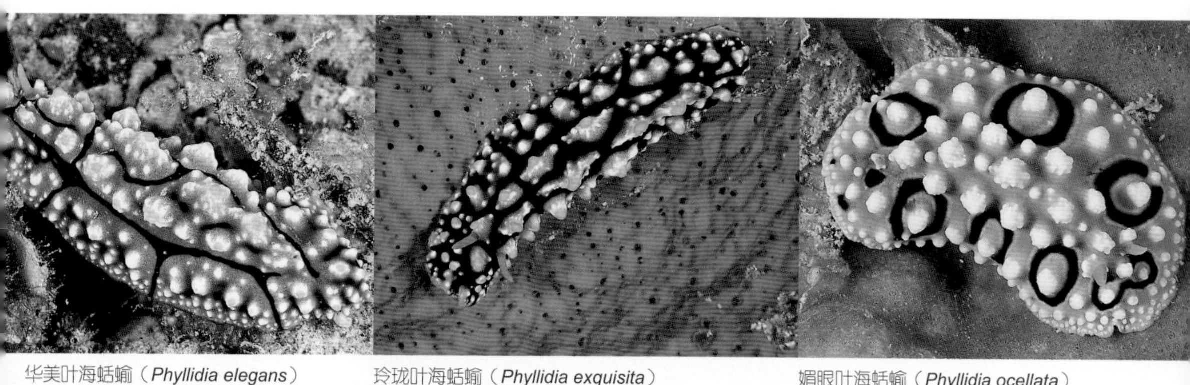

华美叶海蛞蝓（*Phyllidia elegans*）

玲珑叶海蛞蝓（*Phyllidia exquisita*）

媚眼叶海蛞蝓（*Phyllidia ocellata*）

肿纹叶海蛞蝓（*Phyllidia varicosa*）

突丘小叶海蛞蝓（*phyllidiella pustulosa*）

罗莎小叶海蛞蝓（*phyllidiella rosans*）

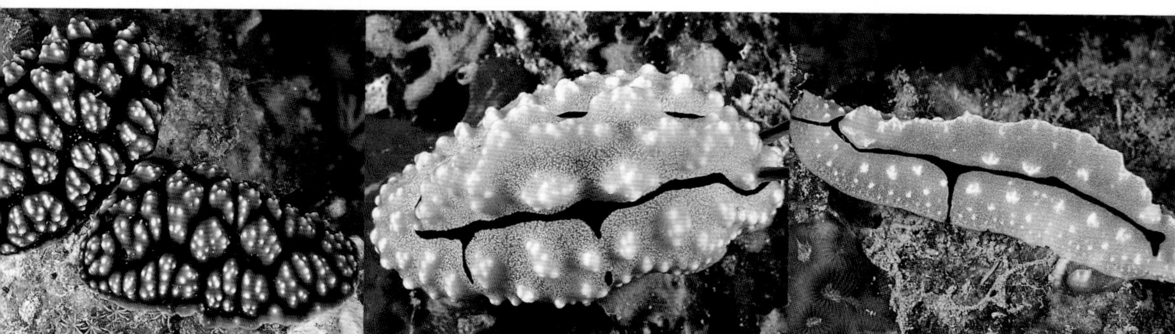

裂缝叶海蛞蝓（*Phyllidiopsis fissuratus*）

点子叶海蛞蝓（*Phyllidiopsis pipeki*）

希琳叶海蛞蝓（*Phyllidiopsis shireenae*）

真菌叶海蛞蝓（*Reticulidia fungia*）

赫格叶海蛞蝓（*Reticulidia halgerda*）

黄体海蛞蝓（*Crimora lutea*）

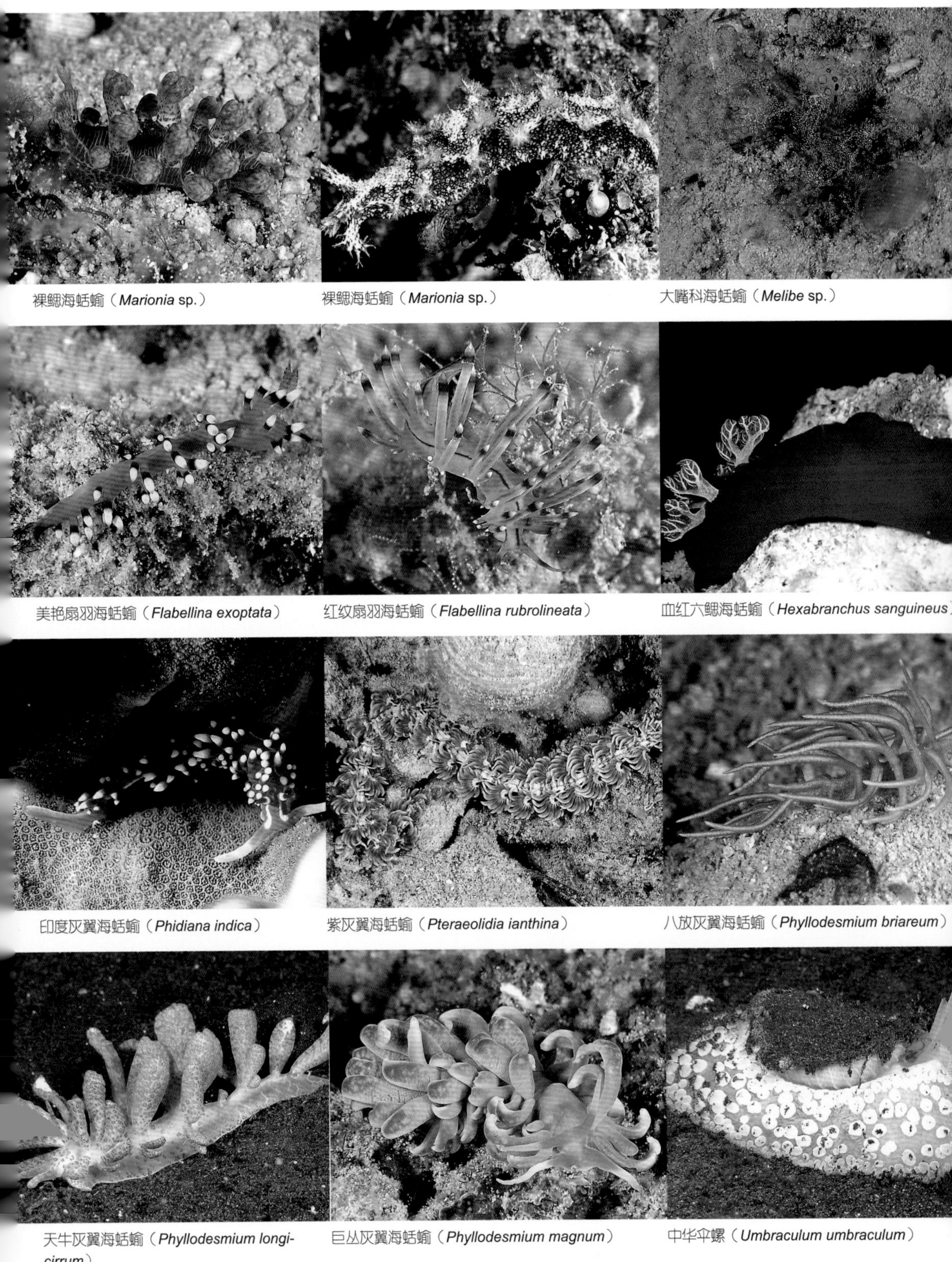

裸鳃海蛞蝓（*Marionia* sp.）

裸鳃海蛞蝓（*Marionia* sp.）

大嘴科海蛞蝓（*Melibe* sp.）

美艳扇羽海蛞蝓（*Flabellina exoptata*）

红纹扇羽海蛞蝓（*Flabellina rubrolineata*）

血红六鳃海蛞蝓（*Hexabranchus sanguineus*）

印度灰翼海蛞蝓（*Phidiana indica*）

紫灰翼海蛞蝓（*Pteraeolidia ianthina*）

八放灰翼海蛞蝓（*Phyllodesmium briareum*）

天牛灰翼海蛞蝓（*Phyllodesmium longicirrum*）

巨丛灰翼海蛞蝓（*Phyllodesmium magnum*）

中华伞螺（*Umbraculum umbraculum*）

画廊——奇异的珊瑚礁生物

有些珊瑚礁生物奇怪——有些甚至可以说是古怪——到无法形容，最有经验的潜水员都会被迷惑。即使是最有经验的研究者和摄影师在面对这些罕见的生物时偶尔也会感到困惑，因为有的第一眼看上去都分不清是植物还是动物。潜水初学者发现自己更常遇到这种情况，他们不愿意问同伴或者导游，害怕显得愚昧无知。事实上，在珊瑚礁中向别人请教是很正常的，因为对大多数专家来说，有些事情也没有确定答案！下面介绍的这些物种第一眼看起来令人困惑，但是它们差不多都是被确定了类别的物种：有的很常见、很容易见到，有的则不然。有一定的好奇心才能在自然环境中看到这些物种，因为许多物种非常隐秘，有些在夜间活动，有些经常被想当然地错当成其他物种。这些物种只是人们感到好奇的物种中的一部分。

结节海葵（*Condylactis* sp.），一种花状海葵，常见于沙质海底

角海葵（*Cerianthus* sp.），一种海葵状动物，居住在有黏液的泥质管状洞穴中

球法囊藻（*Valonia ventricosa*），一种绿色海藻，被取了个令人讨厌的绰号，叫“水手的眼球”

细线鳃虫（*Filogranella elatensis*），一种群居管状蠕虫

蛙卵珊瑚（*Cynarina lacrimalis*），一种硬珊瑚，是一种不常见的紫红色变种

可能是圆盘海葵属物种（possibly *Discosoma* sp.），属于拟珊瑚海葵目（介于海葵和硬珊瑚之间的中间状态）

红手指珊瑚（*Minabea aldersladei*），一种软珊瑚

洞穴海参（*Neothyonidium magnum*），常埋在沙子里，看起来像海葵

纽扣珊瑚（*Protopalythoa* sp.），是一种六放珊瑚，非常小，是海葵状群居动物

白线管虫（Sabellid Tube Worm），未知物种（Unidentified Species）

开口包盘海葵（*Amplexidiscus fenestrafer*），属于拟珊瑚海葵目，处于完全收缩状态

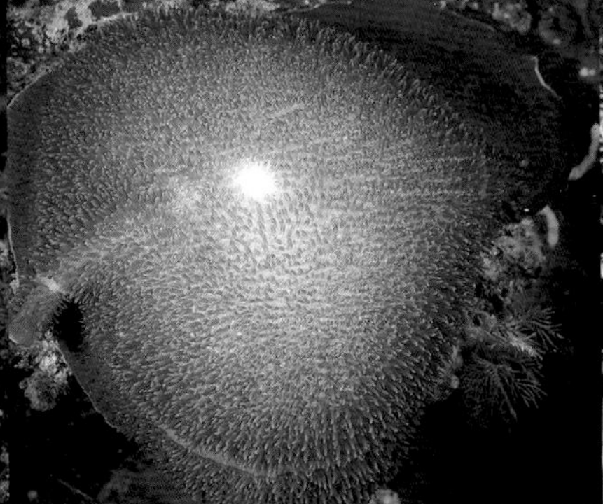

开口包盘海葵（*Amplexidiscus fenestrafer*），属于拟珊瑚海葵目，处于完全展开状态

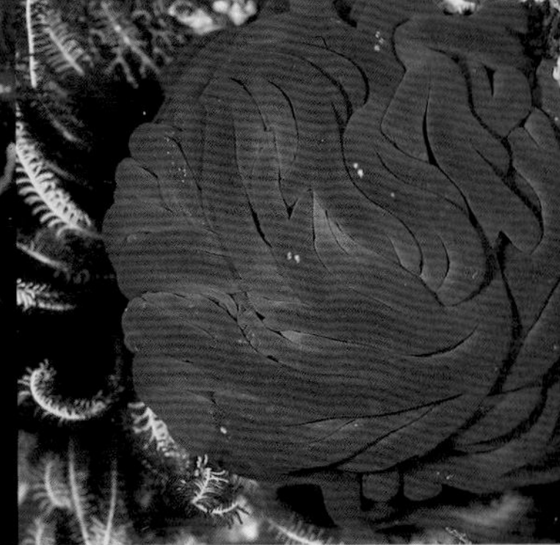

白天的篮状筐蛇尾（Basket Star），收缩状态

角孔珊瑚（*Goniopora* sp.），一种硬珊瑚，开始形成小珊瑚群

肉质软珊瑚（*Sarcophyton* sp.），英文通用名为“mushroom leather coral”，是一种软珊瑚

球海葵（*Pseudocorynactis* sp.），属于拟珊瑚海葵目，长得像海葵，不常见

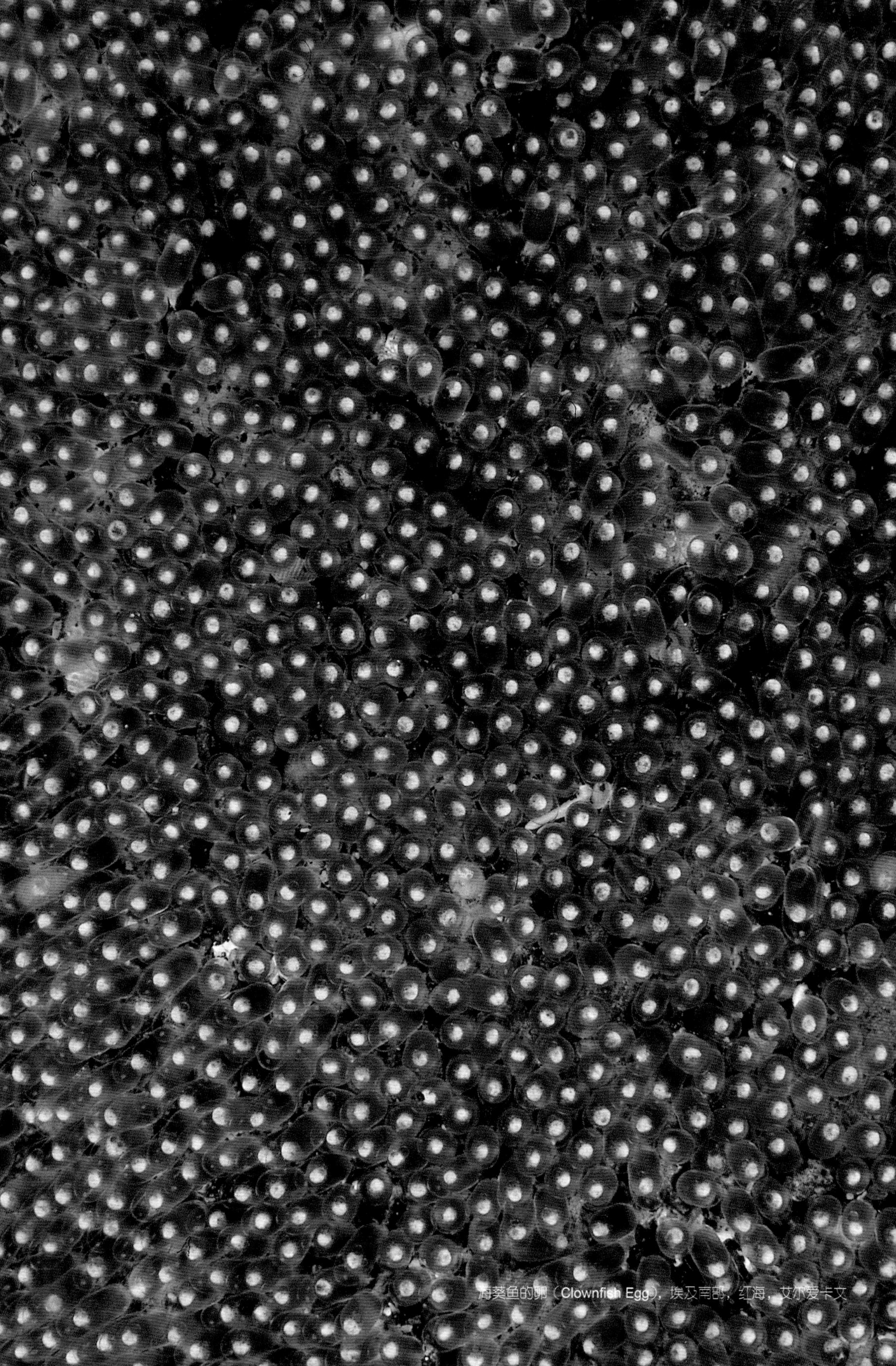

海葵鱼的卵（Clownfish Egg），埃及南部，红海，艾尔爱卡文

爬行动物
——海龟、海蛇和鳄鱼

REPTILES
Turtles, snakes and crocodiles

爬行动物数量庞大，但是物种数量相对较少，它们是为了适应海洋生活而进化的绝佳范例。大多数海龟和所有海蛇主要栖息于远洋中，偶尔在海岸附近捕食和交配。海龟把腹部和鳍状肢贴在地上，在荒僻的海滩产卵，而令人畏惧的咸水鳄在淡水、微咸水和咸水中都能轻松自如地生活。所有爬行动物都用肺呼吸，虽然大多数爬行动物能在水中待很长时间——不动的情况下最长达两小时——但是它们都需要到海面上来呼吸空气。尽管爬行动物的历史可以追溯到恐龙时代，但是由于人类活动（尤其是猎杀和破坏栖息地），如今它们大多数都处于严重濒危状态。

水下摄影提示： 最好不要惊扰咸水鳄和致命的毒蛇，但是平静温顺的海龟很容易靠近。在它们游动时，可以从下面拍照，把阳光当背景，但是注意不要惊扰它们。

绿海龟

GREEN TURTLE *Chelonia mydas*

分布：环热带海域和亚热带海域。

大小：最长达 1.4 米。

栖息地：远洋和沿海，栖息深度为 1~40 米。

生活习性：非常擅长游泳。圆形的大头、钝形的嘴和两眼间的前额鳞是其显著特征。外壳呈棕橄榄色，优雅的斑点带着较暗的浅黄色光泽。一生都栖息于海洋中，以海草为食，在海洋中交配，只有到荒僻的海滩上产卵时才会上岸。在分布区很常见，但是这种优雅无害的物种处于严重濒危的状态。

玳瑁

HAWKSBILL TURTLE *Eretmochelys imbricata*

分布：环热带海域和亚热带海域。

大小：最长达 90 厘米。

栖息地：远洋和沿海，栖息深度为 1~40 米。

生活习性：体形较小，壳板呈瓦状排列，最显著的特征是喙尖利带钩，很容易通过这些特征将其与上一个物种区分开来。外壳艳丽炫目，有颜色柔和的黑色、褐色和黄色斑块。一生都栖息于海洋中，只有到荒僻的海滩上产卵时才会上岸。以海绵和软珊瑚为食。和大多数海龟一样，因人类活动而处于严重濒危状态。

棱皮龟

LEATHERBACK TURTLE *Dermochelys coriacea*

分布：全世界的热带和温带海域，季节性地出没于北极海域。

大小：最长达 1.8 米。

栖息地：远洋。

生活习性：世界上体形最大的海龟，成年海龟体重接近 600 千克。外壳覆盖着光滑的坚韧皮肤，颜色为石板黑色、青黑色或黑色，有白色或黄色小点。头部、颈部和肢体的皮肤为黑色、褐色或深绿色，有稀疏的浅色斑点。主要以海蜇为食，下潜深度超过 1000 米。处于严重濒危状态。

灰蓝扁尾海蛇

RINGED SEA SNAKE *Laticauda colubrina*

分布：从孟加拉国到澳大利亚的印度洋-太平洋中海区热带海域。

大小：最长达 1.5 米。

栖息地：沿海礁石和外围礁石。

生活习性：身体纤细，体表为灰蓝色，有均匀分布的黑色条纹，头部为黑色，嘴唇为浅黄色，尾巴呈明显的船桨状。一般没有攻击性，但是毒性极大，可能致命，与陆地眼镜蛇属同一科。在分布区常见，经常在夜间聚成大群活动于浅水区和海滩上。以小鳝鱼、虾虎鱼和鱼卵为食。

橄绿剑尾海蛇

OLIVE SEA SNAKE *Aipysurus laevis*

分布：从巴布亚新几内亚到澳大利亚和珊瑚海的印度洋-太平洋中海区热带海域。

大小：最长达 1.8 米。

栖息地：沿海礁石和外围礁石，栖息深度为 1~40 米，常在浑水中。

生活习性：体形大，身体笨重，头小，体表为橄榄色或金黄色，尾巴呈船桨状，毒性很大。有好几个非常相像的物种，已知有 60 种海蛇都栖息于印度洋-太平洋海域，主要在澳大利亚海域。都靠肺呼吸，呼吸一次能在水中停留 30 分钟到 2 小时。

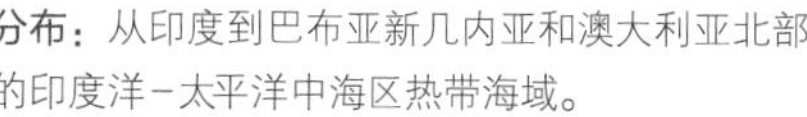

咸水鳄

SALTWATER CROCODILE *Crocodylus porosus*

分布：从印度到巴布亚新几内亚和澳大利亚北部的印度洋-太平洋中海区热带海域。

大小：最长达 7 米。

栖息地：红树林，微咸水河口，河流中受潮汐影响的河段和外围礁石。

生活习性：处于严重濒危状态，如今在所有地方都不多见，但是在巴布亚新几内亚和澳大利亚北部等局部地区较常见。这种具有极强攻击性的大型鳄鱼对闯入者、游泳者和潜水员威胁很大，每年都有许多人丧生于咸水鳄之口。潜水员可能偶尔会遇到咸水鳄的幼体和亚成体。

哺乳动物
——儒艮、海豚和鲸鱼

MAMMALS
Dugongs, dolphins and whales

和海洋中的爬行动物一样，目前被明确分类的80多种鲸目哺乳动物已成功适应了海洋生活，令人惊叹。很显然，它们也用肺呼吸，需要经常到海面换气，但是许多物种在适应海洋生活方面比大多数鱼类更成功。海豚和鲸鱼擅长游泳，潜水能力极强，是冷静的捕食者，它们具有高级智力、互相交流的能力和复杂的社会结构。和其他许多深海“居民”一样，海洋哺乳动物也饱受人类活动的折磨，特别是水下噪声严重干扰了它们极为复杂的回声定位系统，导致它们产生定向障碍，习性发生致命变化，引发了大群体自杀性搁浅。

水下摄影提示：海洋哺乳动物被所有人欣赏和喜爱，但是，它们无疑是水下最难拍摄的对象。它们出现时既好奇又谨慎，总是与潜水员保持安全距离。然而，有些个体已经对人类的出现习以为常，能够提供很好的拍摄机会，最好用中焦镜头或者广角镜头拍摄。

DUGONG *Dugong dugon*

儒艮

分布：从红海和东非到密克罗尼西亚的印度洋－太平洋热带海域。

大小：最长达 4 米。

栖息地：隐蔽的沿海浅水区的海草床和潟湖。

生活习性：无害、温顺的巨型动物，与美洲海牛同属海牛目。以海草为食，作为哺乳动物，需要呼吸空气，胎生。成体的身体呈蓝灰色，皮肤光滑，口鼻周围有稀疏的硬毛。整个分布区内的儒艮都被无情地猎杀和惊扰，现在已经极其稀少，处于严重濒危状态。

BOTTLENOSE DOLPHIN *Tursiops truncatus*

宽吻海豚

分布：环热带、亚热带和温带海域。

大小：最长达 4 米。

栖息地：沿海和远洋。

生活习性：身体强健，呈淡灰色。可能有好几个相像的物种，同属一个复合种。常被发现跟在船首波和船尾波中游动，偶尔完全跳出水面。一般情况下对潜水员很机警，偶尔能见到它们聚成小群与鲨鱼、海龟混杂在一起。经常与人类互动，有迹象表明该物种能与渔民合作。

SPINNER DOLPHIN *Stenella longirostris*

长吻原海豚

分布：环热带和亚热带海域。

大小：最长达 2.1 米。

栖息地：沿海和远洋。

生活习性：有好几个亚种，它们都有很长的嘴和笔直的背鳍。体表通常为柔和的淡灰色，但是已知有的个体有三种颜色。常聚成大群，喜欢跳到空中，能在空中连续翻七个筋斗。被金枪鱼工业捕捞船的拖网大量捕杀，现在已经处于濒危状态。

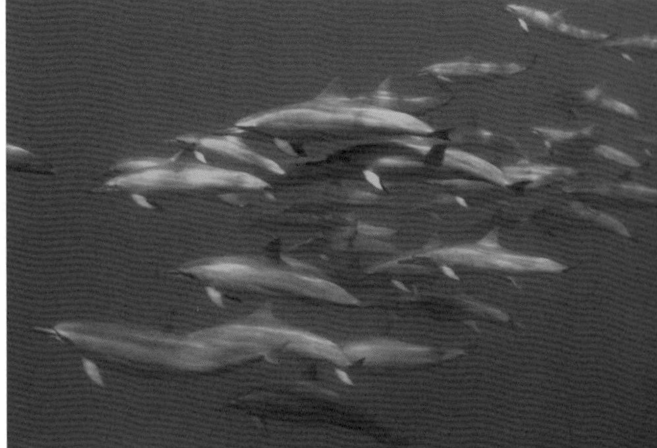

花斑原海豚

分布：大西洋的温带、亚热带和热带海域。

大小：最长达 2.3 米。

栖息地：沿海和远洋。

生活习性：背部呈深紫灰色，腹部为浅色。背鳍很高，为钩状，年长个体的身体下侧有深色斑点，斑点随着年龄的增长逐渐变深。有几个地方变种。喜欢聚成小群（5~15 只）在海面游动，常在船只附近。在巴哈马群岛，有几群花斑原海豚似乎喜欢和潜水员待在一起，偶尔允许潜水员与其近距离互动。

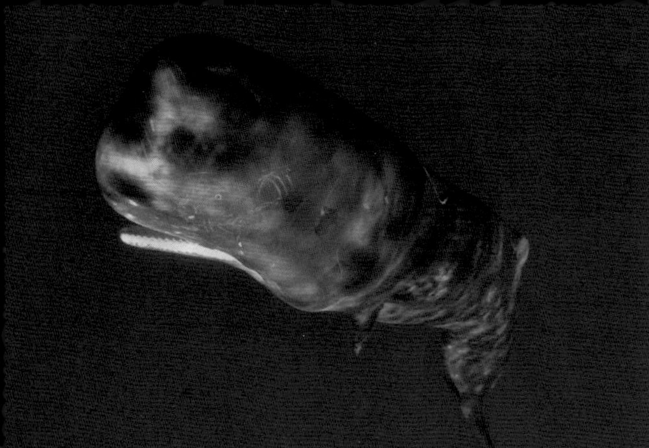

抹香鲸

SPERM WHALE
Physeter macrocephalus

分布：全世界海域。
大小：最长达 18 米。
栖息地：沿海深水区和远洋，栖息深度为 1~200 米。
生活习性：巨型鲸目哺乳动物，看起来很壮观。过去遭到大量捕杀，但目前数量仍然相对较多。典型特征是能够喷射垂直于海平面的水雾，大头是方形的。体表为深灰色，皮肤起皱。能潜入水中两个多小时，以深水中的头足类动物为食。偶尔被发现在海面以家庭为单位聚成小群（10~20 头亚成体和雌鲸），年龄大的个体单独活动。

座头鲸

HUMPBACK WHALE
Megaptera novaeangliae

分布：从南北两极到赤道的海域。
大小：最长达 15 米。
栖息地：沿海和远洋。
生活习性：体形巨大，特征明显，鳍状肢和下颌上有小瘤，头部为弧度很小的拱形。背鳍很小，尾鳍宽大，边缘很粗糙。身体呈深灰色或蓝灰色，有的有白色条纹，身体下侧为纯白色。通常很好奇，很少允许人类与其近距离互动，有 25 万头座头鲸被捕鲸船捕杀，不到 18000 头幸存。

画廊——露出水面的珊瑚礁

珊瑚礁的裸露部分包括退潮后露出的区域、海滩、泥滩和红树林。这些环境以及它们提供的营养吸引了许多哺乳动物、爬行动物、鸟类和甲壳动物。哺乳动物包括野猪、各种猴子（如长鼻猴）和许多海牛目动物（如水中的儒艮和海牛）。巨蜥、半水栖的蛇和咸水鳄都是与微咸水环境相关的爬行动物。红树林中还栖息着弹涂鱼（属于弹涂鱼属），这是一种体长最长达 20 厘米、能离开水的鱼。有一种分布于印度洋-太平洋海域的濒危甲壳动物叫椰子蟹，它仅在夜间活动，直径最长达 40 厘米。在不同的地理位置，能观察到各种鹈鹕、海鸥、鹭、火烈鸟和鲣鸟。其他鸟类，如军舰鸟，分布于环热带海域。

耐盐能力强的露兜树（Screwpine）能在许多偏远的海洋周边区域茁壮生长

在人迹罕至的亚洲微咸水河口，棕榈树（Nipa）长成了无法穿越的茂密丛林

人工种植的椰子树（Coconut Palm）现在已经遍布世界各地的许多热带海滩

大多数滨蟹（Beach Crab）和红树林螃蟹（Mangr Crab）只有在夜间出来觅食时才能被人类见到

椰子蟹（Coconut Crab）如今在整个分布区内处于严重濒危状态

黄环林蛇（Mangrove Snake）在茂密的东南亚红树林中很常见

灰蓝扁尾海蛇（Yellow-lipped Sea Krait）常见于夜间的印度洋-太平洋礁石上的海滩

咸水鳄（Estuarine or Saltwater Crocodile）如今处于濒危状态

泽巨蜥（Water Monitor）在亚洲礁石上的海滩很常见，它们以螃蟹和海龟蛋为食

弹涂鱼（Mudskipper）居住在茂密的红树林中，能离开水生存好几分钟

绿海龟（Green Turtle）通常在安静的人迹罕至的海滩筑巢

笑鸥（Black-headed Gull）是大西洋西部热带海滩上常见的食腐动物

白腹鲣鸟（White-breasted Booby）结成大群，十分喧闹，通常在人迹罕至的小岛和环礁上筑巢

大型的褐鹈鹕（Brown Pelican）常见于大西洋西部海滩

苍鹭（Grey Heron）是偶见于珊瑚礁周围的几种鹭之一

大型的军舰鸟（Frigatebird）生活于环热带海域，常被见到在珊瑚礁上空翱翔

长鼻猴（Proboscis Monkey），马来西亚，加里曼丹岛，苏高，基纳巴唐岸河

潜水度假村和船宿

在寻找非同寻常的热带海洋物种时，我们在世界上许多最偏远的角落潜过水，这些地方的潜水服务一定要既能保证舒适性又能保证安全性。考虑到要花的时间和费用，我们认为读者可能会对以下潜水度假村和船宿感兴趣。许多其他的度假村和船宿已经在世界各地成功经营了很长时间，但是我们多年的体验和经验可以为以下度假村、船宿担保。这些度假村和船宿舒适又安全，对环境影响很小，多年来始终如一，非常可靠。经营者全身心致力于珊瑚礁的保护工作，和他们一起潜水通常令人印象深刻，能产生绝佳体验。

兰卡央岛

马来西亚苏禄海上的私人岛屿度假村。能见度有时一般，但是有许多罕见的或者未描述过的大型生物。现在是海洋生态保护区。

www.dive-malaysia.com

诗巴丹－卡巴莱岛度假村

苏拉威西海水上乡村风格的度假村。世界上最好的微观潜水旅游目的地之一，是潜水胜地诗巴丹岛潜水最舒适的地方。

www.dive-malaysia.com

瓦里岛潜水度假村

设施先进，为您提供在印度尼西亚中苏拉威西省托米尼湾的原始珊瑚礁中潜水的良好体验。

www.walea.com

苏里多生态度假村

印度尼西亚西巴布亚省原始的拉贾安帕群岛上的偏远的高级旅游度假村。

www.papua-diving.com

塔席克丽亚

有舒适的大陆基地，靠近印度尼西亚北苏拉威西省的万鸦老，可以到布纳肯岛国家公园多彩的岩壁和珊瑚花园潜水。

www.eco-divers.com

空空安湾度假村

可以在印度尼西亚北苏拉威西省蓝碧海峡进行非同寻常的漫潜和微观潜水。有许多稀有、奇怪的和未被描述过的物种。

www.kungkungan.com

M/Y 海洋探索者

位于泰国普吉岛的可靠而舒适的船宿。探索安达曼海和缅甸的最佳选择之一。

ocean-rover.com

M/Y 俄刻阿洛斯探索者

基地在哥斯达黎加蓬塔雷纳斯的大型船宿。最好的远赴科科岛国家公园潜水的游船之一。

www.aggressor.com

M/Y 皇家

总部在埃及阿莱姆港的可靠大型高级船宿。到多彩的埃及南部红海海域潜水的最佳选择之一。

www.emperordivers.com

波萨达·卡拉科尔

位于委内瑞拉洛斯罗克斯国家公园，是较小的令人愉快的旅游度假村。到加勒比海最偏远的处女地潜水的最佳选择之一。

www.posadacaracol.com

索　引 Index of Common Names